高等学校"十二五"实验实训规划教材

选矿学实验教程

赵礼兵　贾清梅　王伟之　李凤久　编著

北　京

冶金工业出版社

2012

内 容 提 要

　　本教材是选矿专业实验用教材，主要介绍了矿物加工工程专业实验用的一些常规仪器、设备以及使用方法和步骤。实验内容包括物料物性分析、破碎与磨矿实验、磁电分选实验、重力分选实验、物料的浮游分选实验、化学选矿实验、非金属材料深加工实验、实验室可选性实验、矿石检测方法和实验数据的处理和实验设计。

　　本书可作为高等院校矿物加工工程专业的本科生、研究生实验教材，也可作为矿物加工工程技术人员和实验人员的参考书。

图书在版编目（CIP）数据

选矿学实验教程/赵礼兵等编著 . —北京：冶金工业出版社，2012.5

高等学校"十二五"实验实训规划教材

ISBN 978-7-5024-6062-4

Ⅰ.①选… Ⅱ.①赵… Ⅲ.①选矿—实验—高等学校—教材

Ⅳ.①TD9 – 33

中国版本图书馆 CIP 数据核字（2012）第 202553 号

出 版 人　谭学余
地　　址　北京北河沿大街嵩祝院北巷 39 号，邮编 100009
电　　话　（010）64027926　电子信箱　yjcbs@ cnmip. com. cn
责任编辑　王之光　美术编辑　李　新　版式设计　葛新霞
责任校对　石　静　责任印制　李玉山
ISBN 978-7-5024-6062-4
冶金工业出版社出版发行；各地新华书店经销；三河市双峰印刷装订有限公司印刷
2012 年 5 月第 1 版，2012 年 5 月第 1 次印刷
787mm×1092mm　1/16；15. 25 印张；362 千字；233 页
32. 00 元

冶金工业出版社投稿电话：（010）64027932　　投稿信箱：tougao@ cnmip. com. cn
冶金工业出版社发行部　电话：（010）64044283　　传真：（010）64027893
冶金书店　地址：北京东四西大街 46 号（100010）　电话：（010）65289081（兼传真）
（本书如有印装质量问题，本社发行部负责退换）

前　言

《选矿学实验教程》是河北省精品课程"选矿学"的配套实验教材。该教材不仅包括验证性实验和单项性实验，还包括综合性、设计性、研究性实验。

本书主要介绍了矿物加工工程专业实验用的一些常规仪器、设备以及其使用方法和步骤。实验内容包括物料物性分析、破碎与磨矿实验、磁电分选实验、重力分选实验、物料的浮游分选实验、化学选矿实验、非金属材料深加工实验、实验室可选性实验、矿石检测方法、实验数据的处理和实验设计。

参加《选矿学实验教程》初稿编写的有赵礼兵（第二章、第六章、第十章）、贾清梅（第四章、第八章、第九章）、王伟之（第一章、第五章）、李凤久（第三章、第七章）。最后由张锦瑞教授和赵礼兵系主任进行统稿。

由于作者水平所限，书中有不妥之处，恳请读者批评指正。

作　者
2012 年 3 月

前　言

目　　录

第一章　物料物性分析

实验 1-1　粒度分析实验

一、实验目的

(1) 学会使用标准套筛，掌握粒度分析方法；
(2) 学会粒度分析数据处理及绘制粒度特性曲线。

二、实验原理

用筛分的方法将物料按粒度分成若干级别的粒度分析方法，称为筛分分析。

在选矿实验中，一般遇到的试样粒度小于100mm。对于小于100mm而大于0.045mm的物料，通常采用筛析法测定粒度组成。其中100~6mm物料的筛析，属于粗粒物料的筛析，采用钢板冲孔或铁丝网编成的手筛来进行；粒度范围为6~0.045mm的细粒物料，筛分分析通常是在实验室中利用标准实验筛进行。

三、仪器设备及物料

仪器设备：标准套筛1套，天平1台，取样用具1套，秒表1块。
实验物料：筛析试样为铁矿石，粒度2~0mm。

四、实验步骤

1. 取试样
根据待分析物料性质取出有代表性的试样100g。
2. 干法筛分
(1) 根据试料粒度范围，选取所需孔径标准筛（筛子选用范围应尽量使布点均匀）。
(2) 检查所选筛子筛网是否完好，然后将套筛按筛孔尺寸大小，自上而下逐渐减小的顺序装好（注意顺序不要颠倒），并置于接料盘上。
(3) 将取好待筛的物料倒到最上层筛上，加盖后放到振筛机上。启动振筛机开关同时计时。
(4) 振动10~15min，然后将筛子取出，用手筛方法自上而下一个一个检查是否达到筛分终点（为节省时间，可只检查最细一层筛子）。如1min之内，筛下物料量小于筛上量的1%，可认为筛分合格，否则继续筛析。
(5) 检查筛分后，将每层筛上、筛下产品分别称重（总损失率不得超过1%~2%，否则重新实验）。

五、数据处理

（1）将筛析各产品的质量填入表 1-1 中，并按照表中要求计算出各级别产率和累积产率。

表 1-1　实验结果

试样名称：		试样质量（g）：		
粒　　度		质量/g	个别产率 γ/%	累计产率 $\Sigma\gamma_i$/%（从粗到细）
网　目	mm			
合　计				

按下式计算试样质量：

$$试样质量 = \frac{试样质量 - 筛析后各级别质量之和}{试样质量} \times 100\%$$

（2）根据表 1-1 中数据，绘制粒度特性曲线：

1）绘制直角坐标的粒度特性曲线，即累积产率和粒度的关系曲线：

$$\Sigma\gamma_i = f(d_i)$$

2）绘制半对数坐标粒度特性曲线，即累积产率和粒度的对数关系曲线：

$$\Sigma\gamma_i = f(\lg d_i)$$

3）绘制全对数粒度特性曲线：

$$\lg\Sigma\gamma - \lg d_i$$

六、思考题

1. 什么是粒度特性曲线？

2. 什么是筛上累积产率？什么是筛下累积产率？

实验 1-2　块状物料密度测定

一、实验目的

（1）充分理解密度的概念及意义；

（2）掌握大块物料密度的测定原理及方法。

二、实验原理

物料的质量和其体积的比值，即单位体积的某种物料的质量，称做这种物料的密度。

用符号 ρ 表示，单位按国际单位制为 kg/m^3，常用单位还有 g/cm^3。

矿石的密度是由物料的矿物组成和其结构决定的。当物料的化学组成一定时，由其密度可判断其中的主要矿物组成及矿物加工的方法，有时还可据此判断一些晶相的晶格常数。

大块物料的密度可以采用最简单的称量方法进行测量，即先将大块物料在空气中称量，再浸入液体中称量，然后计算出物料密度。很显然，物料块在液体中所受到的浮力 $(V\rho_0)$ = 物料块在空气中的质量 - 物料块在液体中的质量，这样由浮力定律就可以求出物料的体积。根据密度的定义，物料在空气中的质量与该体积之比即为所测块物料的密度。

三、仪器设备及物料

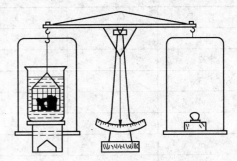

仪器设备：精度 $0.01 \sim 0.02g$ 天平 1 台，2000mL 烧杯 1 个，电鼓风干燥箱 1 台，自制盛料金属丝小笼子若干，测量装置如图 1-1 所示。

实验物料：待测块状物料若干块。

四、实验步骤

(1) 将物料块清洗干净，并在 $105℃ \pm 2℃$ 进行干燥。

图 1-1 天平块状物料密度测定装置

(2) 用一尽可能细的金属丝挂钩将金属小笼子挂在天平梁上。

(3) 称量小笼子在空气中的质量。

(4) 将待测料块放入的金属小笼子中。

(5) 称量料块和金属小笼子在空气中的质量。

(6) 将金属小笼子放入盛满水（介质一般用水，也可用其他介质）的烧杯中（小笼子要全部浸入水中）。

(7) 称量金属小笼子在介质中的质量。

(8) 将装有料块的金属小笼子放入盛满水的烧杯中。

(9) 称量料块和金属小笼子在介质中的质量。

(10) 计算测量料块的密度，密度的计算公式为：

$$\rho = \frac{G_3 - G_1}{(G_3 - G_1) - (G_4 - G_2)} \cdot \Delta \qquad (1\text{-}1)$$

式中 　ρ——块状物料密度；

G_1——金属小笼子在空气中的质量；

G_2——金属小笼子在介质中的质量；

G_3——料块和金属小笼子在空气中的质量；

G_4——料块和金属小笼子在介质中的质量；

Δ——介质密度。

(11) 重复上述测量步骤继续测量，得到密度测量值 δ_1，δ_2，δ_3，…，δ_n（由于被测料块结构可能不均一，只测量一块误差很大，应尽量多测量一些）。

（12）将每次所测结果取平均值，即

$$\delta = \frac{\delta_1 + \delta_2 + \delta_3 + \cdots + \delta_n}{n} \tag{1-2}$$

此平均值就是所测大块物料的密度。

五、数据处理

将块状物料密度测定结果填入表 1-2 中，并计算结果。

表 1-2　块状物料密度测定结果

序　号	G_1/kg	G_2/kg	G_3/kg	G_4/kg	$\delta/kg \cdot m^{-3}$
1					
2					
3					
4					
⋮					
n					
平均值					

六、思考题

1. 密度的含义是什么？
2. 测定密度的意义是什么？

实验 1-3　粒度分析实验——沉降天平法

一、实验目的

（1）更好地了解粒度分析的方法；
（2）掌握沉降法中沉降天平的使用。

二、实验原理

沉降分析法是测定细粒物料（一般小于 0.1mm）粒度的常用方法，其原理是通过测定粒子在适当介质中的沉降速度，计算颗粒的尺寸。沉降天平正是利用此原理，根据斯托克斯定律，颗粒在沉降过程中，在重力作用下自由沉降，当颗粒沉降到一定高度 H 时，所需时间 t 得到后，即可算出沉降速度 v，颗粒半径 r 也可求得：

$$r = \sqrt{\frac{18\eta H}{g(r_k - r_t)t}} \tag{1-3}$$

式中　r——颗粒半径，mm；

　　　η——沉降液黏度，Pa·s；

r_k——颗粒密度，g/cm^3；

r_t——沉降液密度，g/cm^3；

H——沉降高度，cm；

t——沉降时间，s；

g——重力加速度，980cm/s^2。

在实验中，以 5μm 为沉降极限粒度，求得沉降时间后，将物料放入 500mL 烧杯的沉降液中进行沉降，求得沉降曲线，换算出颗粒大小及它们所占的比例。

三、仪器设备及物料

仪器设备：沉降天平、电动搅拌器各 1 台；500mL、250mL 烧杯各 2 个。

沉降天平如图 1-2 所示。

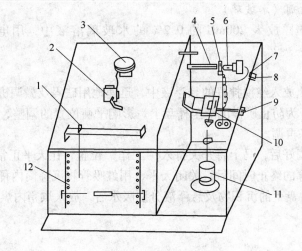

图 1-2　沉降天平

1—记录笔弹簧压片；2—电磁吸铁（断电器）；3—线盘与棘轮；4—聚光管；5—遮光片；
6—光敏管；7—加载链条；8—微调执手；9—天平开关执手；
10—支撑部；11—沉降筒；12—记录器

天平工作原理：

当颗粒在沉降筒内慢慢地沉降过程中，天平横梁开始向左面倾斜，天平的右面遮光片 5 在水平位置时阻止光敏管 6 受光，当横梁失去平衡，产生偏转，光敏管 6 受光，驱使断电器 2 动作，棘轮 3 搓过一齿，在横梁右边，加上一定距离的链条，此段链条的质量为 20mg。同时，线盘 3 使记录笔向右移动一格。此时，横梁恢复平衡，遮断光路。当第二次再沉降 20mg 时，再重复以上过程，这样偏转，平衡，使记录笔自动记录出阶梯状颗粒沉降曲线。

实验物料：冀东司家营赤铁矿石（对 −44μm 占 86% 的原矿样用乳钵再研磨 5min）。

四、实验步骤

1. 天平起始平衡位置的校正

（1）在 500mL 烧杯中，存满 H 高度的蒸馏水，将前秤盘放入烧杯中，然后打开电源，将天平接到"平衡位置"。

（2）开启横梁调整横梁的平衡位置，粗调可平衡重物于后边的秤盘中，微调可旋转右侧面板上的微调执手，使加载链条位置做前后移动，来达到天平平衡。

（3）零点的平衡位置，尽可能接近于记录纸左端，若在中间，则不能自动记录沉降全过程。即在调平衡前，将记录笔打至记录纸左端。

2. 天平记录分度值校正

（1）在天平起始平衡位置的基础上，在前掉耳上加上与"砝码秤盘"相同质量的砝码，使天平平衡。

（2）检验方法：在"砝码秤盘"上加上 2g 砝码，将开关放在"平衡位置"开启天平，看加载部分是否自动记录 100 格。

（3）天平感量调节：移动指针上的感量圈及横梁上的感量球。

3. 配 0.2% 分散剂（水玻璃）

将称取的 4g 矿样放入 200mL 的 0.2% 的水玻璃溶液中，用电动搅拌机充分搅拌 30min。

4. 天平的操作

（1）把秤盘迅速放入经搅拌好的悬浮液中，迅速地用砝码及微调机构来校正天平的平衡位置，重复多次。为防止矿样沉降至秤盘上，影响平衡位置的调整，可用手直接把秤盘上下往复搅拌，挂好再调。

（2）天平平衡调好后，马上将开关打入"工作"位置，让天平正常工作下去。

（3）沉降至计算的终止时间后，关闭天平，用虹吸管将沉降筒内秤盘上端的悬浮液小心地抽出，然后把秤盘上的沉积物及悬浮液分别吸水后，放入烘箱内烘干，称重。

五、数据处理

1. 实验数据整理

试样：冀东司家营赤铁矿石

试样密度：3.26g/cm³；

总沉降时间：按 5μm 为沉降极限粒度，求得沉降时间；

沉降高度：6cm；

测定温度：

试样量：4g

烧杯直径：φ85mm

秤盘直径：φ60mm

秤盘内沉降末重：g

悬浮液末重：g

分散液加入量：1g

纸速：270mm/h

沉降时间：

按斯托克斯公式计算沉降时间：

$$t = 8 \times \eta H / \left[g(r_k - r_f) r^2 \right] = H/5450(\rho_s - 1) \times r^2 \tag{1-4}$$

式中 η——水的黏度，取 $\eta = 0.01\text{Pa} \cdot \text{s}$；

$\quad r_k$——矿密度，$r_k = \rho_s = 3.26\text{g/cm}^3$；

$\quad r_f$——水密度，$r_f = 1.0\text{g/cm}^3$；

$\quad r$——矿粒度，μm，取 $r = 5(\sqrt{2})^i$，$i = 0$，2，3，4，5。

2. 沉降曲线

实验终止后，取下记录纸，连接各小阶梯顶点做曲线，应用沉降公式，计算一定颗粒粒度的沉降时间，按记录纸移动速度，在纵坐标上取相应各颗粒度坐标，通过各坐标点做平行线，与沉降曲线相交，过交点做曲线的切线，切线与横轴相交，即是各粒级的比例数值，做法如图1-3所示。

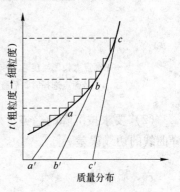

图1-3 沉降曲线

沉降曲线中沉降量是总沉降时间时，横坐标是格数。

3. 沉降量计算

（1）盘以上悬浮液中分散剂含量

$$g_1 = g_{玻} \times [H/(H + H_i)]$$

式中 $g_{玻}$——加入分散剂量；

$\quad H$——沉降高度；

$\quad H_i$——秤盘底至沉降筒底的距离。

因沉降液吸水，烘干后，分散剂含量甚微，故此计算舍去。

（2）介质真实悬浮量

$$悬浮量 = (g_2 - g_1) \times \frac{\phi_盘}{\phi_筒} \qquad (1\text{-}5)$$

式中 g_1——悬浮液末重；

$\quad g_2$——悬浮液中分散剂含量，忽略不计。

$$悬浮量 = 悬浮量 / (悬浮量 + 秤盘内沉降末重)x\%$$

$$总沉降量 = 100\% - x\%$$

按表1-3计算出各粒级沉降率。

表1-3 粒级沉降率

分级粒度/μm	+28.8	−28.8 ~ +20	−20 ~ +14.4	−14.4 ~ +10	−10 ~ +5	−5
沉降时间/s						
纵坐标格数						
横坐标格数						
占沉降/%						
占总沉降/%						

4. 沉降曲线的分析与讨论

（1）沉降曲线起始值的选择如图1-4所示。

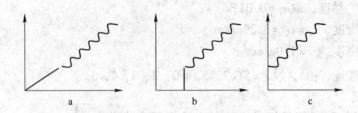

图 1-4　沉降曲线起始值的选择

a—平衡点太长，当接通工作开关时，已经有相当量的离子沉降到秤盘内，此时，后秤盘太轻；
b—平衡点选择时，后秤盘太重，要在前秤盘上沉降一定量后才能正常工作；c—正常

（2）要求按沉降的趋势，用曲线尺仔细、正确地修正其沉降曲线，以避免出现所做沉降曲线的切线误差。

六、思考题

1. 什么叫沉降天平？什么叫沉降曲线？
2. 如何利用沉降曲线计算试样各粒级的颗粒百分数？

实验 1-4　粉状物料密度测定

一、实验目的

（1）理解密度的概念及其在生产、科研中的作用；
（2）学会用比重瓶法测定粉体真密度的方法。

二、实验原理

粉状物料的密度是指粉状物料质量与其实体体积之比。所谓实体体积是指不包括存在于颗粒内部封闭空洞的颗粒体积。因此，如果粉状物料充分细，其密度的测定可采用浸液法和气体容积法进行测定。

浸液法是将粉末浸入在易于润湿颗粒表面的浸液中，测定其所排除液体的体积。此法必须真空脱气以完全排除气泡。真空脱气操作有加热法（煮沸）和抽真空法，或两法同时并用。浸液法又有比重瓶法和悬吊法。浸液法对浸液的要求有：（1）不溶解试样；（2）容易润湿试样的颗粒表面；（3）沸点为 100℃ 以上，有低蒸气压，高真空下脱气时能减少发泡所引起的粉末飞散和浸液损失。对无机粉末状物料来说，符合上述条件的浸液可以采用二甲苯、煤油和水等。浸液法中，比重瓶法仪器简单、操作方便、结果可靠等优点。

气体容积法是以气体取代液体测定所排出的体积。此法排除了浸液法对试样溶解的可能性，具有不损坏试样的优点。但测定时受温度的影响，需注意漏气问题。气体容积法分为定容积法与不定容积法。

定容积法：对预先给定的一定容积进行压缩或膨胀，测定其压力变化。然后求出密闭

容器的体积，从装入试样时与不装试样时体积之差，可求得试样的体积。由于只用流体压力计测定压力，所以很简单，但不易使水银面正确的对齐标线。

不定容积法：为了省去对齐标线的麻烦，把水银储存球位置固定在上、下两处。因为压缩或膨胀的体积并不恒定，所以读取流体压力计读数时，同时也就测出粉状物料的密度。

矿物加工实验中通常采用比重瓶法测量矿物粉体的密度。

根据阿基米德原理，将待测粉状物料浸入对其润湿而不溶解的浸液中，抽真空排除气泡，求出粉末试样从已知容量的容器中排出已知密度的液体量，就可计算粉末的密度。计算式如下：

$$\rho = \frac{G\rho_0}{G_1 + G - G_2} \tag{1-6}$$

式中　ρ——试样密度，kg/m^3；

　　G——试样干重，kg；

　　G_1——瓶、水合重，kg；

　　G_2——瓶、水、样合重，kg；

　　ρ_0——介质密度，kg/m^3。

三、仪器设备及物料

仪器设备：$50 \sim 100mL$ 比重瓶 1 个（见图 1-5），电热干燥箱 1 台，干燥器 1 个，精度 $0.001g$、称量范围 $200g$ 电子天平 1 台，电磁微波炉 1 台，$250mL$ 烧杯 2 个，漏斗 1 个，真空抽气装置 1 套（真空泵、压力计、真空抽气缸、保护罩等）。

实验物料：待测粉状物料约 $100g$。

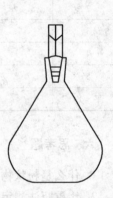

图 1-5　比重瓶示意图

四、实验步骤

（1）将比重瓶先用热洗液洗去油污，然后用自来水冲洗，最后用蒸馏水洗净。

（2）将粉状物料放入容器，用干燥箱在 $105℃ \pm 2℃$ 进行干燥。

（3）称取经干燥的试样 $20g$ 左右（不超过比重瓶容积的 1/3）。

（4）借助漏斗将试样小心倒入比重瓶内，并将附在漏斗壁上的试样扫入瓶中，切勿使试样飞扬或抛失。

（5）向比重瓶中注入蒸馏水至其容积的 1/2，并摇动比重瓶使试样分散。

（6）将比重瓶和装有实验用蒸馏水的烧杯同时置于真空气缸中进行抽气，其缸内残余压力不得超过 $2cm$ 水银柱，抽气时间不得少于 $1h$（为了完全除去比重瓶中的气泡，也可在抽真空的同时将比重瓶置于 $60 \sim 70℃$ 的热水中，使水沸腾，然后再冷却到室温下进行称量）。

（7）取出比重瓶用经抽气的蒸馏水注入比重瓶至近满，并放置比重瓶于恒温水槽内，待瓶内浸液温度稳定。

（8）将比重瓶的瓶塞塞好，使多余的水自瓶塞毛细管中溢出，擦干瓶外的水分后，称量瓶、水、样合重 G_2。

（9）将比重瓶中样品倒出，洗净比重瓶。

（10）用经过抽气的蒸馏水注入比重瓶至近满，塞好瓶塞，擦干瓶外水分，称量瓶、水合重 G_1。

（11）按式（1-6）计算所测物料密度。

（12）重复上述操作进行下一次测量；密度测定需平行测 3～5 次，求其算数平均值作为最终结果，计算时取两位小数，其两个平行实验结果差值不得大于 0.02。如果其中有两个以上的数据超过上述误差范围时，应重新取一组样品进行测定。

五、数据处理

将实验测定的结果整理、计算并填入表 1-4 中。

表 1-4　粉状物料密度测定结果

序　号	试样重 G/kg	瓶 + 水合重 G_1/kg	瓶 + 水 + 样合重 G_2/kg	介质密度 ρ_0	物料密度 ρ
1					
2					
3					
4					
5					
平　均					

六、思考题

1. 什么是粉状物料的密度？

2. 比重瓶法测定粉状物料密度的原理是什么？

附注：

矿物加工中，测量矿石密度时，浸液一般选用蒸馏水；水在 4℃ 时密度为 $1kg/m^3$，20℃ 时密度为 $0.998232kg/m^3$，在其他温度下的密度可查表 1-5，但当对精度要求不高时可近似地认为等于 1。

表 1-5　不同温度下水的密度

温度 t/℃	密度/kg·m^{-3}	温度 t/℃	密度/kg·m^{-3}
0	0.999868	6	0.999968
1	0.999927	7	0.999929
2	0.999968	8	0.999876
3	0.999992	9	0.999809
4	1.000000	10	0.999728
5	0.999992	11	0.999632

温度 $t/℃$	密度/kg·m^{-3}	温度 $t/℃$	密度/kg·m^{-3}
12	0.999525	24	0.997326
13	0.999404	25	0.997074
14	0.999271	26	0.996813
15	0.999126	27	0.996542
16	0.998970	28	0.996262
17	0.998802	29	0.995973
18	0.998623	30	0.995676
19	0.998433	31	0.995369
20	0.998232	32	0.995054
21	0.998021	33	0.994731
22	0.997799	34	0.994399
23	0.997567	35	0.994059

实验1-5 堆密度

一、实验目的

(1) 加深理解堆密度的概念；
(2) 学会堆密度的测定方法。

二、实验原理

自然充满单位体积容器的物料质量称为该物料的堆密度或松散密度，即一定粒级的颗粒料的单位体积堆积体的质量。此单位体积堆积体内包括颗粒实体的体积、颗粒内气孔与颗粒间空隙的体积。物料质量除以此体积所得的值即为堆积密度。物料自然堆积时，空隙体积占物料总堆积体积的分数，称为物料的空隙度。堆积密度、空隙度是工程设计和工艺计算的重要基础数据。

可见，测出碎散物料质量和堆积体积，即可计算出该物料的堆密度。

三、仪器设备及物料

仪器设备：长方体规则测定容器1个，天平1台，长方形刮板1块，钢板尺1把。
实验物料：待测碎散物料约10kg。

四、实验步骤

(1) 测出测定容器的容积。
(2) 称量容器的质量。

（3）将物料慢慢装入容器，并使物料略高于容器上表面。

（4）用刮板将容器上表面刮平，除去多余物料。

（5）称量物料、容器合重。

（6）按下式计算物料的堆密度和空隙度：

$$\rho_D = \frac{G_1 - G_0}{V} \tag{1-7}$$

$$e = \frac{\rho - \rho_D}{\rho} \tag{1-8}$$

式中　ρ_D——物料的堆密度，kg/m^3；

　　　　e——物料的孔隙度，以小数表示；

　　　　G_0——装料前容器的质量，kg；

　　　　G_1——装料后容器与物料的合重，kg；

　　　　V——容器的容积，m^3；

　　　　ρ——物料的密度，kg/m^3。

（7）重复上述实验步骤，进行多次测量，然后取其算数平均值作为最终结果。

注意：实验用测定容器不应太小，否则会使测定的准确性变差。一般而言，即使物料块较大，容器的边长最少也要比最大块尺寸大 5 倍以上。

五、数据处理

将实验所得数据填入表 1-6 中。

表 1-6　堆密度测定结果

序　号	容器体积 V/m^3	容器质量 G_0/kg	容器 + 样重 G_1/kg	物料堆密度 $\rho_D/kg \cdot m^{-3}$	孔隙度 e
1					
2					
3					
⋮					
n					
平　均					

六、思考题

1. 堆密度的意义是什么？

2. 测定堆密度对工业设计、研究有什么用途。

实验 1-6　摩擦角测定

一、实验目的

（1）掌握摩擦角的概念；

（2）学会摩擦角的测定方法。

二、实验原理

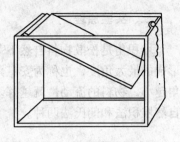

摩擦角是指物料恰好能从粗糙斜面开始下滑时的斜面倾角，即物料在粗糙斜面处于滑落临界状态时斜面的倾角。

根据摩擦角的定义，可以制作一台摩擦角测定仪。摩擦角测定仪如图 1-6 所示，取一块木制平板（也可用胶板或其他材质的平板），将其一端铰接固定，另一端可借细绳的牵引自由升降。利用摩擦角测定仪按照摩擦角的定义即可测出待测物料的摩擦角。

图 1-6　摩擦角测定仪示意图

三、仪器设备及物料

仪器设备：自制摩擦角测定仪 1 台；量角器 1 个，直尺 1 把。

实验物料：待测物料 5～10kg。

四、测定步骤

（1）将摩擦角测定仪的平板置于水平位置。

（2）将适量的待测物料放到平板上。

（3）牵引细绳使平板缓缓下降，注意观察板上物料，当物料开始运动时，立即停止平板的下降，并将平板的位置固定。

（4）测量此时平板的倾角，该倾角即为物料的摩擦角。

（5）重复上述测量步骤进行多次测定，然后取其平均值作为最终测定值。

五、数据处理

将实验测定结果处理后填入表 1-7 中。

表 1-7　摩擦角测定实验结果

测量次数	第一次测量	第二次测量	第三次测量	测量平均值
摩擦角/（°）				

六、思考题

1. 粉体物料摩擦角的含义是什么？
2. 测定物料摩擦角在工业生产、设计和研究中有什么用途。

实验 1-7　堆积角测定

一、实验目的

（1）加深堆积角概念的理解；

（2）学会松散物料堆积角的测定方法。

二、实验原理

堆积角是松散物料自然下落堆积成料锥时，堆积层的自由表面在平衡状态下与水平面形成的最大角度，也称为安息角或休止角。堆积角的大小是物料流动性的一个指标，堆积角越小，物料的流动性就越好。松散物料堆积角形态如图 1-7 所示。堆积角的测量方法有自然堆积法和朗氏法两种。

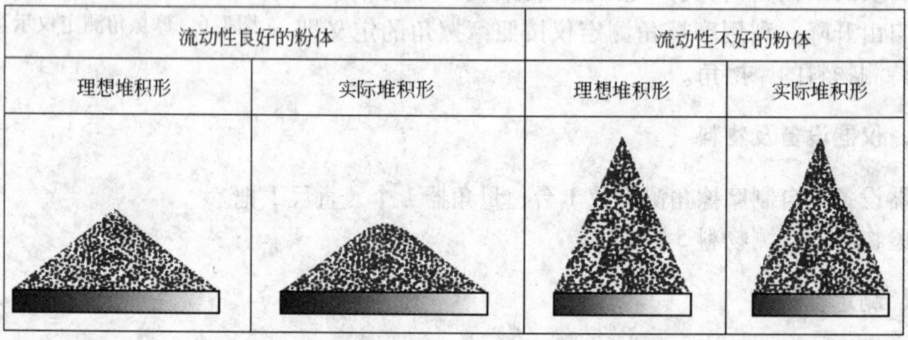

流动性良好的粉体		流动性不好的粉体	
理想堆积形	实际堆积形	理想堆积形	实际堆积形

图 1-7　堆积角的理想状态与实际状态示意图

三、仪器设备及物料

仪器设备：料铲 1 把，堆积角测定仪 1 台，直尺 1 把，量角器 1 个。
实验物料：待测碎散物料 5～10kg。

四、测定方法

1. 自然堆积法

自然堆积法很简单，只需有较平的台面或地面，将物料自然堆积，测量物料形成的圆锥表面与水平面的夹角即可。

测定步骤：

（1）选定一块大小合适的较平整的台面或地面。

（2）用料铲将物料铲到台面或地面，进行自然堆锥（要使物料自锥顶慢慢落下）。

（3）用直尺和量角器测出料锥表面与水平面的夹角，即为所测堆积角。

（4）重新堆锥，重复测量 3～5 次，取其平均值。

2. 朗氏法

朗氏法的测定装置如图 1-8 所示，试料由漏斗落到一个高架圆台上，在台上形成料锥，测出料锥表面与水平面的夹角即可得到物料的堆积角。

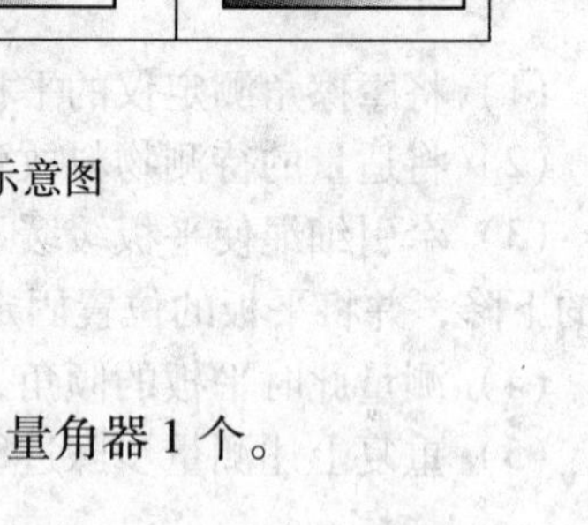

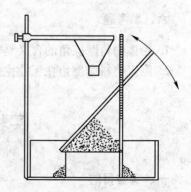

图 1-8　堆积角测定仪示意图

测定步骤：

（1）调整堆积角测定仪漏斗的高度，使其与高架圆台有合适的间距。

（2）调整堆积角测定仪的漏斗位置，使其与高架圆台同心。

（3）将试料铲于漏斗，使物料经漏斗缓缓落下，并在圆台上形成圆锥体，直至试料沿料锥的各边都等同地下滑时，停止加料。

（4）转动活动直尺，测出堆积角。

（5）重复测量 3 次取其平均值为终测量值。

五、思考题

1. 堆积角的测量方法有哪些?

2. 堆积角大小的含义是什么?

3. 堆积角对物料的堆放场地、堆放方式的选择设计有什么作用?

实验 1-8　矿石可磨度测定

一、实验目的

（1）掌握矿石可磨度的测定方法；

（2）理解矿石可磨度的物理意义及矿石可磨度与磨矿机生产率的关系。

二、实验原理

矿石可磨度是衡量某一种矿石在常规磨矿条件下抵抗外力作用被磨碎的能力的特定指标。它主要用来计算不同规格球磨机磨碎不同矿石时的处理能力。由于实验计算方法不同，可磨度可分为两大类：绝对可磨度——功指数法，实验测出的是单位电耗的绝对值；相对可磨度——容积法或新生计算级别法，测出的是待磨矿石和标准矿石的单位容积产生能力或单位电耗量的比值。

本实验中采用开路磨矿测定法测定矿石的相对可磨度，具体方法为取 -3（2）+0.15mm 的矿样数份（每份 500g 或 1000g），在固定的磨矿条件下，依次分别进行不同时间的磨矿，然后将各份磨矿产品分别用套筛（或仅用 200 目的标准筛）筛析，并绘出磨矿时间与产品中各筛下（或筛上）级别累积产率的关系曲线，从而找出为将试样磨到所要求的细度（按 -0.074mm 含量计或 90% 小于某种指定粒度计）所需要的磨矿时间 t。测定相对可磨度时，需用一标准矿石作对照，在相同条件下，将标准矿石磨到要求细度所需的时间为 t_0，则相对可磨度为 $K = t_0/t$。

三、仪器设备及物料

仪器设备：实验室小型磨矿机 1 台，烘干机 1 台，标准套筛 1 套，天平 1 台，取样用具 1 套，实验瓷盆（大小）5~8 个，试样袋 10 个。

实验物料：待测矿石为内邱硫铁矿，标准矿石为马兰庄铁矿石，粒度分别为 -2 +0.1mm。

四、实验步骤

（1）将上述矿石分别缩分取样，每种矿物分别取 5 份，每份 500g，分别装袋并做好标记。

（2）检查磨机是否运转正常并球磨 2min，清除球上的锈污。然后按照球→水→矿石→水的顺序（即装矿之前先向磨机中倒入少量水，再装入试样，最后将剩余水全部加入磨机，倒水时注意将磨机口上的矿石冲洗干净，磨矿浓度为 50%）加入磨机，然后盖紧磨机盖。

（3）开动磨机的同时计时，在磨矿条件完全相同的情况下，分别磨矿 4min、8min、12min、16min。

（4）待磨矿时间到停机，打开磨机盖子，将矿浆冲洗到盆内。

（5）将盆内矿浆沉淀澄出清水放入烘干机进行烘干。

（6）将烘干的矿样所分取样 50g，然后筛分（手筛），对筛上 +0.074mm 产品称重。

五、数据处理

将实验结果填入表 1-8 中，并进行有关计算。

表 1-8　磨矿产品筛析结果

矿石名称	标准矿石	待测矿石
磨矿顺序	1, 2, 3, 4	1, 2, 3, 4
磨矿时间/min	4, 8, 12, 16	4, 8, 12, 16
+0.074mm 产品质量/g		
-0.074mm 产率/%		

（1）实验条件

　　矿石名称：内邱硫铁矿　　　矿石质量：500g
　　磨矿浓度：50%　　　　　　实验日期：

（2）根据所得数据绘制 -0.074mm 产率与磨矿时间 t 的关系曲线

$$\gamma_i = f(t) \tag{1-9}$$

（3）根据曲线求出所测物料为 -0.074mm 占 60% 时的可磨度系数

$$K = \frac{t_0}{t} \times 100\% \tag{1-10}$$

式中，t_0、t 分别为标准物料和待测物料磨到 -0.074mm 占 60% 时需要的磨矿时间。

六、思考题

1. 什么是相对可磨度及绝对可磨度？
2. 测定矿石可磨度的意义是什么？

实验1-9　物料水分测定

一、实验目的

（1）了解物料水分的存在形态；

（2）学会物料水分的测定方法。

二、实验原理

物料水分一般分为：

（1）外在水分或表面水分。它覆盖在颗粒表面上，在干燥环境下保存时，这部分水分就会逐渐蒸发掉，直至变为"风干"状态。

（2）分析水分或吸着水分。它含在颗粒的孔隙和裂隙中，其含量与水蒸气的压力和空气的相对湿度有关。

（3）化合水或结晶水。一般情况下，矿物加工工程中，需要测定的是物料的外在水分和分析水分两项，这两项水分的总和称做总水分或游离水分。其测定方法就是在适当的温度下，将物料的游离水分烘掉，通过称量物料烘干前后的质量，计算出物料的水分。这里的水分测定是指粒度相对比较粗物料的水分测定，如果被测物料为粉末状，则其水分可以利用水分测定仪直接测出。

三、仪器设备及物料

仪器设备：读数精度0.01g的电子天平1台，恒温干燥箱1台，干燥器1个，取样小勺1把，边长100mm带上盖的不锈钢料盒1个（也可选择其他材质和规格的器皿）。

实验物料：待测碎散物料若干。

四、实验步骤

（1）称取料盒质量。

（2）将待测物料破碎至 -2mm，混匀并取试样100g。

（3）将样品放入料盒中，并将其摊薄均匀。

（4）将料盒置于烘干箱内，让盖子斜开着，控制烘干箱温度在105～110℃进行烘干。

（5）烘干8h后关闭烘箱，将料盒移入干燥器内冷却。

（6）冷却后（约30min）迅速盖上盒盖，从干燥器中取出料盒称重。

（7）按下式计算物料水分：

$$W = \frac{G - G_1}{G} \times 100\% = \frac{G - G_2 + G_0}{G} \times 100\% \qquad (1-11)$$

式中　W——物料的水分，%；

　　　G——待测样品（湿样）质量，g；

　　　G_0——料盒质量，g；

G_1——烘干后干样质量，g；

G_2——料盒、干样合重，g。

（8）重复上述测定步骤，测出 3 个平行样的水分，取其平均值作为最终测定结果。

注意：

（1）为了准确测定物料外在水分或总水分，必须及时采样，及时测定。大块物料只能就地测定。方法是先测湿重，然后测风干重（风干至恒重），最后测烘干重，依次可计算出外在水分和总水分。

（2）如果试样粒度大，实验量大，可先在采样地点及时测出外在水分，然后将风干试样破碎缩分，取出少量有代表性试样测定吸着水分。

五、数据处理

将实验结果整理并填入表 1-9 中。

表 1-9　物料水分测定结果

测量次数	第一次测量	第二次测量	第三次测量	测量平均值
水分/%				

六、思考题

1. 物料的水分有哪几种？
2. 物料的水分在矿物加工过程中，会对哪些作业产生影响？

实验 1-10　硬度系数（f 值）测定

一、实验目的

（1）理解矿石硬度的概念及意义；
（2）学会硬度系数的测定方法。

二、实验原理

材料局部抵抗硬物压入其表面的能力称为硬度。固体对外界物体入侵的局部抵抗能力，是比较各种材料软硬的指标。由于规定了不同的测试方法，所以有不同的硬度标准。各种硬度标准的力学含义不同，相互不能直接换算，但可通过实验加以对比。硬度分为：

（1）划痕硬度。测量方法是选一根一端硬一端软的棒，将被测材料沿棒划过，根据出现划痕的位置确定被测材料的软硬。

（2）压入硬度。测量方法是用一定的载荷将规定的压头压入被测材料，以材料表面局部塑性变形的大小比较被测材料的软硬。由于压头、载荷以及载荷持续时间的不同，压入硬度有多种，主要是布氏硬度、洛氏硬度、维氏硬度和显微硬度等几种。

（3）回跳硬度。测量方法是使一特制的小锤从一定高度自由下落冲击被测材料的试样，并以试样在冲击过程中储存（继而释放）应变能的多少（通过小锤的回跳高度测定）确定材料的硬度。

矿石的软硬程度通常用莫氏硬度和硬度系数表示。莫氏硬度属于划痕硬度，共有 10 个硬度级别，滑石最软硬度为 1，金刚石最硬硬度为 10，莫氏硬度可按硬度表的标准由莫氏硬度计测得。莫氏硬度表中所刊载的数字，并没有比例上的关系，数字的大小仅表明矿物硬度的排行。硬度系数（f值）也叫普氏硬度系数或坚固性系数，普氏硬度属于压入硬度。矿石的硬度系数可由其制成的标准试件在压力机上测得的破坏载荷计算出来，计算公式如下：

$$R = \frac{P}{S} \tag{1-12}$$

式中　R——矿石试件的抗压强度，MPa；

　　　P——矿石试件的破坏载荷，N；

　　　S——试件承载面的面积，mm²。

$$f = \frac{R}{100} \tag{1-13}$$

式中　f——硬度系数，MPa。

通常根据矿石的硬度系数可将矿石分为四个硬度级别：

（1）极坚硬矿石 f = 15 ~ 20（如坚固的花岗岩、石灰岩、石英岩等）；

（2）坚硬矿石 f = 8 ~ 10（如不坚固的花岗岩、坚固的砂岩等）；

（3）中等坚硬岩石 f = 4 ~ 6（如普通砂岩、铁矿等）；

（4）不坚硬矿石 f = 0.8 ~ 3（如黄土、仅为 0.3）。

硬度系数是用来描述矿石物理、力学性质的物理量，f值的大小表示矿石破碎的难易程度，是设计选择矿石破碎和磨矿设备的重要参数。

三、仪器设备及物料

仪器设备：YE-1000 压力实验机 1 台（如图 1-9 所示），制样设备 1 套，游标卡尺 1

a　　　　　　　　　　　　　　　　　b

图 1-9　数字式与指针式压力实验机外形

a—数字式压力实验机；b—指针式压力实验机

把，百分表检验台 1 个。

实验物料：有代表性大于 150mm 的待测块状矿石若干块。

四、实验步骤

（1）仔细阅读压力实验机使用说明书，掌握设备的使用方法。

（2）用制样设备将待测矿石制成直径为 50mm、高度为 100mm 圆柱体的试件（也可制成边长为 50mm 的立方体试件）。

（3）将试件用抛光机抛光，使试件达到下列要求：

1）沿试件高度，直径的误差不超过 0.3mm，试件两端面不平行度误差，最大不超过 0.05mm；

2）端面应垂直于轴线，最大偏差不超过 0.25°。

（4）用游标卡尺分别测出试件两端面和中点断面的直径，取其平均值作试件直径；在试件两端面等距取三点测出试件的高，取其平均值作为试件的高，测量试件高度的同时注意检验两端面的平整度；将测量结果填入表 1-10。

（5）将试件置于实验机承压板中心，调整球形座使试件均匀受载。

（6）以 0.5～1.0MPa/s 的加载速度加载，直至试件被破坏为止，记下破坏荷载（P）。

（7）按式（1-12）和式（1-13）计算试件的抗压强度 R 和硬度系数 f 值，计算结果填入表 1-10。

（8）重复上述实验步骤直至完成所有试件测定。

表 1-10　硬度系数测定实验结果

试件编号	直径/mm	高度/mm	试件面积/mm²	载荷/kN	抗压强度/MPa	硬度系数/MPa	平均值
1-1							
1-2							
1-3							
2-1							
2-2							
2-3							
⋮							

注意：

为了获得较准确的 f 值，测定过程中需要注意如下问题：

（1）选取的检测矿石和岩石标本应具有充分的代表性；

（2）由于矿石不同表面上抗压强度有差异，同样的标本一般应选 3 块，分别测定各个面的 f 值，然后取其平均值；

（3）每组标本样应取 3～5 个，并取其平均的 f 值。

五、思考题

1. 矿石的硬度大小对矿物加工的哪些作业有影响？

2. 矿石的莫氏硬度值与硬度系数 f 值有何区别？

实验 1-11　粉体白度测定

一、实验目的

（1）掌握粉体白度的概念及含义；
（2）学会粉体白度的测定方法。

二、实验原理

白度是表征物体色的白的程度，用符号 W 或 W_{10} 表示。白度值越大，表示白的程度越高。GB/T 17749—2008 规定光谱反射比均为 1 的理想完全反射漫射体的白度是 100。粉体的白度可由专门测量白度的白度仪测得。

白度测定仪用于测量物体表面的蓝光白度，它利用测光积分球实现绝对光谱漫反射率的测量。其光电原理为：由白度仪的卤钨灯发出光线，经聚光镜和滤色片形成蓝紫色光线，进入积分球的光线在积分球内壁漫反射后，照射在测试口的试样上，试样反射的光线由硅光电池接收，并转换成电信号。另有一路硅光电池接收球体内的基底信号，两路电信号分别放大，经混合处理后得到测定结果。

白度仪的种类很多，适用的场合各不相同。测量粉体的白度时，要注意白度仪的选择，要求所使用的白度仪：一要适合粉体白度的测量，二要测量精度和测量程序符合国家的相关标准。图 1-10 是适用于粉体测量的白度仪。

图 1-10　两种粉体白度测定仪外形

三、仪器设备及物料

仪器设备：白度仪 1 台，制样器（粉末成型器）1 个。
实验物料：白色粉末状物料约 100g。

四、实验步骤

1. 操作准备

（1）检查仪器电源连接及电压是否正常。

（2）用酒精棉将仪器的试样座与测量口擦拭干净，以免沾污白板及测试样品。

2. 操作顺序

（1）预热：接通电源，开启仪器的电源开关，使白度仪预热 15～30min。

（2）安置滤光插件：将 1 号滤光器插件插到 1 号光道孔，2 号滤光器插件插到 2 号光道孔，面板上显示"R457"。

（3）校零：用左手按下"滑筒"，用右手将"黑筒"放在试样座上，将滑筒升至测量口，按键盘上的"校零"键，显示屏即显示 00.0，再按"回车"键，显示 00.0 校零完毕。

（4）将工作标准白板的标称值输入仪器。

（5）校准：按下仪器的"滑筒"，取出"黑筒"，换上工作标准白板，把工作标准白板升至测量口，按"校准"键，显示屏显示 Jxx.x，再按"回车"键，显示屏显示 Jxx.x 值，校准完毕。

（6）将待测粉末放入样品盒，并用粉末成型器将其制成要求的测试样。

（7）测试样品：按下"滑筒"，取出工作标准白板，将样品放在试样座上，把滑筒升至测量口，按工作键，显示屏上即显示出该试样的白度值。

（8）每一样品重复测量 3 次，然后取其平均值作为最终结果。

（9）关机：样品测试完毕，切断仪器电源，将仪器套上防尘罩。

3. 注意事项

（1）白度仪应放置在干燥、无振动、无强电磁场干扰、无强电流干扰、无灰尘的室内环境中。

（2）白度仪存放处不得有酸、碱等腐蚀气体积存。

（3）仪器接地应良好，电源电压必须符合工作条件。

（4）仪器四周应留有足够的散热空间。

（5）不可使黑筒及工作白板受到污染，以免影响检验结果准确度。

（6）检验操作时，要小心缓慢升降滑筒，避免样品进入测量口内，影响检验结果的准确。

（7）仪器长时间停用后，应相应延长预热时间，以提高稳定性。

五、数据处理

将实验测定结果填入表 1-11 中。

表 1-11　物料白度测定结果

测量次数	第一次测量	第二次测量	第三次测量	测量平均值
白度/%				

六、思考题

1. 白度的单位是什么，为什么？
2. 测定粉末的白度时粉末的粒度对测量结果有何影响？

实验 1-12　黏度测定实验

一、实验目的

(1) 了解料浆黏度对选矿过程的影响；
(2) 学会料浆黏度的测定方法。

二、实验原理

将流动着的液体看作许多相互平行移动的液层，各层速度不同，形成速度梯度，这是流动的基本特征（见图 1-11）。

由于速度梯度的存在，流动较慢的液层阻滞较快液层的流动，因此液体产生运动阻力，为使液层维持一定的速度梯度运动，必须对液层施加一个与阻力相反的反向力，即切应力。对于牛顿流体，根据牛顿定律有：

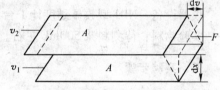

图 1-11　流体流动特征示意图

$$\tau = \eta D \tag{1-14}$$

式中　　τ——切应力；

　　　　η——黏滞系数，即黏度；

　　　　D——切变速率。

黏度的意义是将两块面积为 $1m^2$ 的板浸于液体中，两板距离为 $1m$，若加 $1N$ 的切应力，使两板之间的相对速率为 $1m/s$ 时，则此液体的黏度为 $1Pa \cdot s$。

黏性是料浆主要物理性质之一。在矿物加工过程中，料浆黏度大小直接影响磨矿效率、分级效率、分选效率和浓缩过滤效率。料浆的黏度可用专用黏度计测出，常用的黏度计有毛细管黏度计、旋转黏度计、恩格列黏度计、振动黏度计等多种形式。具体料浆的黏度需要根据料浆的特性选择合适的黏度计进行测定，黏度计的种类有很多，矿浆的黏度常采用旋转黏度计测量。

国产的 NDJ 型数显黏度计结构示意图及原理图如图 1-12 和图 1-13 所示。其原理为：同步电机以稳定的速度旋转带动电机传感器片，再通过游丝带动与之连接的游丝传感器片、转轴及转子旋转。如果转子未受到液体阻力，上下两传感器片同速旋转，保持在仪器"零"的位置上。反之，如果转子受到液体的黏滞阻力，则游丝产生扭矩与黏滞阻力抗衡，最后达到平衡。光电转换装置上下传感器片相对平衡位置转换成计算机能识别的信息，经过计算机处理，最后输出显示被测液体的黏度值。

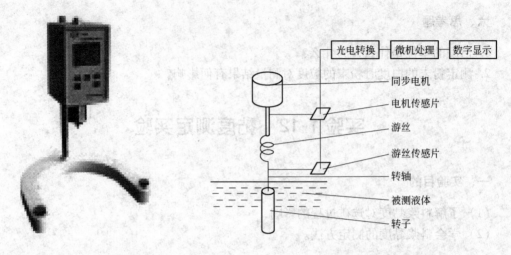

图 1-12　NDJ 型黏度计结构图　　　　　　　图 1-13　NDJ 型黏度计原理图

三、仪器设备及物料

仪器设备：NDJ 型数显黏度计 1 台，500mL 烧杯 1 个，温度计 1 支。

实验物料：待测料浆 500mL 左右。

四、实验步骤

（1）测定前应认真阅读黏度计的使用说明书。

（2）将待测料浆置于 500mL 烧杯中，测量并准确控制被测料浆的温度。

（3）调整黏度计至水平。

（4）将保持架安装到仪器上。

（5）将选好的转子旋入链接螺杆。

（6）旋转升降旋钮，将仪器缓慢下降，使转子逐渐浸入被测料浆中，直至料浆的表面与转子的液面线相平为止。

（7）选定转子及转子转速。

（8）接通电源，打开电机开关。

（9）将已选定的有关参数输入计算机。

（10）按下测量按钮进行测量，显示器显示测定数据。

（11）测量过程中，如果显示器显示所测数据超出量程范围，则须要变换转子或转速重新测量。

注意：

（1）测量时，要先估计所测料浆的黏度范围，然后根据说明书给定的参数，选择出适当的转子和转速。如测定约 3000mPa·s 的料浆的黏度时，可根据测量上限表（表 1-12），选用配合 2 号转子 6r/min 或 3 号转子 30r/min。

（2）当估计不出被测料浆的黏度时，应假定较高的黏度；可试用由小到大的转子和由低到高的转速；原则是高黏度料浆选用小转子、低转速，低黏度的料浆选择大转子和高转速。

表 1-12　各转子不同转速时测量黏度的上限值

转子	黏度上限值/mPa·s							
	60r/min	30r/min	12r/min	6r/min	3r/min	1.5r/min	0.6r/min	0.3r/min
1	100	200	500	1000	2000	4000	10000	20000
2	500	1000	2500	5000	10000	20000	50000	100000
3	2000	4000	10000	20000	40000	80000	200000	400000
4	10000	20000	50000	100000	200000	400000	1000000	2000000

五、思考题

1. 料浆黏度对矿物加工过程有何影响?
2. 常用黏度计主要有哪几种?

实验 1-13　比磁化系数的测定

一、实验目的

(1) 掌握用磁力天平测定强磁性矿物磁性的方法;
(2) 了解天然磁铁矿和焙烧铁矿的磁性特点。

二、实验原理

如图 1-14 所示,将在整个长度上截面相等的试样管装入强磁性矿粉 (如磁铁矿矿粉) 后,置入磁场中,使其下端处于磁场强度均匀且较高的区域,而另一端处于磁场强度很低的区域。此时试样沿磁场轴线方向所受的磁力 $f_{磁}$ 为:

$$f_{磁} = \int_{H_2}^{H_1} \mu_0 \kappa_0 \cdot \mathrm{d}l \cdot SH \cdot \frac{\mathrm{d}H}{\mathrm{d}l} = \frac{\mu_0 \kappa_0}{2} (H_1^2 - H_2^2) S \tag{1-15}$$

式中　$f_{磁}$——试样所受的磁力,N;

　　κ_0——试样的物体容积磁化系数;

　　μ_0——真空磁导率,H/m;

　　H——试样的磁场强度,A/m;

H_1,H_2——试样两端处的磁场强度,A/m;

　　S——试样的截面积,m^2;

　　l——试样的长度,m。

当试样足够长,并且 $H_1 \gg H_2$,磁场强度 H_2 很小可忽略不计时,式 (1-15) 就可写成:

$$f_{磁} = \frac{\mu_0 \kappa_0}{2} H_1^2 S \tag{1-16}$$

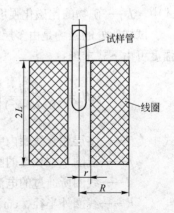

图 1-14　多层螺管线圈

所受磁力用天平测出，即

$$f_磁 = \Delta mg \tag{1-17}$$

式中　g——重力加速度，$9.81\mathrm{m/s^2}$；

　　　Δm——试样在磁场中质量的变化量，kg。

此时：

$$\Delta mg = \frac{\mu_0 \kappa_0}{2} H_1^2 S \tag{1-18}$$

已知：

$$\kappa_0 = \chi_0 \rho = \chi_0 \frac{m}{lS}$$

代入式（1-18）得

$$\Delta mg = \frac{1}{2} \frac{\mu_0 \chi_0 m}{lS} H_1^2 S$$

$$\chi_0 = \frac{2L \Delta mg}{\mu_0 m H_1^2} \tag{1-19}$$

式中　χ_0——试样的物体比磁化系数，$\mathrm{m^3/kg}$；

　　　m——试样质量，kg；

　　　l——试样的长度，m；

　　　ρ——试样的密度，$\mathrm{kg/m^3}$。

当试样的长度 l 很长，且截面 S 很小时，则

$$\chi = \chi_0 = \frac{2l \Delta mg}{\mu_0 m H_1^2} \tag{1-20}$$

式中　χ——试样的物质比磁化系数，$\mathrm{m^3/kg}$。

式（1-20）中 l、g 和 m 值为已知，实验时改变 H 的大小，测定 Δm 值，通过式（1-20）可计算 χ 值，而且还能确定比磁化强度，即

$$J = \chi H_1 = \frac{2l \Delta mg}{\mu_0 m H_1} \tag{1-21}$$

式中　J——矿物的比磁化强度，A/m。

试样所处的磁场是由多层螺管线圈（图1-14）通入直流电形成的，线圈内某点的磁场强度可由下式求出：

$$H = \frac{2\pi nI}{10(R-r)} \left[L_1 L_n \cdot \frac{R + \sqrt{R^2 + L_1^2}}{r + \sqrt{r^2 + L_1^2}} + L_2 L_n \cdot \frac{R + \sqrt{R^2 + L_2^2}}{r + \sqrt{r^2 + L_2^2}} \right] \tag{1-22}$$

式中　H——多层螺管线圈内中心线上的磁场强度，A/m；

　　　n——线圈单位长度的匝数；

　　　I——线圈所通过的电流，A；

　　　R——线圈外半径，cm；

　　　r——线圈内半径，cm；

L_1——线圈内某点（测点）到线圈的上端的距离，cm；

L_2——线圈内某点到线圈下端的距离，cm。

因在线圈内中心点 $L_1 = L_2$，R、r、n 为固定值，故 $H = CI$（C 为常数）。实验中，给定一个电流 I 值，可得到一个对应的磁场强度 H 值。在不同的磁场强度下，测得试样的比磁化强度 J 和比磁化系数 χ，可作出 $J = f(H)$ 和 $\chi = f(H)$ 的曲线，求出试样的比剩余磁化强度 J_r 及矫顽磁力 H_c 值。

三、仪器设备及物料

仪器设备：测量装置如图 1-15 所示，主要由分析天平、多层螺管线圈、直流电表计、开关及薄壁玻璃管等组成。

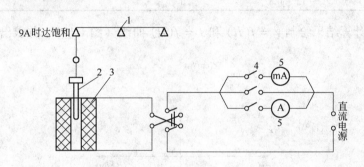

图 1-15　测定矿物磁性装置的线路图
1—分析天平；2—薄壁玻璃管；3—磁化线圈；4—开关；5—直流电流表

实验物料：粉末状磁铁矿、磁黄铁矿、钛磁铁矿等。

四、实验步骤

（1）检查并熟悉线路和实验装置。

（2）在天平上称量试管质量 P_0 后，装入已知粒度和品位的磁铁矿（或磁黄铁矿或钛磁铁矿）粉并轻轻振动使其紧密，量出其长度 L（约为 $25 \sim 30$cm）并记录。

（3）将装有磁铁矿矿粉的试样管装在天平的吊链上置入磁化磁场的线圈中，使试样的一端接近磁化磁场线圈的中心，并且不要碰到线圈的内壁。

（4）用砝码调整使天平平衡，记录试管与试样的合重 P_1。

（5）试样退磁。将磁化线圈给入约为 8.5A 的大电流（磁场约 2000Oe），翻转双投开关约 20 次左右（在转向前应先将两电流表的开关拉开，合上线路中间短路开关使电流不经过电流表），电流逐次降低，上述操作直到电流为 0。

（6）拟定磁化磁场强度大小（如 25Oe、50Oe、100Oe、500Oe、1000Oe、1500Oe、2000Oe），依次通入相应的电流使磁场强度达到需要之值，翻转双投开关 10 余次进行试样的磁锻炼（注意翻转后电流方向一定），进行磁锻炼后调整天平测出试样在磁场中的质量 P_2（测量时电流只能升不允许往下调整）。当电流升至 8.5A，磁场强度约为 2000Oe 以后，降低磁场（如 1500Oe、1000Oe、500Oe、100Oe、50Oe、25Oe），调整天平测定试样在不同磁场中的质量 P_2（电流只能减少，不允许增加，且不进行磁锻炼），测磁滞回线。当磁场降低为 25Oe 左右后，反转双投开关改变磁场方向并进行试样质量 P_2 的测定。缓慢增加磁场使砝码质量等于 P_1，测出矫顽磁力 H_0。

五、数据处理

（1）将测出的实验数据填入表 1-13 中，并在计算机上进行数据处理。

表 1-13　实验数据

试管质量/g	
试管长度/cm	
试管加试样重/g	
试样重 $P = P_1 + P_0$/g	

（2）根据计算结果绘制 $\chi = f(H)$ 和 $J = f(H)$ 曲线（图 1-16），并求出 J 及 H_0 值。

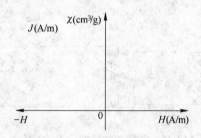

图 1-16　磁场特性曲线

六、思考题

1. 何谓物体比磁化系数和物质比磁化系数，二者有何不同？
2. 实验过程中观察到哪些现象，说明了什么？

第二章　破碎与磨矿

实验 2-1　磨矿动力学实验

一、实验目的

（1）学会实验室小型球磨机的使用，掌握磨矿实验的操作方法；

（2）了解磨矿产品细度与磨矿时间的关系，即磨矿产品细度随磨矿时间增加的规律性。

二、仪器设备及物料

仪器设备：实验室磨矿机 1 台，取样工具 1 套，大小瓷盆若干，500mL 量筒 1 个，200 目筛子 1 个，样袋等。

实验物料：实验物料为内邱硫铁矿，粒度 2 ~ 0mm，取 7 袋（2 袋作备样）每袋 500g。

三、实验步骤

（1）磨矿前的准备工作与实验 1-8 同。

（2）按介质→水→矿石→水的顺序加入磨矿机，否则一些矿石被压，粘在磨矿机底部不易被研磨，加入 300mL 的水，每次实验条件保持不变。

（3）启动磨矿机并计时，至规定时间停机。将矿浆冲洗到盆内。

（4）将盆内矿浆烘干，然后缩分出 50g，进行湿式筛分。

（5）筛上产物烘干，检查筛分（手筛）称重，然后分别装入试样袋中。

四、数据处理

将实验结果填入表 2-1 中，并进行有关计算。

表 2-1　实验结果记录

磨矿时间/min	+0.074mm 质量/g	-0.074mm 产率 γ/%	$\dfrac{R_0}{R}$	$\ln\dfrac{R_0}{R}$	$\ln t$	备　注
0						R_0—原矿中粗级别质量；
5						
10						R—磨 t 时间的磨矿机中粗级别质量
15						
20						

（1）实验条件

　　试样名称：　　　　　　　　试样质量：

　　试样粒度：　　　　　　　　试样浓度：

（2）根据表中数据绘出以横坐标为磨矿时间，纵坐标为筛下产品产率的曲线。即 $\gamma_{-0.074mm} = f(t)$ 曲线，并在曲线上求出 $-0.074mm$ 占 85% 时的磨矿时间 t 值。

五、思考题

利用表 2-1 中的数据，求出磨矿动力学方程并计算出 $-0.074mm$ 占 85% 时的磨矿时间 t'，然后与从曲线上求出的 t 比较。

实验 2-2　磨矿介质运动状态实验

一、实验目的

（1）通过观察实验进一步了解磨机在同转速，不同充填率下介质的运动状态；

（2）了解并掌握不同装球率对磨矿效率的影响。

二、仪器设备及物料

仪器设备：实验室球磨机 1 台（已知装球率 45%），秒表 1 块，取样工具 1 套，大小瓷盆若干，500mL 量筒 1 个，0.074mm 筛子 1 个，样袋等。

实验物料：实验物料为内邱硫铁矿，粒度 2～0mm，取 5 袋（1 袋作备样）每袋 500g。

三、实验步骤

（1）将已知装球率（45%）的实验球磨机中钢球倒出，统计各种钢球个数及质量，并记录于表 2-2 中。

表 2-2　钢球个数及质量

类　别	个　数	质量/kg	总重/kg
大钢球	19	2.22	
中钢球	59	4.02	10.19
小钢球	127	3.95	

（2）由表 2-2 中数据依次计算出装球率为 25%、30%、35%、40%、45% 时装球的种类以及个数，并记录于表 2-3 中。

表 2-3　装球种类及个数

装球率/%	大钢球	中钢球	小钢球	质量/kg
25	11	31	71	5.61
30	13	38	85	6.76
35	15	45	99	7.90
40	17	52	113	9.05
45	19	59	127	10.19

（3）湿式磨矿及产品处理。

1）按照表 2-3 装球率顺序从小到大依次装球实验。

2）检查磨矿机是否运转正常并磨矿 2min，清除球上的锈污。

3）按介质→水→矿石→水的顺序加入磨矿机，否则一些矿石被压，粘在磨机底部不易被研磨，加入 300mL 水，每次实验条件保持不变。

4）启动磨矿机并计时，磨矿 5min 停机，将矿浆冲洗到盆内。

5）将盆内矿浆静置数分钟，澄清水放入烘干机中烘干。

6）将烘干的物料取样两份每份 50g，采用干湿联合筛分，0.074mm 筛上产物称重，取平均值。依次记录于表 2-4 中。

表 2-4　实验结果记录

装球率/%	+0.074mm 筛上质量/g	-0.074mm 产率 γ/%
25	22.16	55.68
30	20.10	59.80
35	16.44	67.12
40	12.36	75.28
45	10.90	78.20

四、数据处理

根据表 2-4 中数据绘制 -0.074mm 产率-装球率曲线。

五、思考题

由 -0.074mm 产率-装球率曲线分析装球率对产率的影响。

实验 2-3　磨矿浓度实验

一、实验目的

了解磨矿浓度对磨矿生产率的影响。

二、仪器设备

仪器设备：磨机 1 台（三辊四筒），秒表 1 块，天平 1 台，取样用具 1 套，瓷盆 4 个，0.074mm（200 目）筛子 1 个。

三、实验步骤

（1）取试样 4kg，用四分法分成 8 等份，每份 400g 袋装。

（2）按液固比0.5：1、1：1、1.5：1、2：1分别将400g矿样按水矿石的顺序装入磨机。启动磨机，磨矿10min后，将磨机中物料倒出，清洗磨机。

（3）将磨矿产品用湿式分样机进行缩分，取对角样合并用0.074mm筛子进行筛析，筛上产物烘干称重。

四、数据处理

将实验数据填入表2-5中。

表2-5 实验结果

浓度（液固比）		0.5：1	1：1	1.5：1	2：1
筛上量	质量/g				
	产率/%				
筛下量	质量/g				
	产率/%				

五、思考题

根据表2-5的数据，分析磨机，磨矿浓度对磨矿生产率的影响。

实验2-4 破碎机产品粒度组成测定

一、实验目的

（1）了解破碎机产品粒度特性，并绘制产品粒度特性曲线；
（2）掌握破碎机排矿口的测定和调节。

二、仪器设备

仪器设备：颚式破碎机，卡尺，直尺，实验用筛，天平，取样用具。

三、实验步骤

（1）将破碎机排矿口调节至适当尺寸。
（2）检查破碎机运转是否正常。
（3）启动破碎机，将铅球投入破碎腔，球被挤扁，量其厚度，对于颚式破碎机，排矿应量其波峰顶点到另一个对应的波谷最低点的距离为准。
（4）将备好的试样（15~20kg）均匀给入破碎腔内。
（5）将破碎产品按先粗后细顺序进行筛析，称量各级别质量并记录在表2-6中。

表 2-6 实验结果

破碎机名称＿＿＿＿＿＿＿＿ 排矿口宽度＿＿＿＿＿＿＿＿

物料名称＿＿＿＿＿＿＿＿ 实验日期＿＿＿＿＿＿＿＿

原矿筛析 原矿质量（kg）				产品筛析 原矿质量（kg）				
筛孔 /mm	质量 /kg	级别产率 /%	筛上累积 产率/%	筛孔 /mm	筛孔宽 / 排矿口宽	质量/kg	级别产率 /%	筛上累积 产率/%
⋮								
⋮								
合计								

四、数据处理

根据筛析结果，绘制破碎机产物粒度特性曲线（绘制简单坐标累积粒度特性曲线）如图 2-1 所示。

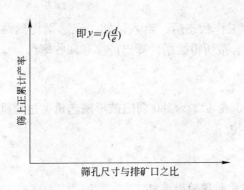

即 $y = f\left(\dfrac{d}{e}\right)$

（纵轴：筛上正累计产率　横轴：筛孔尺寸与排矿口之比）

图 2-1 颚式破碎机产品粒度特性曲线

五、思考题

根据上述曲线确定下列数据：

（1）给矿最大粒度 D_{max}＿＿＿＿＿＿＿ mm。

（2）产品最大粒度 d_{max}＿＿＿＿＿＿＿ mm。

（3）破碎比 $R = \dfrac{D_{max}}{d_{max}}$。

（4）残余粒＿＿＿＿＿＿＿%，即大于排矿口 $\left(\dfrac{筛孔}{排矿口}\right)$ 含量。

第三章　磁电分选实验

实验 3-1　强磁性矿石的湿式弱磁选实验

一、实验目的

了解实验室小型电磁鼓形湿式弱磁选机的构造，掌握它的使用方法，并通过本实验学会选矿实验中的过滤、烘干、称重、制样等操作。

二、实验内容

将磁选机调整至正常工作状态后，给入试样，经选别得到两种产品，分别脱水、烘干、称重、取样、化验后、按所得数据计算出产率和回收率。

三、仪器设备及物料

仪器设备：$\phi 400 \times 300$ 或 $\phi 327 \times 180$ 弱磁鼓形磁选机，过滤机，烘箱，研磨机。
实验物料：强磁性矿物。

四、实验设备的构造

1. $\phi 400 \times 300$ 鼓形湿式弱磁场磁选机

（1）磁选机主体包括：机架部分、槽体部分、给矿槽部分、喷水管部分、传动部分和鼓筒部分。鼓筒内装有 4 个激磁线圈及铁芯，并在排矿端装有一个没有激磁线圈的附加磁极。5 个磁极扇形排布极性交替。鼓筒直径 400mm，宽度 300mm，每分钟 25 转，鼓面场强 ±1200Oe，磁偏角大小通过心轴的外伸结构调整。

（2）激磁电源：额定工作电流 3.5A。

2. $\phi 327 \times 180$ 鼓形湿式弱磁选机

（1）磁选机主体包括：机架、水槽、感应辊、磁系调整手柄、溢流管、冲水管、排水阀、传动部分和磁鼓。鼓内装有 5 个激磁线圈及铁芯，扇面排布，圆鼓直径为 327mm，宽为 180mm，每分钟 37 转，表面磁场强度 740~900Oe。

（2）激磁电源：额定工作电流 2A。

五、实验步骤

（1）用天平称取试样 500g，放入小样盆中加水润湿待用。

（2）调节各水管水量，满足本实验合理状态。

（3）励磁，调整电流，使磁场达到所需值。

（4）开机运转。

（5）将洗净的盛接精矿、尾矿、溢流的容器，分别放好位置。

（6）给矿进行选别。用给矿冲洗水将矿样均匀缓慢地冲入给矿槽，与此同时，排接精矿和尾矿。在选别的过程中，随时注视电流值、冲洗水量、冲洗角度、溢流量多少的变化，并可随时调整使其适宜。

（7）给矿完毕后，再选几分钟，如看到转鼓没带什么矿上来即可认为选分结束。这时关闭水管，停转鼓，排接尾矿，清洗槽体。将所得尾矿、溢流拿开，换上清净的盛矿容器，断磁，冲洗精矿。

（8）操作完毕后，全部进行一次清洗。将整机电源关闭，产品贴好标签。

（9）将产品分别过滤、烘干、称重、取样、研磨、编号后送去化验。

六、数据整理

将实验所得数据整理并计算，结果填入表 3-1 中。

表 3-1　实验结果

产品编号	产品名称	质量/g	产品 γ/%	品位 β/%	回收率 ε/%

七、思考题

改变磁选机的各调整因素，对选分效果有何影响？

实验 3-2　强磁性矿石的磁性分析

一、实验目的

（1）学会磁选管的使用；

（2）掌握用磁选管对强磁性矿石的选别产品进行磁性分析的方法。

二、实验内容

（1）将强磁性矿石经选别后的产品给入磁选管选分；

（2）将磁选管选分后的产品，进行镜下检查。

三、仪器设备及物料

仪器设备：ϕ50 磁选管，烘箱，显微镜，天平，烧杯，吸耳球，样盆。

实验物料：-0.074mm（-200 目）磁铁矿粉 100g 左右。

四、实验设备的构造

磁选管是由主机和激磁电源两部分组成。主机的构造如图3-1所示。激磁电源最大调至4A，激磁电流与磁场强度的曲线见指导书。

五、实验步骤

（1）称取试样10～20g（品位低时，试样量要放大些）放入烧杯中搅拌成矿浆。

（2）将磁选管充满水，水面要高于磁极4～5cm，调节给排水量，尽可能使水位不变。

（3）励磁按电流与磁场强度曲线，将电流调整到所需值。

（4）启动分选管，然后用吸耳球把烧杯中的试样缓慢且均匀地冲入给矿漏斗中。试样中的磁性矿粒被吸在磁极头附近的管内壁上（这里磁场强度最大），非磁性部分随冲洗水从管的下端排出。分选管的往复和运动以及冲洗水的作用在于排出非磁性杂质，以获得纯净的

图 3-1　磁选管
1—电磁铁；2—玻璃管；3—非磁性材料
金属架；4—玻璃管的夹头；5—冲洗水管

磁性部分。当选分5～15min后，见管内水清晰不混浊时，可停机，在励磁的情况下，清洗两次管内杂质，换上盛接磁性产品的容器，便可退磁（电流退回零），接排磁性产品。

六、数据处理

将所得的磁性产品和非磁性产品脱水、烘干、称重、取样、化验、计算出产率γ、回收率ε，结果填入表3-2中。

表3-2　实验结果

产品名称	质量/g	产率 γ/%	铁品位 β/%	FeO 含量/%	回收率 ε/%	
					TFe	MFe
磁性产品						
非磁性产品						
合　计						

七、思考题

借助于显微镜的镜下观察，对产品进行分析。指出原分选作业存在的问题及应采取的措施。

实验 3-3　磁系模拟实验

一、实验目的

（1）学会使用高斯计测量磁场强度；

（2）了解铁氧体（永磁块）在不同组合方式下场强（H）的变化规律。

二、实验内容

（1）测出单磁摆磁场强度与其高度的关系；

（2）测出双磁极平面磁系极距变化时，磁场分布的特点；

（3）测出三极平面磁系距离极面不同高度各点磁场变化。

三、仪器设备

仪器设备：CT5 高斯计 1 台，铁氧体永磁块，磁导板，标尺等。

四、实验设备的构造

1. 测量原理

高斯计是应用霍尔效应测量磁场的一块仪表。霍尔效应是：在一块半导体薄片的纵向两端面，通以电流 I_H，并在垂直薄片方向加磁场 B，则电子会受到洛仑兹力 F_H 的作用而发生偏移，这样在薄片的一个横端面上产生了电子积累，使此端面带上了负电荷，而在另一端面上带上了等量的正电荷，于是建立了端面的电场，即产生了电场 F_E。力 F_E 与 F_B 方向相反，阻止了电子偏移，当 $F_E = F_B$ 时，电子的积累达到动态平衡，就产生了一个稳定的霍尔电势 V_H，其基本关系式为：

$$V_H = K_H I_H B \cos\theta$$

式中　V_H——霍尔电势，V；

　　　K_H——霍尔系数，与薄片材料及尺寸有关；

　　　I_H——工作电流，A；

　　　B——磁通密度，T；

　　　θ——磁场方向和半导体平面的垂线的夹角。

所以，当半导体材料的几何尺寸选定，工作电流给定，当 $\theta = 0°$（即磁场方向与霍尔元件平面垂直）V_H 正比于 B，也就是说，霍尔电势的大小，表示了磁场的大小。那么在半导体元件两端按 1mV 计，而以高斯标度，即能直接读取 B 值。因为用高斯计测量空气隙中磁场，由于空气中 $\mu = 1$，即 $B = H$。

2. 注意事项

（1）霍尔变送器是易损元件，必须防止受压、挤、扭、弯和碰撞。

（2）变送器不宜在强光照射下或大于 60℃ 的高温及腐蚀气体场合中使用。

（3）仪器不宜在强磁场处存放，至少应距 1m 以上。

（4）使用前应检查变送器编号，应和标度盘上所注编号相符。

3. 使用方法

（1）机械零件调节。

（2）接通电源预热 5 ~ 10min，做校准线调节。

（3）放大器 0 位调节。

（4）"零调"调节。

（5）测量。将旋钮指示所要测量的范围量限上，然后把变送器元件放入要测的磁场中，轻轻缓慢转动，使指示最大值。转动过程中一定不能用力过大，而且测量前应选磁通方向与元件平面垂直的位置进行测量。

（6）磁场极性判别擦在测试过程中，当仪表自 0→满度指示时，霍尔变送器铜管上标有 N 的同一侧面磁场力方向为"N"，反之为"S"。

（7）使用完毕后，旋钮指示"关"，再切断电源。

五、实验步骤

1. 测量单磁高度与磁场强度的关系

选取 5 块场强大体相近的磁块，然后将磁性最强、边角较完整的作为第一块，测其 5 个点的场强，测点如图 3-2 所示。然后在其背后擦第二块，再测之，测完再擦一块，再测，直至测完 5 块为止。以每次 5 点的平均值为场强值。画出场强随磁擦高度 h（或磁块数 n）的变化曲线，找出其规律。

2. 双磁极平面磁系极距变化时，磁场分布的特点

如图 3-3 所示，在一磁导板上放置两磁极，每板由 5 块一擦的单磁擦组成。设极面宽为 b，极间隙宽为 a，在 $\dfrac{b}{a}=1$，$\dfrac{b}{a}=3$，$a=0$ 三种情况下，分别测量七点的磁场强度（距离极面高 6mm），然后画出在极宽 b 与极间隙 a 的不同比值下，磁场强度 H 沿极距 L 的变化曲线。

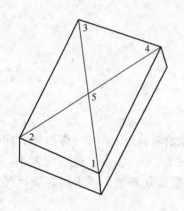

图 3-2　磁块测点的选择

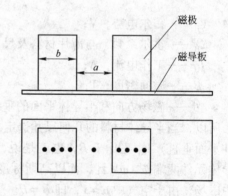

图 3-3　两极磁系测点的选定

3. 三极平面磁系距离极面不同高度各点的磁场变化

用磁擦组成 N-S-N 或 S-N-S 平面磁系，在比值 $\dfrac{b}{a}=1$，3 两种情况下，分别测量 11 个测点距极面 h 为 6mm、20mm、40mm 3 个不同高度上的磁场强度。然后以水平测点为横坐标，磁场强度为纵坐标画出 3 个不同高度上的磁场特性曲线。

六、数据处理

将所测的实验数据填入表 3-3 和表 3-4 中。

表 3-3　磁块测点的选择

块　数	磁场强度					
	1	2	3	4	5	平　均
1						
2						
3						
4						
5						

表 3-4　实验结果

比值	磁场强度										
	1	2	3	4	5	6	7	8	9	10	11
0											
1											
3											

七、思考题

1. 极隙变化时，极面中心处与极间隙处磁场强度变化规律怎样？
2. 不同极距对磁场强度沿垂直方向的分布与作用深度如何？

实验 3-4　弱磁性矿石湿式强磁选实验

一、实验目的

（1）认识了解一种实验室型的强磁选机；
（2）掌握它的操作。

二、实验内容

了解强磁选机的结构、构造、操作方法及注意事项，然后进行一次弱磁性矿石的分选。

三、仪器设备及物料

仪器设备：ϕ320mm 平环湿法强磁选机 1 台，过滤机，烘箱，研磨机，天平，样盆，样桶，吸水管，吸耳球，制样工具。
实验物料：弱磁性矿石。

四、实验设备的构造

XCQS-72 型平环湿法强磁选机主要由以下几部分构成：

（1）激磁部分。断面为 U 字形纯铁芯的两臂上套有四组绕组。如果两组工作，额定电流为 10A，场区为中等磁场。如果四组同时工作，额定电流为 20A，分选平环中充填磁介质钢球间隙间的磁场强度能达到 16000Oe 以上。

（2）分选平环。钢质的圆环直径为 320mm，等分铸成 40 小格，格的下部装有筛板，筛上充填适量的磁介质。当按通激磁电流时，磁介质被磁化。入选物料中的磁性矿物被吸于介质上，被圆环带出磁场区分为磁性产品，无磁性物料因受重力和冲洗水的冲力，由介质间隙排出，为非磁性产品。介质的选用可以是钢球或钢毛，最佳的充填可由实验获得。

（3）平环传动机构。为了适应入选物料性质的变化和产品质量的要求，平环转速可在 5～0r/min 范围内无级调整。

（4）给矿器。为保证向分选区连续均匀地供给矿浆，平环上部安设有能单独搅拌、容积为 5L 的调浆桶。搅拌均匀的矿浆，经底部软胶管与装在弯月棒上的给矿导向管引出。给矿量的大小，可用软胶管上的水止螺丝调节。

（5）冲水。该机需用恒压水，水由软管到分水器。水量的调节可通过调节分水器上 5 个冲水管头的阀来控制。

（6）接矿槽。物料经磁选后，分别排出不同的位置。从磁场区排于下部的为尾矿，顺时针方向转动分离出磁场区的槽子为中矿，其余的为磁性产物。为了防止因给矿嘴反进针偏磁场区而破坏分选指标，该机在尾矿槽前部，还有一原矿返回收槽，其管道由机前引出，以便实验者校准给矿位置和返回再选。

五、实验步骤

（1）熟悉强磁机的各部分特点、操作程序及注意的问题。

（2）放入磁介质。

（3）调节高压水压及冲洗水量。

（4）开机运转，调好所需转数。

（5）根据选分所要求的磁场强度，调整相应的激磁电流。电流严禁超过额定值（中挡小于 10A，高挡小于 20A）。

（6）放好选别产品接收桶。

（7）开启搅拌机，将已称好的 500g 试样调成矿浆倒入搅拌桶内，加水配至所需浓度。

（8）给矿选分。

（9）矿浆给完后，用冲洗水将搅拌桶冲洗干净，关断搅拌，1min 后，可把全部的排矿管都并入精矿接收桶内，随即退磁，进行精矿的冲洗。

（10）停止转环转动（将电压调回零），关断水源、电源，将环内选分介质取出，把整机清擦干净。

（11）产品脱水、烘干、称重、取样、化验。

六、数据整理

将实验条件及计算结果填入表 3-5 和表 3-6 中。

表 3-5　记录实验条件

磁场强度	圆环转数	冲洗水压	冲洗水量	给矿浓度	给矿速度	选分介质

表 3-6　计算结果

实验小组	产品编号	产品名称	质量/g	产率 γ/%	品位 β/%	回收率 ε/%

七、思考题

每两个实验小组做一种实验条件改变的对比实验，然后将两组的结果进行对比分析，看强磁选机各实验条件的改变对选分的效果影响如何。

实验 3-5　强磁性铁精粉的电磁精选机实验

一、实验目的

(1) 学会电磁精选机的使用；
(2) 掌握用电磁精选机对强磁性铁精粉的进行选别的方法。

二、实验内容

(1) 将强磁性铁精粉给入电磁精选机进行分选；
(2) 将电磁精选机分选后的产品进行镜下检查。

三、仪器设备及物料

仪器设备：$\phi150$ 电磁精选机，烘箱，显微镜，天平，烧杯，吸耳球，样盆。

实验物料：铁精粉（原矿）大约 6kg。

四、实验设备的构造

电磁精选机是由主机和激磁电源两部分组成，其构造参照实验室设备加以说明。其中激磁电源电流调整范围为 1～3A，给矿冲散水的压力用肉眼观察调整。

五、实验步骤

（1）称取试样6000g放入大白瓷盆中搅拌成矿浆。

（2）将电磁精选机充满水，水面要高于溢流沿0.5cm，调节给排水量，尽可能使水位不变。

（3）将电流调整到经验数值2.0A。

（4）启动电磁精选机，从给矿管给入矿浆，同时注意观察溢流产品的颜色和粒度大小的变化，及时调整电流大小和磁场同段时间。

六、数据整理

将所得的底流产品和溢流产品脱水、烘干、称重、取样、化验、计算出产率γ、回收率ε，结果填入表3-7中。

表3-7　实验结果

产品名称	质量/g	产率γ/%	铁品位β/%	FeO含量/%	回收率ε/%	
					TFe	MFe
底流产品						
溢流产品						
合　计						

七、思考题

借助于显微镜的镜下观察，对产品进行分析，指出原分选作业存在的问题及应采取的措施。

第四章　重力分选实验

实验 4-1　测定矿粒在静止介质中的自由沉降末速 计算矿粒的形状系数

一、实验目的

掌握测定矿粒自由沉降末速（v_0）的方法及形状系数的计算方法。

二、实验原理

（1）实测矿粒沉降末速的计算公式

$$v_{0\text{矿}} = \frac{H}{t} \tag{4-1}$$

式中　$v_{0\text{矿}}$——矿粒的自由沉降末速，cm/s，由实测得出；

　　　H——矿粒沉降的距离，cm，$H = 50$cm；

　　　t——矿粒经过距离 H 所需的时间，s。

（2）根据矿粒及介质的性质计算无因次参数 $Re^2\psi$ 值，并根据此值范围确定应用的公式。计算出与矿粒同体积球体的自由沉降末速 $v_{0\text{球}}$。

$$Re^2\psi = \frac{\pi d^3(\delta - \rho)\rho g}{6\mu^2} = \frac{G_0\rho}{\mu^2} \tag{4-2}$$

式中　d——物料粒度，以体积当量直径为准（d_V），cm；

　　　δ——物料密度，g/cm^3；

　　　ρ——水的密度，$\rho = 1.0$g/cm^3；

　　　μ——介质的黏度，Pa·s；

　　　G_0——颗粒在介质中的剩余重力；

　　　$g = 980$cm/s^2。

（3）矿粒的形状系数 x

$$x = \frac{v_{0\text{矿}}}{v_{0\text{球}}} \tag{4-3}$$

式中　$v_{0\text{球}}$——与矿粒等体积的球体自由沉降末速，由公式计算得出。

计算公式应用范围见表4-1。

表 4-1　计算公式应用范围

$Re^2\psi$	0 ~ 5.25	5.25 ~ 720	720 ~ 2.3 × 10⁴	2.3 × 10⁴ ~ 1.4 × 10⁶	1.4 × 10⁶ ~ 1.7 × 10⁹
应用条件	斯托克斯公式	过渡区起始段	阿连公式	过渡区间末段	牛顿公式

三、仪器设备及物料

仪器设备：静水沉降管，秒表，米尺，镊子。

实验物料：

塑料砂：粒度 2 ~ 1.6mm，体积当量直径 1.78mm，密度 1.05。

石英砂：粒度 0.56 ~ 0.5mm，体积当量直径 0.6mm，密度 2.65。

四、实验步骤

（1）按图 4-1 将静水沉降管装好。

（2）将静水沉降管注满水，并使水面至少高出计时起点处 10cm（即 $h \geq 10cm$）。

（3）将塑料砂及石英砂分别取出 40 粒加水润湿，用镊子每次取一颗轻轻放入沉降管中，用秒表测出物料在通过距离 H 所需的时间。重复操作，石英砂及塑料砂分别得出 40 个不同的时间（$t_1 + t_2 + \cdots + t_{40}$），并求平均值。

图 4-1　静水沉降管

$$t_{平均} = \frac{t_1 + t_2 + \cdots + t_{40}}{40} \tag{4-4}$$

按下式计算出矿粒的自由沉降末速 $v_{0矿}$

$$v_{0矿} = \frac{H}{t_{平均}}$$

（4）计算与矿粒同体积的球体的自由沉降末速 $v_{0球}$，然后计算矿粒的形状系数。

五、数据处理

将实验数据及计算结果填入表 4-2 中。

表 4-2　实验数据及计算结果

试料名称	物料性质		$v_{0矿}$	$Re^2\psi$	$v_{0球}$	形状系数 x
	δ	d_v				
塑料砂	1.05	1.78mm				
石英砂	2.65	0.6mm				

六、思考题

根据计算出的形状系数值，判断塑料砂及石英砂属何种形状？与观察到的形状是否相符？

实验 4-2　矿粒群干涉沉降实验

一、实验目的

（1）测定均匀粒群在水中的干涉沉降速度，确定干涉沉降速度与容积浓度和颗粒粒度的关系；

（2）测定干涉沉降的最大沉淀度，利用最大沉淀度时的容积浓度求指数 n，并与 $\lg u_a = f \lg(\theta)$ 所求 n 值进行比较。

二、实验原理

求其不同高度下的容积浓度 λ：

$$\lambda = \frac{G}{\delta SH} = \frac{4G}{\pi D^2 H \delta} \tag{4-5}$$

式中　G——物料质量，g；

　　　δ——物料密度，kg/m³；

　　　S——干涉沉降管断面积，cm²；

　　　H——物料悬浮高度，cm；

　　　D——干涉沉降管直径，cm。

按下式求其不同流量下的干涉沉降速度 v_{hs}

$$v_{hs} = u_a = \frac{Q}{S} = \frac{4Q}{\pi D^2} \tag{4-6}$$

式中　u_a——上升水流速度，cm/s；

　　　Q——单位时间内水流量，mL/s。

三、仪器设备及物料

仪器设备：干涉沉降管 1 套（管径为 24mm）；1000mL 量筒，玻璃漏斗，烧杯，洗耳球，秒表，直尺，天平 1 台，瓷盘 2 个，水桶 1 个。

实验物料：均匀粒群物料。细粒级为 - 0.4 + 0.315mm 石英 40g，粗粒级为 - 0.8 + 0.71mm 石英 40g。

四、实验步骤

（1）按图 4-2 装好干涉沉降管，打开水门使管内充满水，然后关闭水门。

（2）称取 - 0.4 + 0.315mm 石英 40g，放在烧杯内少量水搅拌润湿，经漏斗装入管内。

（3）待物料全部沉降在筛网之后记下自然堆积高度。轻轻打开水门使管内产生上升水流使物料悬浮，注意观察颗粒状态变化，待悬浮物料面稳定后测量上升水流的

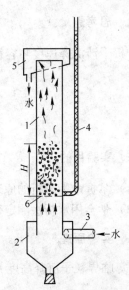

图 4-2　干涉沉降用玻璃管

1—垂直的悬浮用玻璃管；2—涡流管；
3—切向给水管；4—测压支管；
5—溢流槽；6—筛网

流量 Q_1，并记下此时物料悬浮的高度 H_1。

（4）继续加大水量使悬浮高度增加 2cm 左右测量上升水流的流量 Q_2，记下对应的悬浮高度 H_2，再用同样的方法测其 Q_3，记下对应的 H_3，……直到悬浮面不稳定为止（测点不少于 6~8 组）。

（5）测定完毕，把干涉沉降管倒置，用水将物料冲洗出来放入盘内，待烘干回收。

（6）称取粗粒级为 −0.8 +0.71mm 石英 40g 一份。

同上述步骤对粗粒均匀粒群进行测定。

五、数据处理

（1）将计算好的数据填入表 4-3 中。

表 4-3　干涉沉降实验计算结果

编　号	H/cm	Q/mL · s^{-1}	λ	$v_{hs} = u_a$（cm/s）	$\lambda \cdot v_{hs}$	$1 - \lambda$

（2）编写实验报告。

1）分别计算粗粒级和细粒级在不同容积浓度下的 v_{hs}，λ，$(1 - \lambda)v_{hs}\lambda$；

2）按最大沉降速度时的容积浓度 λ_n 求其粗粒、细粒的 n 值；

3）在对数坐标纸上绘制粗级、细级 $\lg u_a = f \lg(\theta)$ 曲线求 n 值；

4）将上述两种做法所得的 n 值进行比较，并指出 n 值与物料性质（粒度）的关系。

六、思考题

分析干涉沉降速度与容积浓度 λ 的关系。

实验 4-3　水析实验

一、实验目的

（1）掌握水力分析的原理及操作方法；

（2）学会用水析法测定微细矿粒的粒度特性的方法。

二、实验原理

计算临界粒子沉降高度 h 距离时所需要的时间 t。计算公式如下：

$$v_0 = 54.5 d^2 \frac{\delta - \rho}{\mu} \tag{4-7}$$

$$t = \frac{h}{v_0} \tag{4-8}$$

式中　v_0——自由沉降末速，cm/s；

d——临界粒子直径，cm；

δ——石英密度，$2.65g/cm^3$；

μ——水的黏性系数，常温取 $\mu = 0.001Pa \cdot s$；

h——直径为 d 的粒子沉降距离，cm。

三、仪器设备及物料

仪器设备：水析装置 1 套（烧杯为 1000mL），秒表 1 个，天平 1 台，瓷盆 4 个。

实验物料：－0.1mm 石英 200g 左右（也可采用其他物料）。

四、实验步骤

（1）取试料 50g 放在大烧杯中先以适量的水润湿。

（2）按图 4-3 将水析实验设备装好，并将虹吸管内装满水，胶管处用卡子夹住，把其自由端插入烧杯内并离料层 0.5～1cm。

（3）把烧杯内装满水至边缘 2～3cm。

（4）计算临界粒子（粒度分别为 0.074mm、0.053mm 和 0.037mm，密度 2.65g/cm³）沉降高度 h 距离时所需要的时间 t。

（5）测出虹吸管的插入深度 h。

（6）用玻璃棒充分搅拌矿浆使物料完全悬浮后停止搅拌，立即用秒表记下沉降时间，待到达 t 秒时，迅速打开管夹将孔口以上的矿浆吸入磁盘，此时随矿浆吸出的即是小于临界粒度的粒子。然后再

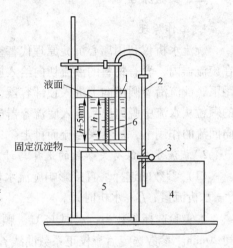

图 4-3　淘洗法水析装置
1—玻璃杯；2—虹吸管；3—夹子；4—溢流接收槽；5—玻璃杯座；6—标尺

把烧杯充满水至标志处，按上述步骤重复数次，直至吸出的液体完全为清水为止。将磁盘内吸出的物料沉淀，烘干，称重，整个虹吸过程从最细粒级开始。

五、数据处理

将水析实验数据记录于表 4-4 中。

表 4-4　水析实验数据

粒级/mm	质量/g	产率/%	
		部　分	累　积
－0.1 + 0.074			
－0.074 + 0.053			
－0.053 + 0.037			
－0.037			
合　计			

六、思考题

根据计算结果绘制累积粒度特性曲线并分析物料粒度特性。

实验 4-4　旋流水析仪分级实验

一、实验目的

了解旋流水析仪的构造、分级原理。

二、实验原理

1. 工作原理

旋流水析仪利用离心沉淀原理代替重力沉降原理进行物料分级，其离心沉淀过程发生在旋流器内，含有物料的液流切向给入旋流器后，即围绕溢流管高速旋转。在离心力的作用下，液流沿着圆锥向上进入顶部容器，在容器里颗粒受到离心力的作用。分离限度以上的颗粒从水流中脱离出来进入底流容器或遗留在旋流器内。分离限度以下的颗粒在中心轴向回流的作用下，被卷入溢流而排走。

2. 旋流水析仪有关参数的选择与计算

（1）参数的选择。直接影响旋流水析仪分级粒度的参数为：f_1—水温；f_2—颗粒密度；f_3—水析流量；f_4—水析时间。

本实验选择参数为：水温 15℃，颗粒密度 2.65g/cm³，水析流量 12.1L/min，水析时间 20min。参数选定后查校正系数曲线 $f_1 = 1.07$；$f_2 = 1$；$f_3 = 0.978$；$f_4 = 0.956$。关于水析流量的参数是根据 f_1、f_2、f_4 的参数计算得出，$f_3 = \dfrac{1}{f_1 \times f_2 \times f_4} = 0.978$，再查 f_3 的校正系数曲线，查得水析流量为 12.1L/min。为使在转子流量计上能显示出流量读数，再换算成小时流量。

（2）颗粒有效分离粒度的计算。计算公式如下：

$$d_e = d_i \cdot f_1 \cdot f_2 \cdot f_3 \cdot f_4 \tag{4-9}$$

式中　d_e——颗粒有效分离粒度；

　　　d_i——颗粒极限分离粒度。

颗粒的极限分离粒度 d_i 也就是设备本身的标准系列，分别为：10μm、21μm、31μm、43μm、56μm。用颗粒的极限分离粒度 d_i 分别乘以 f_1、f_2、f_3、f_4，可将物料分成 −74 +56μm、−56 +43μm、−43 +31μm、−31 +21μm、−21 +10μm、−10μm 六级产品。

三、仪器设备及物料

仪器设备：旋流水析仪 1 台，大桶 4 个，小盆 5 个，烧杯，吸耳球等。

实验物料：−0.074mm 石英 50g，加水润湿待用（注意沉降体积保持在 150mL 以内）。

四、实验步骤

（1）打开供水管阀，注满水箱。

（2）关闭转子流量计分管阀门，打开水泵的直管阀门，关闭旋流器底流排出阀。

（3）从给料器底座中向右旋转 90°，垂直向上取出。

（4）打开试料容器阀，冲洗干净后倒放在工作台上，将备好的物料倒入试料容器中，并用水清洗干净，加清水注满，关闭试料容器阀，保证容器密封。

（5）将试料容器装入给料器底座，旋转 90°，锁紧并密封。

（6）启动水泵按钮开关，水被泵至工作管路并进入旋流器，打开转子流量计阀门，关闭水泵直管阀门，水流通过转子流量计旋流器。

（7）从 1 号旋流器开始，通过底流排出阀逐个排出旋流器中的空气及杂物，直至排净为止。

（8）调整计时器至 5min，同时打开试料容器阀，并手工调节试料容器阀，在 5min 内使物料全部进入旋流器，重新调整计时器至 20min。

（9）调整计时器的同时，调节流量控制阀，使转子流量计显示出所需要的流量读数。

（10）当物料进入最后一个旋流器时，用大桶接取溢流，–10μm 物料回收待用。

（11）水析时间结束后，从最后一个旋流器开始逐个地排出收集在底流容器中的物料，排放到小盆中。

（12）物料完全排出后，即可停机。排出的物料完全沉淀后，再轻轻倒出里面的清水，烘干、称重。

五、数据处理

（1）将实验结果记录于表 4-5 中并进行计算。

表 4-5 旋流水析仪实验结果

粒级/μm	质量/g	产率/%	累计产率/%
–74 +56			
–56 +43			
–43 +31			
–31 +21			
–21 +10			
–10			

（2）绘制旋流水析仪分级粒度特性曲线。

六、思考题

详述旋流水析仪分级原理和分级粒度特性。

实验 4-5 连续水析器实验

一、实验目的

（1）进一步加深对物料自由沉降过程的认识和理解；

（2）了解连续水析器的构造、分级原理及操作。

二、实验原理

分级原理。

三、仪器设备及物料

仪器设备：连续水析器（见图4-4），天平，烧杯，瓷盆，秒表，量筒，水桶等。

实验物料：−0.1mm石英200g左右（也可采用其他物料）。

四、实验步骤

（1）称取0.1mm石英50g，放入烧杯中加水润湿待用。以下步骤参见图4-4。

（2）将恒压水箱1注满水，打开夹子2，关闭夹子3。

（3）待水流充满每个分级室后，将分级室上方的夹子10打开，排出分级室内的空气。每个分级室内的空气排完后，紧固夹子10，以防水流外溢。

（4）调节分级室8溢流水量至100mL/min。

（5）打开夹子3，将备好的石英试料慢慢给入给料斗4中。物料全部给完后关闭夹子3，并保持自分级室8溢流水量为100mL/min。

（6）保持分级时间为6h，6h后关闭夹子2并停止给水。水析终点视溢流水是否清澈为准。

（7）用夹子夹住各分级管下端的软胶管，按粗、细顺序将各粒级产物分别排入盛器中。

（8）将各粒级产物进行烘干、称重，并记录。

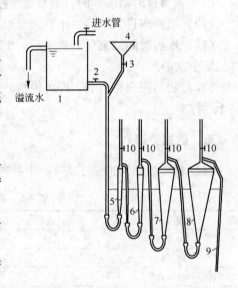

图4-4　连续水析器示意图
1—恒压水箱；2，3，10—夹子；4—给料斗；
5~8—分级室；9——10μm溢流

五、数据处理

将实验数据记录于表4-6中。

表4-6　连续水析器实验数据

粒级/mm	质量/g	产率/%	累计产率/%
−0.1+0.074			
−0.074+0.037			
−0.037+0.019			
−0.019+0.010			
−0.010			
合　计			

六、思考题

连续水析器的用途。

实验 4-6　跳汰分选实验（一）

一、实验目的

（1）了解跳汰机的构造，观察物料在跳汰机中的选分现象；

（2）测定冲程、冲次，调节冲程并观察冲程，对床层松散及选别的影响；

（3）研究跳汰选别与粒度的关系。

二、实验原理

（1）产率

$$\gamma_{精} = \frac{精矿质量}{精矿质量 + 尾矿质量} \qquad (4-10)$$

$\gamma_{尾}$ 仿式（4-10）计算。

（2）计算品位

$$\beta_{精} = \beta'_{精} \times 72.4\%$$

$$\beta_{尾} = \beta'_{尾} \times 72.4\%$$

式中　$\beta_{精}$，$\beta_{尾}$——分别代表精矿、尾矿中铁的计算品位；

　　72.4%——磁铁矿中按相对分子质量计算铁元素的质量分数。

$$\beta'_{精} = \frac{精矿中磁铁矿质量}{精矿质量(磁铁矿 + 石英)} \times 100\% \qquad (4-11)$$

$\beta'_{尾}$ 仿式（4-11）计算。

（3）回收率

$$\varepsilon_{精} = \frac{\gamma\beta_{精}}{\gamma_{精}\beta_{精} + \gamma_{尾}\beta_{尾}} \times 100\% \qquad (4-12)$$

$\varepsilon_{尾}$ 仿式（4-12）计算。

三、仪器设备及物料

仪器设备：实验室型旁动隔膜跳汰机 1 台，天平，秒表，量尺，给矿铲、螺丝刀各 1 个，瓷盘 5 个，瓷盆大小各 1 个，磁铁 1 块。

实验物料：粗粒级石英 3.2 ~ 1.6mm，粗粒磁铁矿 3.2 ~ 1.6mm，细粒级石英 1.6 ~ 0.5mm，细粒磁铁矿 1.6 ~ 0.5mm。

四、实验步骤

（1）了解实验室型跳汰机的构造，熟悉各因素的调节。

（2）观察粒度对跳汰选别的影响。

固定条件：冲程 8mm 左右，冲次为 300r/min 左右，少量筛下补充水。

变化条件：粒度。

1）称取粗粒窄级别物料（ - 3.2 + 1.6mm 石英 150g，磁铁矿 50g）一份，放入小瓷盆均匀混合加水润湿后给入跳汰机的跳汰筒，轻轻打开水门使水面高出物料 40mm 左右，关闭水门。

2）开动机器注意观察物料的分层情况，记下跳汰时间（2 ~ 3min）停止转动，放出跳汰箱内的水，然后小心地将分层的物料托着于瓷盘内分为两份（精矿、尾矿），待烘干、称重，并将跳汰箱冲洗干净。

3）称取细粒窄级别物料（ - 1.6 + 0.5mm 石英 150g，磁铁矿 50g）一份，按粗粒窄级别物料同样的实验步骤进行。开动机器注意观察并与粗粒级的分层进行比较。

分选完后同样得到精矿、尾矿，待烘干、称重。

（3）观察冲程对跳汰分选过程中床层松散及选别指标的影响。

固定条件：冲次 300 次/min，筛下补加水少量。

　　　　　　物料为粗粒窄级别（ - 3.2 + 1.6mm 石英 150g，磁铁矿 50g）

变化条件：冲程由 8mm 改为约 3mm。

实验方法同上，注意观察冲程小对跳汰选别的影响。

选别所得精矿、尾矿为观察现象，待烘干后回收，不进行计算。

（4）产品分析及物料回收。待上述前两组实验的产品分别烘干、称重，然后用手磁铁将各产品的磁铁矿分别吸出，称重。

记下产品中磁铁矿质量。各产品称重后分别回收。

五、数据处理

将实验或计算的有关数据填入表 4-7 中。

表 4-7　跳汰选矿实验结果

冲程　　　　　　冲次

物料 /mm	产品 名称	质量/g		产率/%		品位/% （TFe）	金属量	产率/% （TFe）
		总重	Fe$_3$O$_4$	γ	β'			
3.2 ~ 1.6	精矿							
	尾矿							
	原矿							
1.6 ~ 0.5	精矿							
	尾矿							
	原矿							

六、思考题

根据所观察到的现象以及上述计算结果，分析物料粒度、冲程对选别的影响。

实验 4-7　跳汰分选实验（二）

一、实验目的

（1）了解跳汰机的构造，熟悉跳汰机的调节和操作；

（2）研讨计算跳汰机中脉动水流速度和加速度对跳汰分选指标的影响。

二、实验原理

本次实验为了评价分选效率的方便和操作的简便，不采用筛下排料方式，对于分选效率的评价，采用以计算品位取代化验品位的方法进行结果评价。

首先，将烘干后的精矿称重，然后用手磁铁选出其中的磁性产品，称其质量，由于石英没有磁性，可认为选出的磁性产品即为纯净的磁铁矿，含铁量按 Fe_3O_4 分子式定为 72%，根据选出的纯磁铁矿质量就可算出每次跳汰结果的精矿品位、产率、回收率及选矿效率，其计算公式如下：

设：石英重 G_1，品位为 0%；磁铁矿重 G_2，品位为 72%；原矿质量为 $G = G_1 + G_2$，计算式如下：

原矿品位
$$\alpha = \frac{G_2 \times 72\%}{G} \times 100\% \tag{4-13}$$

称重得到精矿重为 W，其中磁铁矿重 W_2，品位 72%；石英重 W_1，品位 0%。计算式如下：

精矿产率
$$\gamma = \frac{W}{G} \times 100\% \tag{4-14}$$

精矿品位
$$\beta = \frac{W_2 \times 72\%}{W} \times 100\% \tag{4-15}$$

回收率
$$\varepsilon = \frac{\gamma\beta}{100 \times \alpha} \times 100\% \tag{4-16}$$

选矿效率
$$E = \frac{\beta - \alpha}{\beta_{max} - \alpha} \times \varepsilon(\%) \tag{4-17}$$

式中，β_{max} 为纯矿物的品位（本次实验纯矿物磁铁矿为 Fe_3O_4，$\beta_{max} = 72\%$）。

三、仪器设备及物料

仪器设备：实验室型旁动隔膜跳汰机 1 台，可控硅无级调速装置，天平 1 台，量尺，量筒 1000mL 1 个，转速表，永磁铁，水桶 1 个，瓷盘 6 个，大小瓷盆各 1 个，秒表 1 块等。

实验物料：磁铁矿，-1.6~0.5mm，60g；石英，-1.6~0.5mm，140g。

四、实验步骤

（1）固定脉动水最大水流速度 u_{max}，变更水流最大加速度 a_{max}，研讨对跳汰分选的影响。

由于：
$$u_{max} = \beta \times 0.524 \times 10^{-1} \times ln \qquad (4-18)$$
$$a_{max} = \beta \times 0.548 \times 10^{-2} \times ln^2 \qquad (4-19)$$

定出 u_{max} 和 a_{max}，联解式（4-18）和式（4-19）两式，即可求出相应的冲程 l 和冲次 n。

当确定 $u_{max} = 80.9\text{mm/s}$，变更 a_{max} 为 0.2g、0.4g、0.8g，则

冲程 $l(\text{mm})$	8	4	2
冲次 $n(\text{r/min})$	232	464	900

（2）观察变化 a_{max} 对跳汰分选的影响。

1）用天平称取试料石英 140g，磁铁矿 60g，各一份，放入小瓷盆混合，加水润湿后给入跳汰机，并给入一定量的筛下补加水（1000mL/min）。

2）按照步骤（1）确定的条件调好冲程 $l = 3\text{mm}$，然后启动可控硅无级调速装置调节冲次达到 232r/min，同时用秒表记下跳汰时间（$t = 2\text{min}$）。

3）停止转动，量出床层厚度，然后仔细卸下跳汰筒和物料，将一个带柄塞推入跳汰筒中，慢慢推移，取下筛网，刮取一定的厚度（约5mm）。

4）称取同样试料一份，其他条件不变，仅变化冲程 $l = 4\text{mm}$，冲次 $n = 464\text{r/min}$，重复上述步骤。然后再称取同样一份试料，变化冲程 $l = 2\text{mm}$，冲次 $n = 900\text{r/min}$，重复上述步骤。需要注意的是，三次刮取的重产物厚度大致相等。

5）将上述三组实验所得产品烘干，称量，然后用磁铁将各产品中的磁铁矿选出，称重。

五、数据处理

将实验数据及计算结果填入表4-8 中。

表4-8　跳汰选矿实验计算结果

编号	加速度	冲程 /mm	冲次 /r·min^{-1}	精矿重 W/g	精矿中 Fe$_3$O$_4$ 重/g	精矿产率 γ/%	精矿品位 β/%	回收率 ε/%	选矿效率 E/%	备注

六、思考题

影响跳汰机的选别效果的主要操作条件有哪些？

实验4-8　非对称曲线跳汰选矿实验

一、实验目的

（1）了解不同的跳汰周期曲线对跳汰选别效率的影响，加深理解水动力因素在跳汰过

程中的作用，从而进一步消化掌握跳汰原理，对跳汰选矿的实验内容有所了解；

（2）在做本实验前要求同学复习教材跳汰选矿中的跳汰选矿原理。

二、实验原理

设：石英重 G_1，磁铁矿重 G_2，品位 $\beta = 72\%$，计算式如下：

原矿重
$$G = G_1 + G_2 \tag{4-20}$$

原矿品位
$$\alpha = \frac{G_2 \times 72\%}{G} \times 100\% \tag{4-21}$$

精矿重 W，其中磁铁矿重 W_2，品位 $\beta = 72\%$，石英重 W_1，品位为 0%，计算式如下：

精矿品位
$$\beta = \frac{W_2 \times 72\%}{W} \times 100\% \tag{4-22}$$

精矿产率
$$\gamma = \frac{W}{G} \times 100\% \tag{4-23}$$

回收率
$$\varepsilon = \frac{\gamma\beta}{100 \times \alpha} \times 100\% \tag{4-24}$$

选矿效率
$$E = \varepsilon - \gamma \tag{4-25}$$

三、仪器设备及物料

仪器设备：实验室型旁动隔膜跳汰机 1 台，可控硅无级调速装置，床层松散度测定仪，16 线光线示波器，精密电阻箱，称量天平，钢板尺，搪瓷盆，秒表等。

实验物料：磁铁矿，0.5～3mm，50g；石英，0.5～3mm，150g。

四、实验步骤

（1）用天平称取石英物料 G_1 克，磁铁矿 G_2 克，混匀待用，总重为 G 克。

（2）根据位移曲线选择凸轮，并按要求调整到规定位置。

（3）将称取的物料倒入跳汰室内，加入补加水。

（4）开动电机并将冲次迅速调整到相应预定值，同时用秒表计时。

（5）根据预定跳汰时间及时停机，取下跳汰槽，推出，刮取一定厚度（约10mm）的跳汰重物作为跳汰精矿，将精矿烘干，称其质量为 W，然后用磁铁手选出磁铁矿，称其质量为 W_a。

（6）每个曲线做完选别实验后，重加入矿样，插入矿层松散度测定仪点击，测定松散度及隔膜位移，拍摄其变化规律。

（7）全部实验结束后，关闭水门及电源。

五、数据处理

（1）实验方案及实验结果可参照表4-9。

表 4-9　实验方案及计算结果

曲线形式	冲程 /mm	冲次 /r·min^{-1}	筛下水速 /mm·s^{-1}	分选时间	试料质量 /g	产率 γ/%	回收率 ε/%	选矿效率 E/%
正弦曲线	6	230	7.0	2′10″	原 矿			
					精 矿			
					尾 矿			
麦依尔曲线	6	120	70	1′45″	原 矿			
					精 矿			
					尾 矿			
托马斯曲线	6	230	4.5	1′45″	原 矿			
					精 矿			
					尾 矿			
倍尔德曲线	6	200	3.0	1′30″	原 矿			
					精 矿			
					尾 矿			

（2）报告要求：1）实验目的；2）使用的设备测试数据记录和计算过程。根据课堂讲授内容，重点是维若格拉道夫方程及有关静力学分层学说分析及评述实验结果。

$$\frac{dv}{dt} = \left(\frac{\delta + \rho}{\delta + \xi\rho}\right)g + \left(\frac{\rho + \xi\rho}{\delta + \xi\rho}\right)a_{v0} \pm \frac{6\psi\rho(v - uv_0)^2}{\pi d(\delta + \xi\rho)} \tag{4-26}$$

六、思考题

试依据 $\frac{dv}{dt} = \frac{\delta - \rho}{\delta}g + \frac{\rho}{\delta}a_{v0} - \xi\frac{\rho}{\delta}\frac{dv}{dt} \pm \frac{6\psi\rho v_0^2}{\pi d\delta}$ 式中各项的物理意义说明实验中哪条曲线更适合窄级别入选，哪条更适合宽级别入选。

实验 4-9　摇床分选实验（一）

一、实验目的

（1）了解实验室型摇床的构造，并熟悉摇床的调节和操作；

（2）验证并观察物料在床面上的扇形分布，了解摇床选矿工艺条件以及选别磁铁矿可以达到的指标。

二、实验原理

摇床分选原理。

三、仪器设备及物料

仪器设备：刻槽摇床 1 台，天平 1 台，倾斜仪 1 个，量尺，量筒 1 个，秒表 1 块，水桶 3 个，大瓷盆 3 个，小瓷盆 1 个。

实验物料：某磁铁矿石，粒度为 -0.074mm 占 60%。

四、实验步骤

（1）观察摇床的结构，了解调节和操作。

（2）调节冲次至 310 次/min 左右，冲程 14mm 左右。然后打开冲洗水用毛刷清扫床面、接矿槽、水桶。清洗完毕调整水量使水能布满整个床面。

用物料一份（1kg）进行实验，先将物料放在瓷盆内，加水润湿，再将物料均匀地从给矿槽给入，在给矿的同时，用秒表计时，待物料给完后，停止计时。在给矿的同时，调整冲洗水及床面倾角使物料在床面上呈扇形分布，要同时调整好分矿板及接矿槽的位置，使精矿、中矿、尾矿能分别回收，待物料全部给完后再选几分钟，至整个床面无物料时，停止运转，拉开水管（注意不要关闭），清除残留在床面上的物料，并将各产品贴好标签，放在一旁静置，待水澄清后，吸出多余的水，然后将物料倒入盆中静置，澄清后，吸水、烘干、称重、取化验样。

（3）摇床选矿最佳条件测定。测定并记录摇床适宜的操作条件，冲程、冲次、床面倾角、横向冲洗水量等。

（4）待各产品烘干后，进行称量、缩分、取样、化验。

五、数据整理

将摇床适宜的实验条件和摇床选别结果记录于表 4-10 和表 4-11 中。

表 4-10　摇床适宜的实验条件

项　目	处理量 /kg·h^{-1}	冲水量 /mL·min^{-1}	冲程 /mm	冲次 /次·min^{-1}	横向倾角 /(°)	给矿粒度 -0.074mm
条　件			14	310		60%

表 4-11　摇床选别结果

产品名称	质量/g	产率 γ/%	品位 β(Fe)/%	金属量（$\gamma\beta$/10000）	回收率(Fe)/%	备注
精　矿						
中　矿						
尾　矿						
合　计						

六、思考题

实验过程中观察到的物料在床面上的扇形分布情况，以及横向冲洗水、倾角等因素对选别的影响。

实验 4-10　摇床分选实验（二）

一、实验目的

（1）了解摇床的构造，并熟悉摇床的调节和操作；

（2）验证物料在床面上的扇形分布（按密度、粒度），并通过中矿粒度组成的分析，了解摇床选矿前物料准备的必要性。

二、实验原理

摇床分选实验的计算公式如下：

（1）产率

$$\gamma_{精} = \frac{精矿质量}{精矿质量 + 中矿质量 + 尾矿质量} \times 100\% \tag{4-27}$$

（2）某产品含磁铁矿质量分数

$$\beta_{Fe_3O_4} = \frac{某产品中含磁铁矿质量}{该产品含磁铁矿质量 + 该产品含石英质量} \times 100\% \tag{4-28}$$

（3）精矿品位：$\beta_{Fe_3O_4} \times 72.4\% = \beta_{Fe}$，即为精矿重铁的品位。

（4）回收率

$$\varepsilon_{精} = \frac{\gamma_{精} \cdot \beta_{精}}{\gamma_{精} \cdot \beta_{精} + \gamma_{中} \cdot \beta_{中} + \gamma_{尾} \cdot \beta_{尾}} \times 100\% \tag{4-29}$$

中矿、尾矿的产率 $\gamma_{中}$、$\gamma_{尾}$，品位 $\beta_{中}$、$\beta_{尾}$，回收率 $\varepsilon_{中}$、$\varepsilon_{尾}$ 计算公式同上。

三、仪器设备及物料

仪器设备：实验室用摇床 1 台，天平 1 台，倾斜仪 1 个，量尺，瓷盆 2 个，瓷盘 6 个，铁桶 4 个，磁铁 1 块，套筛（0.71mm，0.315mm，0.15mm），1000mL 量筒 1 个，秒表 1 块。

实验物料：粒度为 1.6 ~ 0.088mm 的石英；粒度为 1.6 ~ 0.088mm 的磁铁矿。

四、实验步骤

（1）称取 2350g 石英和 850g 磁铁矿，分别缩分各取 100g，进行筛析。将筛析结果记录于表 4-12 中。用所余物料石英 2250g 和 750g 磁铁矿混合，所分得混合物料两份（一份 1000g 预备实验用，一份 2000g 正式实验用）。

（2）观察摇床的构造，了解调节和操作。

（3）开动摇床，用转速表检查摇床的冲次，调至 300 次/min 左右。冲程 14mm 左右，然后打开冲水用毛刷扫床面及接矿槽。清洗完毕调整水量使水能布满整个床面。

（4）配好的物料一份（1000g 物料，先润湿）进行预备实验，一面将物料均匀地从给矿槽给入，一方面仔细观察物料在床面上的分选情况，调整冲水及床面倾角使物料在床面上呈扇形分布，同时调好分矿板及接矿槽的位置，使精矿、中矿、尾矿能分别回收。然后停止给矿拉开冲水管（注意不要关闭），同时停止机器运转，注意观察石英和磁铁矿分选情况。并测定水量、倾角、清除残留在床面上的物料和所接各种产品混合待回收。

（5）开动摇床，用已找好的条件（冲水、倾角、冲次、冲程）将另一份（2000g）物料做正式实验（约在 1.5～2min 给完矿）。测定并记录摇床的适宜操作条件：冲程、冲次、床面倾角、冲水量等（表 4-13）。

（6）收集各产品（精、中、尾），分别烘干、称重。将结果记录于表 4-14 中。三产品分别用磁铁进行磁选（手选），分离出产品中的磁铁矿和石英。然后将分离好的磁铁矿称重，记下三产品中磁铁矿的质量（三产品中的石英由减法可得）。

（7）对分离后中矿内的磁铁矿和石英分别进行筛析（可各取 100g 左右物料），筛析结果记录于 4-12 中。最后将磁铁矿和石英分别回收。

五、数据处理

将实验数据记录于表 4-12～表 4-14 中。

表 4-12　筛析特性

粒级/mm	磁铁矿的粒度分配				石英的粒度分配			
	原　矿		中　矿		原　矿		中　矿	
	质量/g	产率/%	质量/g	产率/%	质量/g	产率/%	质量/g	产率/%
1.6～0.71								
0.71～0.31								
0.31～0.15								
0.15～0.088								
合　计								

表 4-13　摇床适宜的实验条件

处理量 /kg·h^{-1}	冲水量 /mL·min^{-1}	冲程 /mm	冲次 /次·min^{-1}	倾角 /(°)	给矿粒度 /mm	备　注

表 4-14　摇床选别结果

产品名称	质量/g	产品/%	品位 β(Fe)/%	金属量 $\gamma\beta$	回收率(Fe)/%	备　注
精　矿						
中　矿						
尾　矿						
原　矿						

注：$\beta_{Fe_3O_4}$ 代表各产品中含磁铁矿（Fe_3O_4）的品位百分数。如果求各产品中铁（元素）的品位，则可将 $\beta_{Fe_3O_4}$ × 72.4% 即得。

实验报告的内容：叙述实验过程中所观察的物料在床面上的粒度分布情况，并从原矿和中矿的筛析特性说明磁铁矿和石英在床面上的分布特性。

六、思考题

说明冲水量和倾角对物料在床面上的扇形分布的影响。

实验 4-11　摇床分选实验（三）

一、实验目的

（1）计算密度不同、粒度不同的矿粒在摇床上发生相对运动所需的临界加速度 $a_{c\gamma}$ 值；

（2）测定矿粒在空气中和在水中与床面的摩擦系数 f。

二、实验原理

摇床分选原理。

三、仪器设备及物料

仪器设备：实验室型摇床 1 台，可控硅无级调速装置，称量天平，比重瓶，钢片尺，内卡，扳手，铁桶盛器等。

实验物料：石英，2~1mm、1~0.5mm、0.5~0.2mm、0.2~0.074mm 四种粒级；

磁铁矿，2~1mm、1~0.5mm、0.5~0.2mm、0.2~0.074mm 四种粒级。

四、实验步骤

（1）对粒度不同的石英和磁铁矿分别用比重瓶测出各自的密度（测 3 次，取平均值），或由指导教师给出密度值。

（2）在摇床面上，垂直于床条，每隔 20~40mm 用白漆划上若干条细线。

（3）取粒度为 2~1mm 的石英 2~3g，倒在床面的白漆线间，并扒平为单层颗粒。

（4）固定并量出摇床冲程，用可控硅无级调速装置，调节摇床的冲次（由 100 次/min 逐渐调大），观察并测出矿粒由相对床面静止至开始相对床面运动时的临界冲次 $n_{c\gamma}$ 值，此时的冲程为临界冲程 $S_{c\gamma}$。

（5）变更另一临界冲程 $S_{c\gamma}$ 值，测出对应的另一临界冲次 $n_{c\gamma}$ 值。

（6）由下式算出相应的 $a_{c\gamma}$ 值：

$$a_{c\gamma} = K_{偏} \times 0.548 \times 10^{-2} n_{c\gamma} S_{c\gamma}$$

式中，$K_{偏}$ 为负加速度偏离系数。

$$K_{偏} = \frac{|-a_{D_{max}}|}{|-a_{D_{max}}|_{谐振}}$$

实验得知，实验室型肘板摇床的 $K_{偏}$ 变化在 1.4~1.7 之间，可取平均值为 1.55。$K_{偏}$ 也可用测振仪及光线示波器实测得出。

（7）求出矿粒与床面在水中的摩擦系数 f。

$$a_{c\gamma} = f\left(\frac{\delta - 1}{\delta}\right)g \tag{4-30}$$

在空气中

$$a_{c\gamma} = fg \tag{4-31}$$

（8）根据上述原则，对不同密度和不同粒度的物料，求出不同矿粒在空气中与床面的 $a_{c\gamma}$ 值和 f 值，并进行比较。

（9）在水中同上法进行实验，求出不同矿粒在水中和床面的 $a_{c\gamma}$ 值和 f 值，并进行比较。

五、数据处理

将摇床分选实验数据记录于表 4-15 中。

表 4-15　摇床分选实验数据

矿物名称	密度 δ	粒度/mm	空气中				水　中			
			$S_{c\gamma}$	$n_{c\gamma}$	$a_{c\gamma}$	f	$S_{c\gamma}$	$n_{c\gamma}$	$a_{c\gamma}$	f
石英		2 ~ 1								
		1 ~ 0.5								
		0.5 ~ 0.2								
		0.2 ~ 0.074								
磁铁矿		2 ~ 1								
		1 ~ 0.5								
		0.5 ~ 0.2								
		0.2 ~ 0.074								

六、思考题

摇床设备的应用条件。

实验 4-12　螺旋溜槽选矿实验

一、实验目的

（1）了解螺旋溜槽的构造：结构参数及实验设备联系；
（2）观察液流在螺旋溜槽中的运动状态；
（3）观察物料在螺旋溜槽内的选分情况。

二、实验原理

螺旋溜槽分选原理（重力选矿）。

三、仪器设备及物料

仪器设备：ϕ400mm 单头螺旋溜槽 1 台，15L 搅拌桶 1 个，1 寸砂泵 1 台，天平，秒表，毛刷等。

实验物料：细粒级铁矿 5kg，品位 30% ~40%，细度 −0.074mm 占 65%。

四、实验步骤

（1）熟悉所用设备构成的联系闭路（其中包括搅拌槽、砂泵、管路和阀门），开动砂泵和搅拌槽并注入清水，将所用设备清洗干净。

（2）将上搅拌槽注满清水，调节搅拌阀门，使给矿体积为 5L/min。注意：给矿体积调好后，上搅拌槽的阀门不要再动，待清水放完后，卡住下面的胶管。

（3）将备好的物料配成 20% 的浓度置于下面的搅拌槽，然后慢慢打开搅拌槽的阀门，将矿浆给入砂泵，此时物料沿管路被泵至上面的搅拌槽，待物料完全进入上面的搅拌槽后将胶管打开放入螺旋溜槽。螺旋溜槽下部接矿器与砂泵连接成闭路。注意：砂泵给矿时不要外溢。

（4）物料进入螺旋溜槽后，注意观察选分现象，待循环正常后，用取样盒分别接取精矿、中矿、尾矿及边尾样、烘干、制样、化验。

（5）实验完毕后，将物料导入另一桶内，用清水将泵和搅拌槽及螺旋溜槽冲洗干净。关闭砂泵及搅拌槽。

五、数据处理

（1）将螺旋溜槽选矿实验结果进行计算并填入表 4-16 中。

表 4-16　螺旋溜槽选矿实验数据

产物名称	质量/g	产率 γ/%	品位 β/%	金属量 $\gamma\beta$	回收率 ε/%
精　矿					
中　矿					
尾　矿					
合　计					

（2）绘制物料在螺旋溜槽分选过程中沿横向品位变化曲线。

六、思考题

描述水流在螺旋溜槽中的运动状态，物料在选分过程中的运动情况，并绘制螺旋溜槽的闭路联系。

实验 4-13　离心机选矿实验

一、实验目的

（1）了解离心选矿机的用途；

（2）了解离心选矿机的构造、分选原理。

二、实验原理

离心机分选原理（重力选矿）。离心选矿机是对微细颗粒进行回收利用的一种设备。在跳汰机、摇床、螺旋溜槽等重选设备都无法回收的微细矿粒，可用离心选矿机来回收，以减少矿产资源的浪费，也可提高选厂的经济效益。

三、仪器设备及物料

仪器设备：实验室型离心选矿机 1 台，$\phi240 \times 300$ 棒磨机 1 台，高压冲洗水及给矿装置，水桶，秒表等。

实验物料：赤铁矿 1kg，细度 0.074mm 占 90%。

四、实验步骤

（1）取经过均匀缩分的赤铁矿实验 1000g 备用。

（2）清洗棒磨机，磨矿清洗干净后，磨机排矿端关闭，矿样加入棒磨机，加水 700mL，将给矿端封好，开动磨机，同时秒表计时，磨矿 10min，到时间后磨机停止，此时细度为 0.074mm 90%，将排矿端打开，放出矿物，将给矿端打开，用清水冲洗磨机，待磨机冲洗干净为止，注意冲水不要过多，控制在 3L 以内，如冲水过多，可静置一段时间，吸出部分清水。

（3）将磨好的矿物加入给矿器中，给矿器下管与离心机对接。

（4）清洗离心选矿机，将离心选矿机调至 900r/min，开动离心选矿机。

（5）用两个水桶放在离心选矿机排矿口处，以接取精矿和尾矿。

（6）给矿 5~10s，停止给矿，看给矿量大小而定，给矿期间，矿物给入离心选矿机的转鼓中，密度大的重矿物在离心力作用下，紧贴转鼓内壁随转鼓高速旋转，密度小的轻矿物浮在表面而排出，此时排出的是尾矿，停止给矿待尾矿排完后，将水桶另换一只接精矿，用高压水冲洗转鼓内壁，此时排出的是精矿，待转鼓内壁冲干净后，关闭高压水，到此为止为一个循环。

（7）产品处理：将离心选矿机选出的精矿、尾矿倒入盆中，静置，待澄清后，吸水、烘干，称重、取化验样。

五、数据处理

将精矿、尾矿各产物分别称重后，混匀缩分，取化验样将所得实验结果记录于表中待化验出来后，将数据填入表 4-17 中，进行计算。

表 4-17 离心机选矿实验数据

产品名称	质量/g	产率 γ/%	品位 β(Fe)/%	金属量($\gamma\beta$/10000)	回收率(Fe)/%
精 矿					
尾 矿					
合 计					

六、思考题

离心选矿机的优缺点。

实验 4-14　跳汰床层松散度的测定

一、实验目的

了解用电阻率法测定床层松散度的基本原理，掌握测定跳汰床层松散度的方法。

二、实验原理

在跳汰过程中，床层是由被分选的固体物料和水组成，其中工业用水的电阻率一般为 $0.6 \times 10^4 \Omega \cdot cm$，而多数固体矿物的电阻率为 $10^{12} \sim 10^{14} \Omega \cdot cm$。因为床层松散度不同，其中水与固体各占比例不同，所以，其导电性也不同。利用图 4-5 所示的

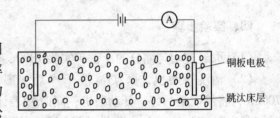

图 4-5　床层松散度原理示意图

装置可测出与松散度相对应的电流值，从而达到测定床层松散度的目的。

三、仪器设备及物料

仪器设备：实验室型隔膜跳汰机 1 台，可控硅励磁电源 1 台，SC-16 型示波器 1 台，床层松散度测定仪 1 台。

实验物料：0.5~2mm 粒级石英 200g。

四、实验步骤

（1）按实验方案调整跳汰机冲程、冲次、筛下水量。启动跳汰机。

（2）将极板插入床层中预定深度。

（3）接通测定仪电源，记录电流值（表 4-18）。

（4）启动光线示波器，拍摄松散度随时间的变化曲线。

（5）顺次关闭示波器灯源、电源、停止跳汰机及松散度测定仪。

（6）调整下一次测试条件，重复上述步骤。

表 4-18　筛下补加水速度（50mm/min）

d/mm	$n/次 \cdot min^{-1}$	a_{max}/g	U_{max} /mm $\cdot s^{-1}$	I_1/mA	I_2/mA	I_3/mA	I_4/mA	I_5/mA
12	136	0.1	68.5					
6	273	0.2	68.5					
4	410	0.3	68.5					

d/mm	$n/$次·min^{-1}	a_{max}/g	U_{max} /mm·s^{-1}	I_1/mA	I_2/mA	I_3/mA	I_4/mA	I_5/mA
3	547	0.4	68.5					
2.4	683	0.5	68.5					
12	193	0.2	97.1					
8.7	226	0.2	82.2					
6	274	0.2	68.5					
3.7	346	0.2	54.1					
2	473	0.2	39.4					

注：表中 I_1、I_2、I_3、I_4、I_5 分别表示测量点距离跳汰机筛面高度为 10mm、20mm、30mm、40mm、50mm 处的电流值。

五、数据处理

(1) 电流值与松散度的关系：

$$\theta_n\% = 21.5 + 4I_n$$

(2) 松散度沿床层深度的分布见表 4-19。

表 4-19　松散度沿床层深度的分布实验数据

取 $a_{max} = 0.2g$；$U_{max} = 68.5mm/s$。

床层松散度 $\theta_n/\%$					
床层深度 n/mm	10	20	30	40	50

3θ-a_{max} 的变化规律：取 $h = 30mm$，$U_{max} = 68.5mm/s$。

a_{max}/g	0.1	0.2	0.3	0.4	0.5
$\theta/\%$					

4θ-U_{max} 的变化规律：取 $h = 30mm$，$a_{max} = 0.2g$。

$U_{max}/mm·s^{-1}$	39.7	54.1	68.5	82.8	97.1
$\theta/\%$					

(3) 实验报告的内容：实验目的及要求，使用的仪器设备，简述本次测试的基本原理，测试数据的记录和计算，分别绘制 θ-h，θ-a_{max}，θ-U_{max}，θ-t，$a_{max} = 0.2$，$U_{max} = 68.5$，$h = 10$ 的关系曲线。

六、思考题

对实验结果进行分析和评述。

第五章　物料的浮游分选

实验 5-1　湿润接触角的测定

一、实验目的

矿物表面润湿接触角的大小标志着矿物表面被水润湿的难易，其润湿性可用接触角的大小来衡量，亲水性矿物润湿接触角很小，可浮性差。而疏水性矿物润湿接触角大，可浮性较好。

不同矿物具有不同的自然润湿接触角。同一矿物在不同药剂作用下，其润湿接触角也各不相同。通常，矿物在同捕收剂作用之前，其表面具有一定的亲水性，润湿接触角较小；矿物在同捕收剂作用之后，由于捕收剂的固着而形成一个疏水性表面，润湿接触角增大。若将该矿物同抑制剂作用，则其表面变为亲水性，润湿接触角也变得很小。本实验目的为：

（1）掌握矿物表面润湿接触角的测定原理与方法；

（2）认识浮选过程中矿物、水、气三相界面的一个基本特征性——润湿现象，从而了解在不同浮选药剂作用下矿物表面润湿接触角的变化，加深对浮选药剂作用的感性认识。

二、仪器设备及试剂

仪器设备：接触角测定装置一套（图 5-1），矿物磨片（如方铅矿），毛玻璃板，磨料，绒布，洗瓶，搪瓷盘，烧杯，镊子，给泡器。

试剂：蒸馏水，黄药。

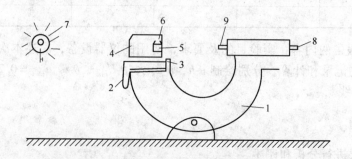

图 5-1　矿物表面润湿接触角测定装置图

1—卧式显微镜；2—纵向调节；3—水平调节；4—矿盒；5—矿块；

6—矿夹；7—光源；8—目镜；9—物镜

三、实验步骤

（1）矿物磨片的制备。选取粗粒结晶的纯矿物，切成一定尺寸（如 20mm × 20mm × 15mm）在磨光机上将一面磨光，在磨片过程中要注意防止矿物表面和油脂接触。所用工具要注意清洁。将制备好的矿块试样保存于蒸馏瓶中（磨片已制好，此步骤同学不再做）。

（2）水槽的清洗。先洗涤测定用水槽及矿夹，以清除槽壁的油污和其他杂质。再用蒸馏水清洗，然后槽内装满蒸馏水供实验用。

（3）矿物表面的清洗。从储存矿块试样的蒸馏水烧杯内取一矿块。于毛玻璃板上加少量的磨料和蒸馏水，将矿物磨光的一面在玻璃板上研磨，为除去矿物表面的氧化物薄膜，研磨完的磨片用蒸馏水将磨料洗去，又在绒布上研磨。用蒸馏水将矿物表面洗净后倒置于盛蒸馏水的水槽中。

注意：

1）磨矿块时禁止用手摸矿块磨面。研磨不同性质的矿块必须严格使用不同玻璃板和绒布；

2）磨片的磨光机分别放在蒸馏水与黄药溶液中，彼此不能混用，用完必须放回原来浸泡的溶液中。

（4）给泡和调整仪器。清洗完毕后，将矿块放在水槽中，此时在目镜内可见一清晰的矿物界面。然后用给泡器给一小气泡于矿物表面（给泡时要一个一个给，以免成连泡。影响测量，气泡颗粒以接近小米粒大小为宜）。打开电源，光线自光源将矿物表面气泡射入显微镜筒内。调整镜筒前后位置及矿槽前后、左右位置，使气泡完全清晰为止。

（5）测定矿物的平衡接触角。测定时，先测定在蒸馏水中的接触角，再测定在黄药溶液中的接触角。对于每个气泡须测定气泡的高度（H）和气泡与矿物的接触面直径（D），即可按公式计算接触角。

（6）先测蒸馏水中的接触角后，将矿块放回原来的烧杯中，再按以上步骤测定与黄药作用后的接触角，测定时矿块先在黄药溶液中浸泡 5min 后再测定。实验步骤同上。须注意，研磨矿块时，须在相应的玻璃板及绒布上进行。每测定一种溶液中的接触角（θ）时，须最少测定 3 次。

四、数据处理

将测定结果记录于表 5-1 中。

表 5-1　数据测定结果

蒸　馏　水					黄　药				
H	D	$\tan\alpha$	α	θ	H	D	$\tan\alpha$	α	θ

五、思考题

1. 测定结果有什么规律？说明什么问题？
2. 实验结果有哪些误差，产生误差的原因有哪些？

实验 5-2　用流动电位测定矿表面的电动电位

一、实验目的

在浮选过程中，研究矿物表面的电性质与其悬浮的关系，对于阐明浮选过程的机理有重要意义。

动电位 ξ 与流动电位 E 的关系（参阅物理化学）：

$$\xi = (4\pi\eta/D)(\kappa E/p)$$

或

$$\xi = -C(\kappa E/p)$$

式中　η——流动溶液的黏度，Pa·s；

　　　E——流动电位数，mV；

　　　p——驱动压力，Pa；

　　　D——溶液介电常数。

C 为单位换算系数与 $(4\pi\eta/D)$ 的和，在一定温度下是常数，测定时是用实用制单位，而公式是用 C、G、S、E 静电制单位，因此，在计算 ξ 值时，需把实用制单位换算成 C、G、S、E 静电制单位，因而 C 在一定条件下近似地计算为 9.723×10^4（对赤铁矿），石英为 2.01。

在实验中可以测得流动电位 $E(\mathrm{mV})$、驱动压力 p 及矿粒的电导率 $\kappa(\mathrm{S/cm})$ 的数值后，$S = \kappa/Q$ 就可以计算出动电位 ξ 值。

本实验的目的：

（1）通过示范实验了解流动电位测定装置；

（2）掌握通过测量流动电位来计算动电位的原理与方法。

二、仪器装置

流动电位仪装置主要由三部分组成（图 5-2）：驱使溶液流动的压气部分，测量部分，

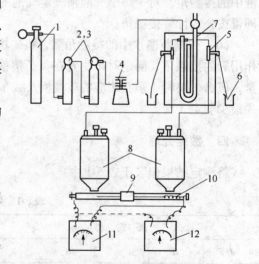

图 5-2　流动电位仪测定装置示意图

1—压缩氮气瓶；2，3—干燥瓶；4—阀门；5—三通开关；6—液封杯；7—压力计；8—储液缸；9—矿粒柱；10—铂金网电极；11—毫伏表；12—电导率仪

流动电位仪。

工作原理：压缩氮气 1 经干燥瓶 2、3（内装变色硅胶与碳化钙），由阀门 4 控制流量大小，气体经三通开关 5 进入流动电位仪的储液缸 8 中的液体从左向右（或从右到左）流动经过矿粒柱 9，在矿粒柱两端接有铂金网电极 10。由于在气体压力下，液体流过矿粒柱时，液体与固体做相对运动，产生电动现象，并在矿粒两端产生一定电位差（电位差值由外接的毫伏表 11 测得），此称为流动电位；6 为液封杯，以防止大气空气倒流至管内；7 为压力计；12 为电导率仪，用来测量电导。

三、实验步骤

（1）样品处理。将待测纯矿物预先浸泡在预研究的药剂溶液中，使其达到吸附平衡。

（2）装矿样。先将矿粒柱与一端电极接好，连接处需垫一层（0.147mm 左右）尼龙布，以达到足够紧密程度，防止涡流现象。装好矿后，将另一端电极连接拧紧，再与储液缸接好，然后用牛角勺把矿连同水缓慢装入矿粒柱，并注意边装边敲打。

（3）排气泡。打开储液缸阀门，检查矿粒柱是否有气泡。方法是：将一端轻轻抬起，让气泡排出，同样抬起另一端，如此反复几次，直到气泡排尽。

（4）平衡系统。为了使矿粒层与溶液组成的体系达到平衡，让溶液通过矿粒柱来回流动若干次，在一定压力范围内，测定流动电位，若 E/R 是常数，则体系已达到平衡。

（5）测定 E 值。记录在不同驱动压力下的 E 值，由于铂金电极在溶液中会极化，因此在溶液流动时测定的单位包括流动电位和极化电位两个值的代数和，因此每次测定流动电位后，要立即关闭一侧的储液缸，在溶液不流动的情况下，测定极化电位 E_r，以后，从测得的电位中减去极化电位，即得 E 的真值。若于 E_r 的符号一致，则相减，反之则相加，E_r 值一般为十几毫伏。

（6）测定 κ 值。首先要测定矿粒柱的电导池常数 $QS = \kappa/Q$，方法是矿粒柱充满矿物后，用已知电导率的 KCl 溶液（25℃时，0.1mol/L 的 KCl 溶液的 κ 值为 0.01288S/cm）测定。

（7）计算 ξ 电位。在测得 E、p、κ 后，按上述公式计算 ξ 值，ξ 的电位符号由电流方向确定。

四、数据处理

在驱动压力不太高时，E-p 关系一般是直线，如图 5-3 所示为石英（ - 0.351 + 0.246mm）与赤铁矿（ - 0.147 + 0.104mm）在水中的 E-p 关系曲线，它与溶液流动的方向无关。

五、思考题

叙述研究矿物表面电性质的意义。

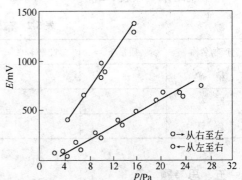

图 5-3　石英和赤铁矿的 E-p 曲线图

实验 5-3　硫化矿（黄铜矿）浮选实验

一、实验目的

（1）采用浮选的方法对黄铜矿进行分选，完成黄铜矿的粗选实验；

（2）熟悉硫化矿（黄铜矿）的浮选过程，掌握实验室磨矿及浮选设备的使用方法，浮选药剂的配制。

二、仪器设备及物料

仪器设备：XMB ϕ240×300 棒磨机 1 台，1.5L 单槽浮选机 1 台。

实验物料：黑龙江某铜矿石，粒度 −2.36～0mm。

三、实验步骤

（1）将矿样混匀缩分后称取 500g 一份作为实验矿样，先清洗磨机，磨机清洗干净后将排矿端关闭，将矿样加入磨机，加水 300mL，磨矿浓度大约为 60%，将磨机给矿端关好，启动磨机，同时用秒表计时到 1.5min 停止，将磨机排矿端打开，在将给矿端打开，用清水将磨机中的矿全部冲出，待磨机冲洗干净后停车，此时磨矿细度为 −0.074mm占 65%。

（2）将磨好的矿样端到浮选机旁静置，待矿样澄清后，将多余的水吸出，然后将矿样加入浮选槽中，按实验流程进行浮选实验。实验结束后将所得产物精矿及尾矿吸水、烘干、称重、取化验样。

硫化矿（黄铜矿）浮选流程如图5-4所示。

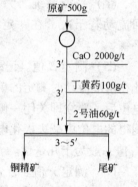

图 5-4　硫化矿（黄铜矿）浮选流程

四、数据处理

将实验结果填入表 5-2。

表 5-2　硫化铜矿实验结果

产物名称	质量/g	产率 γ/%	品位 β/%	金属量 $\gamma\beta$	回收率 ε/%
精　矿					
尾　矿					
合　计					

五、思考题

叙述各种药剂在黄铜矿浮选中的作用。

实验 5-4　硫化矿（铅锌矿）浮选实验

一、实验目的

（1）用浮选的方法对铅锌矿进行分选，完成铅锌矿的粗选实验；

（2）熟悉硫化矿（铅锌矿）的浮选过程，掌握实验室磨矿及浮选设备的使用方法，浮选药剂的配制。

二、仪器设备及物料

仪器设备：XMB $\phi240 \times 300$ 棒磨机 1 台，1.5L 单槽浮选机 1 台。

实验物料：某含铜铅锌矿石，粒度 $-2.36 \sim 0mm$。

三、实验步骤

（1）将矿样混匀缩分后称取 500g 一份作为实验矿样，先清洗磨机，磨机清洗干净后将排矿端关闭，将矿样加入磨机，加水 300mL，磨矿浓度大约为 60%。将磨机给矿端关好，启动磨机，同时用秒表计时到 1.5min 停止，将磨机排矿端打开，再将给矿端打开，用清水将磨机中的矿全部冲出，待磨机冲洗干净后停车，此时磨矿细度为 $-0.074mm$ 占 60%。

（2）将磨好的矿样端到浮选机旁静置，待矿样澄清后，将多余的水吸出，然后将矿样加入浮选机中，按实验流程进行浮选实验。实验结束后将所得产物精矿及尾矿吸水、烘干、称重、取化验样。

硫化矿（铅锌矿）浮选流程如图 5-5 所示。

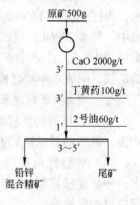

图 5-5　硫化矿（铅锌矿）浮选流程

四、数据处理

将实验结果填入表 5-3 中。

表 5-3　铅锌矿浮选实验结果

产物名称	质量/g	产率 γ/%	品位 β/%	金属量 $\gamma\beta$	回收率 ε/%
精　矿					
尾　矿					
合　计					

五、思考题

叙述各种药剂在铅锌矿浮选过程中的作用。

实验 5-5　　非硫化矿浮选实验

一、实验目的

（1）了解赤铁矿浮选过程；

（2）掌握赤铁矿浮选所用药剂及配制方法、反浮选工艺条件；

（3）掌握矿浆温度对赤铁矿选别的影响。

二、仪器设备及物料

仪器设备：XMB ϕ240×300 棒磨机 1 台，1.5L 浮选机 1 台，齿板式强磁选机 1 台。

药剂：石灰，干粉，RA-715（阴离子捕收剂），溶液浓度为 10%。

实验物料：某地赤铁矿，原矿品位 35%，粒度小于 2.36mm。

三、实验步骤

（1）取经混匀缩分后取具有代表性的矿样 500g 一份备用。

（2）清洗磨矿机，先将磨机转动一两分钟，除去铁锈，打开磨机排矿端，放出磨机里的水，再打开磨机给矿端，用清水冲洗磨机，待磨机清洗干净后，关闭排矿端，将矿样加入磨机中，加水 200mL，磨矿浓度 71.43%。关闭给矿端，开动磨机同时用秒表计时，5min 后，磨机停止运转。打开排矿端，放出磨机里的矿物，再打开给矿端，用清水冲洗磨机，冲洗干净后，磨机停止运转。关闭排矿端，将磨机注满水，以防生锈，关闭给矿端。

（3）将磨好的矿样给入齿板强磁选机，目的是脱除矿泥，得到的强磁精矿进行浮选。

（4）将强磁精矿端至浮选机旁静置，吸出多余的水，使矿浆量控制在 1L 以内。将矿物用洗耳球冲洗到浮选机的浮选槽中。

（5）调节矿浆温度：使矿浆温度为 30～33℃。

（6）按以下流程进行浮选实验，实验结束后将所得产物精矿及尾矿吸水、烘干、称重、取化验样。

赤铁矿浮选流程如图 5-6 所示。

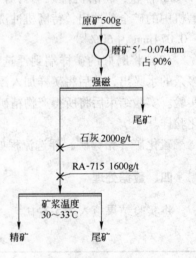

图 5-6　赤铁矿浮选流程

四、数据处理

将实验结果填入表 5-4 中。

表 5-4　赤铁矿浮选实验结果

产物名称	质量/g	产率 γ/%	品位 β/%	金属量 $\gamma\beta$	回收率 ε/%
精　矿					
尾　矿					
合　计					

五、思考题

叙述实验过程中观察到的现象。

实验 5-6　　萤石浮选实验

一、实验目的

（1）以典型的非硫化矿萤石作为浮选矿样，用油酸进行萤石与石英的分离浮选。

（2）通过此实验，使学生掌握萤石浮选药剂种类，药剂的作用机理及各种药剂的配制。

（3）了解萤石浮选精矿 CaF_2 含量应达到的指标。

萤石选矿的浮选流程为：一次粗选多次精选，精选次数应在 7 次以上，CaF_2 含量应在 97%～98%以上，本次实验只做粗选，不做精选。

（4）掌握实验室型球磨机和浮选机的操作技术。

二、仪器设备及物料

仪器设备：球磨机 1 台，1.5L 浮选机 1 台，秒表，温度计，pH 试纸，大小瓷盆等各种实验用品。

药剂：Na_2CO_3 加干粉，水玻璃配成 10%的溶液，油酸加原液。

实验物料：内蒙古赤峰市某地萤石矿，原矿 CaF_2 含量为 33.76%，粒度小于 2.36mm。

三、实验步骤

（1）将试样混匀缩分后，称取 500g 一份实验用样。

（2）清洗球磨机，干净后，将矿样加入球磨机中，加 300mL，启动球磨机，用秒表计时，磨矿 10min，此时的磨矿细度为 −0.074mm 占 65%；计时到 10min 时，磨机停止运转，将磨机打开，把磨好的矿样清洗干净，矿样冲洗在大盆中，多余的水吸出，要小于 1.5L。

（3）将磨好的矿样加入 1.5L 浮选机中，调整矿浆温度在 30～33℃之间，矿浆温度调整好后按以下流程进行浮选，将所得精矿和尾矿分别吸水，烘干，称重取化验样，待化验结果出来后将实验结果填入表 5-5 中，计算精矿中 CaF_2 的含量和回收率。

萤石浮选流程如图 5-7 所示。

四、数据处理

将实验结果填入表 5-5 中。

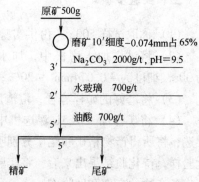

图 5-7　萤石浮选流程

表 5-5　萤石浮选实验结果

产物名称	质量/g	产率 γ/%	品位 β/%	金属量 γβ	回收率 ε/%
精　矿					
尾　矿					
合　计					

五、思考题

说明油酸类捕收剂还能浮选哪些矿物。

实验 5-7　磷灰石浮选实验

一、实验目的

（1）以典型的非金属矿磷灰石作为实验矿样，用氧化石蜡皂作为捕收剂，对磷灰石与脉石进行分选，其目的矿物为磷灰石，选出合格的 P_2O_5 作为化工原料；

（2）使学生掌握磷灰石浮选的药剂种类，药剂的作用机理及各种药剂的配制方法；

（3）掌握实验室磨矿机、浮选机的构造、工作原理及操作技术。

二、仪器设备及物料

仪器设备：φ240×400 棒磨机 1 台，1.5L 浮选机 1 台，大小瓷盆等实验用品。

药剂：Na_2CO_3 加干粉，水玻璃配成 10% 的溶液，氧化石蜡皂配成 5% 的溶液。

实验物料：实验用矿样为张家口市崇礼县磷铁有限公司的选铁尾矿样，试样含 P_2O_5 2.51%，细度 −0.074mm 占 12%，原矿经一次粗选后 P_2O_5 20% 左右，回收率 94%，经 4 次精选后精矿 P_2O_5 36.34%，回收率在 78% 左右。

三、实验步骤

（1）称取试样 500g 一份供实验用；

（2）将试样加入磨机中，加水 300mL，磨矿时间为 30s，细度为 −0.074mm 占 20%；

（3）将磨好的矿样静置，澄清后吸出多余的水；

（4）将矿样加入 1.5L 浮选机中，按以下流程进行浮选；将所得产物精矿和尾矿分别吸水，烘干，称重取化验样，待化验结果出来后，将实验结果填入表中，计算出各产物的产率和回收率。

非金属矿磷灰石浮选流程如图 5-8 所示。

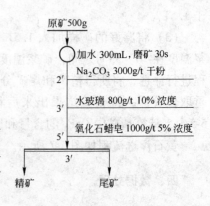

图 5-8　非金属矿磷灰石浮选流程

四、数据处理

将实验结果填入表5-6中。

表5-6　非金属矿磷灰石浮选实验结果

产物名称	质量/g	产率 γ/%	品位 β/%	金属量 $\gamma\beta$	回收率 ε/%
精　矿					
尾　矿					
合　计					

五、思考题

说明磷灰石浮选所用药剂的作用机理，氧化石蜡皂还能捕收哪些矿物。

实验5-8　浮选闭路流程实验

一、实验目的

（1）了解浮选闭路流程实验的方法和目的；
（2）闭路流程实验数质量流程的计算方法。

二、实验原理

闭路实验是用来考查循环物料的影响的分批实验，是在不连续的设备上模仿连续的生产过程。其目的是：找出中矿返回对浮选指标的影响；调整由于中矿循环引起药剂用量的变化，考查中矿矿浆带来的矿泥，或其他有害固体，或可溶性物质是否将累积起来并妨碍浮选；检查和校核所拟定的浮选流程，确定可能达到的浮选指标等。

闭路实验是按照开路实验选定的流程和条件，接连而重复地做几个实验，但每次所得的中间产品（精选尾矿、扫选精矿）仿照现场连续生产过程一样，给到下一实验的相应作业，直至实验产品达到平衡为止。例如，如果采用如图5-9所示的简单的一粗、一精、一扫闭路流程，则相应的实验室浮选闭路实验流程如图5-10所示。

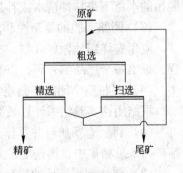

图5-9　简单闭路流程

一些复杂的流程闭路实验中有几次精选作业和扫选作业，每次精选尾矿和扫选精矿一般顺序返回前一作业，也可能有中矿再磨等。

一次闭路实验需要多台浮选机和多个操作人员，在一般情况下，闭路实验要接连做5~6个实验，为初步判断实验产品是否已经达到平衡，最好在实验过程中将产品过滤，把滤饼称湿重或烘干称重，并进行产品的快速化验，以分析实验是否已达到平衡，即产率和金属量的平衡。一般分析第3个实验以后的浮选产品的金属量和产率是否大致相等。

如果在实验过程中发现中间产品的产率一直增加，达不到平衡，则表明中矿在浮选过程中没有得到分选，将来生产时也只能机械地分配到精矿和尾矿中，从而使精矿质量降低，尾矿中金属损失增加。

即使中矿量没有明显增加，如果根据各产品的化学分析结果看出，随着实验的依次往下进行，精矿品位不断下降，尾矿品位不断上升，一直稳定不下来，这也说明中矿没有得到分选，只是机械地分配到精矿和尾矿中。对以上两种情况，都要查明中矿没有得到分选的原因。如果通过产品的考察查明中矿主要是连生体组成，就要对中矿进行再磨，并将再磨产品单独进行浮选实验，判断中矿是否能返回原浮选循环还是单独处理。如果是其他方面的原因，也要对中矿单独进行研究后才能确定它的处理方法。

闭路实验操作中主要应当注意下列问题：

（1）随着中间产品的返回，某些药剂用量要相应地减少，这些药剂可能包括烃类非极性捕收剂、黑药和脂肪酸类等兼有起泡性质的捕收剂，以及起泡剂。

（2）中间产品会带进大量的水，因而在实

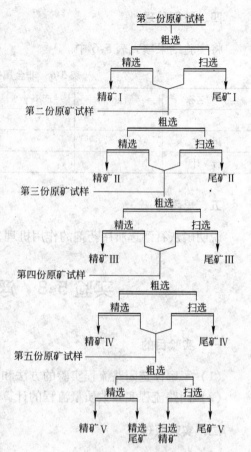

图 5-10　闭路实验流程示例

验过程中要特别注意节约冲洗水和补加以免发生浮选槽装不下的情况，实在不得已时，把脱出的水留下来作冲洗水或补加水。

（3）闭路实验的复杂性和产品存放造成影响的可能性，要求把时间耽搁降低到最低限度。应预先详细地做好计划，规定操作程序，严格遵照执行。必须预先制定出整个实验流程，标出每个产品的号码，以避免把标签或产品弄混所产生的差错。

（4）要将整个闭路实验连续做到底，避免中间停歇，使产品搁置太久。

根据闭路实验结果计算最终浮选指标有三种方法：

（1）将所有精矿合并算作总精矿，所有尾矿合并作总尾矿，中矿单独再选一次，再选精矿并入总精矿中，再选尾矿并入总尾矿中。

（2）将达到平衡后的最后 2~3 个实验的精矿合并作总精矿，尾矿合并作总尾矿，然后根据"总原矿＝总精矿＋总尾矿"的原则反推总原矿的指标。中矿则认为进出相等，单独计算。这与选矿厂设计时计算闭路流程物料平衡的方法相似。

（3）取最后一个实验的指标作为最终指标。

一般都采用第二种方法，其具体方法如下：

假设接连共做了 5 个实验，从第三个实验起，精矿和尾矿的质量及金属量即已稳定了，因而采用第三、四、五个实验的结果作为计算最终指标的原始数据。

图 5-11 所示已达到平衡的第三、四、五个实验的流程图，表 5-7 列出了各产品的质量、品位的符号，如果将 3 个实验看做一个总体，则进入这个总体的物料为：原矿 3 + 原矿 4 + 原矿 5 + 中矿 2。

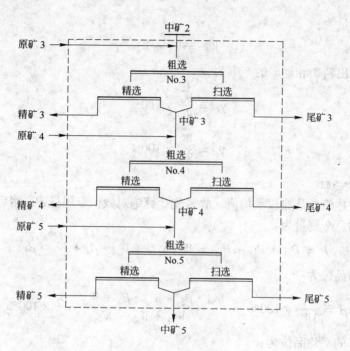

图 5-11　闭路流程

闭路实验结果见表 5-7。

表 5-7　闭路实验结果

实验序号	精　矿		尾　矿		中　矿	
	质量/g	品位/%	质量/g	品位/%	质量/g	品位/%
3	W_{c3}	β_3	W_{t3}	β_3	W_{m3}	β_{m5}
4	W_{c4}	β_4	W_{t4}	β_4		
5	W_{c5}	β_5	W_{t5}	β_5		

从这个总体出来的物料有：（精矿 3 + 精矿 4 + 精矿 5）+ 中矿 5 +（尾矿 3 + 尾矿 4 + 尾矿 5）。

由于实验已达到平衡，即可认为：中矿 2 = 中矿 5，则：

原矿 3 + 原矿 4 + 原矿 5 =（精矿 3 + 精矿 4 + 精矿 5）+（尾矿 3 + 尾矿 4 + 尾矿 5）

下面分别计算产品质量、产率、金属量、品位、回收率等指标。

1. 质量和产率

每一个单元实验的平均精矿质量为：

$$W_c = \frac{W_{c3} + W_{c4} + W_{c5}}{3} \tag{5-1}$$

平均尾矿质量为：

$$W_t = \frac{W_{t3} + W_{t4} + W_{t5}}{3} \tag{5-2}$$

平均原矿质量为：

$$W_0 = W_c + W_t \tag{5-3}$$

由此分别算出精矿和尾矿的产率为：

$$\gamma_c = \frac{W_c}{W_0} \times 100\% \tag{5-4}$$

$$\gamma_t = \frac{W_t}{W_0} \times 100\% \tag{5-5}$$

2. 金属量和品位

品位是相对数值，是加权平均值，故需先计算绝对数值金属量 P，然后再算出品位。
三个精矿的总金属量为：

$$P = P_{c3} + P_{c4} + P_{c5} = W_{c3} \cdot \beta_3 + W_{c4} \cdot \beta_4 + W_{c5} \cdot \beta_5 \tag{5-6}$$

精矿的平均品位为：

$$\beta = \frac{P_c}{3W_c} \times 100\% = \frac{W_{c3} \cdot \beta_3 + W_{c4} \cdot \beta_4 + W_{c5} \cdot \beta_5}{W_{c3} + W_{c4} + W_{c5}} \times 100\% \tag{5-7}$$

同理，尾矿的平均品位为：

$$\vartheta = \frac{P_t}{3W_t} \times 100\% = \frac{W_{t3} \cdot \vartheta_3 + W_{t4} \cdot \vartheta_4 + W_{t5} \cdot \vartheta_5}{W_{t3} + W_{t4} + W_{t5}} \times 100\% \tag{5-8}$$

原矿的平均品位为：

$$\alpha = \frac{(W_{c3} \cdot \beta_3 + W_{c4} \cdot \beta_4 + W_{c5} \cdot \beta_5) + (W_{t3} \cdot \vartheta_3 + W_{t4} \cdot \vartheta_4 + W_{t5} \cdot \vartheta_5)}{(W_{c3} + W_{c4} + W_{c5}) + (W_{t3} + W_{t4} + W_{t5})} \times 100\%$$

$$\tag{5-9}$$

3. 回收率

精矿中金属回收率可按下列三式中任一公式计算，其结果均相等，即：

$$\varepsilon = \frac{\gamma_c \cdot \beta}{\alpha} \times 100\% \tag{5-10}$$

$$\varepsilon = \frac{W_c \cdot \beta}{W_0 \cdot \alpha} \times 100\% \tag{5-11}$$

$$\varepsilon = \frac{W_{c3} \cdot \beta_3 + W_{c4} \cdot \beta_4 + W_{c5} \cdot \beta_5}{(W_{c3} \cdot \beta_3 + W_{c4} \cdot \beta_4 + W_{c5} \cdot \beta_5) + (W_{t3} \cdot \vartheta_3 + W_{t4} \cdot \vartheta_4 + W_{t5} \cdot \vartheta_5)} \times 100\%$$

$$\tag{5-12}$$

尾矿中金属的损失可按差值（即 $100 - \varepsilon$）计算。为了检查计算的差错，也可再按金属量校核。

有了平均原矿的指标，必要时，也可算出中矿的指标。计算中矿指标的原始数据为中矿 5 的产品质量 W_{m5} 和品位 β_{m5}，要计算的是产率 γ_{m5} 和回收率 ε_{m5}。

$$\gamma_{m5} = \frac{W_{m5}}{W_0} \times 100\% \tag{5-13}$$

$$\varepsilon_{m5} = \frac{\gamma_{m5} \cdot \beta_{m5}}{\alpha} \times 100\% \tag{5-14}$$

计算中矿指标时，一定要记住中矿 5 只是一个实验的中矿，而不是第三、四、五个实验的"总中矿"。中矿 3 和中矿 4 还是存在的，只不过已在实验过程中用掉了。

三、仪器设备及物料

仪器设备：0.75L 单槽浮选机 2 台，锥形球磨机 1 台，洗瓶 3 个，容量瓶 2 个，pH 计 1 台，盆若干，水浴锅 1 个，吸耳球 3 个，温度计 3 个，煤气加热盘 3 个，烘箱 1 台。

药剂：油酸钠，碳酸钠。

实验物料：一定粒度的赤铁矿矿石 5kg，500g 一袋。

四、实验步骤

（1）设计好工艺流程，将所有需要的盆标上号，明确人员分工。

（2）将 500g 赤铁矿矿样放入锥形球磨机中，在适宜磨矿浓度下磨矿一定时间，制备出适宜粒度的待选赤铁矿矿浆。

（3）将待选矿浆加温后放入单槽浮选机中，加适量热水，搅拌 2min 后，加入 pH 调整剂调节 pH 值，搅拌 3min 后加入一定用量的油酸钠捕收剂，搅拌 3min。

（4）开启充气和刮泡装置进行浮选，浮选一定时间后，关闭充气和刮泡装置，获得粗选精矿和粗选尾矿。

（5）将粗选精矿加热后转移至另一台单槽浮选机中，加适量热水，添加适量浮选药剂后进行精选，获得精选精矿和精矿尾矿。

（6）将粗选尾矿加入适量热水和浮选药剂后再进行一次扫选，获得一扫精矿和一扫尾矿，一扫精矿备用，一扫尾矿加入浮选药剂后进行二次扫选，获得二扫精矿备用，二扫尾矿加入浮选药剂后进行三次扫选，获得三扫精矿和三扫尾矿备用。

（7）在粗选浮选机中加入第二个原矿样，同时加入一次精选的尾矿和一扫精矿，调节 pH 值后进行浮选，获得粗选精矿和粗选尾矿，粗选精矿转移到精选浮选机中进行精选获得一精精矿和一精尾矿，粗选尾矿加入二次扫选精矿后进行一次扫选，获得一扫精矿和一扫尾矿，一扫尾矿加入三精精矿后进行二次扫选，获得二扫精矿和二扫尾矿，二扫尾矿进行三次扫选，获得三扫精矿和三扫尾矿。

（8）重复进行第 3、4、5 个原矿样的浮选实验，将获得的第 3、4、5 个精选精矿和三扫尾矿进行即时化验，分析是否达到数质量的平衡。

（9）将最后一个原矿样获得的各个中矿进行化验，即一精尾矿、一扫精矿、二扫精矿、三扫精矿，记入表 5-8 中，计算各产物产率和回收率，绘制数质量流程图。

五、数据处理

将各产物质量和品位数据记入表 5-8 中，计算各产物产率和回收率，绘制数质量流程图。

表 5-8　赤铁矿闭路浮选实验结果

产 物 名 称	质量/g	产率/%	品位/%	回收率/%
第三个原矿样精矿				
第三个原矿样尾矿				
第四个原矿样精矿				
第四个原矿样尾矿				
第五个原矿样精矿				
第五个原矿样尾矿				
一精尾矿				
一扫精矿				
二扫精矿				
三扫精矿				
原　矿				

根据表 5-8 的数据，反推计算出浮选工艺流程各产物的产率、品位和回收率，并绘制出浮选工艺数质量流程图，要求达到数量和质量的绝对平衡。

六、思考题

1. 怎样分析判断闭路实验已经达到了数质量平衡？
2. 闭路浮选实验操作中要注意什么问题？
3. 闭路实验结果计算最终浮选指标的方法有哪些？
4. 闭路浮选实验的目的是什么？

实验 5-9　实验室连续浮选实验

一、实验目的

（1）掌握连续浮选实验的方法；
（2）了解连续浮选实验的目的和特点。

二、实验原理

实验室连续性浮选实验的主要目的是验证实验室条件下制定的工艺制度、流程和指标；考查中矿返回对流程指标的影响；为下一步实验提供产品和训练操作人员。

中矿返回的影响，是指中矿中带来的药剂、矿泥、难选离子对药剂制度等选别条件和指标的影响，以及中矿的分配对选别指标的影响。中矿返回的影响是逐步积累的，需要一定时间才能充分暴露出来。为了适应中矿返回的影响，操作上的调整也需要一定的时间才能稳定下来。若时间过短，就可能出现假象。因而，在矿石性质复杂的情况下，短时间的实验室闭路实验不能代替连续性浮选实验。

实验室连续实验的特点是：

（1）实验是连续的，矿浆流态与工业生产相似，可反映出中矿返回作业对过程的影响。

（2）实验规模较大，持续时间较长，可在一定程度上反映出操作的波动对指标的影响。

（3）实验结果接近工业生产指标。连续性实验与工业生产指标差别的幅度主要与矿石的复杂程度以及选别的难易程度有关。

由于浮选作业过程影响因素较多，中矿的返回会明显地影响到原矿的选别条件和效率，间断操作与连续操作差别较大，浮选入选粒度小，所需矿样量小，因此，一般必须做全流程连续实验。

实验室连续浮选实验的规模大小随矿石性质复杂程度、品位高低、有用矿物品种多少而不同。品位高，产品少，规模可以小些；矿物共生关系复杂，品位较低，产品较多，规模相应要大一些。另外，还要从实验操作的可行性考虑规模的大小。总体来讲，实验室连续实验设备生产能力一般为 2～1000kg/h 左右。由于如 XFLB 微型连续浮选设备的出现，连续浮选实验所需的矿量逐渐减小。

连续浮选设备的选择应在满足工艺需要的前提下，采用高效、节能且技术先进、实用可靠的设备。除连续浮选机外，实验室连续实验还需要磨矿分级机组以及给矿机、不同容积的搅拌槽、砂泵和给药装置等辅助设备。实验设备必须满足下列要求：设备形式应于工业生产设备相同或相似；同一形式的设备要有多种规格；便于灵活配置和连接；便于操作和控制。

三、仪器设备及物料

仪器设备：XFLB 型微型连续浮选设备 1 套，矿浆泵 1 台，给药机 2 台，洗瓶 3 个，搅拌筒 2 个，水浴锅 1 台，小型磨矿分级系统 1 套，温度计 2 个，煤气加热盘 3 个，电加热器 1 个，浓度壶 1 个，精矿桶和尾矿塑料桶各 2 个，容量瓶 3 个，烧杯 5 个，10mL 量筒 3 个，秒表 2 块，盆若干。

药剂：RA-715，淀粉，石灰。

实验物料：赤铁矿矿石 220kg。

四、实验步骤

1. 准备工作

即按设备联系图进行设备的调配和安装，包括连续分选设备中矿返回管的连接，给矿系统与浮选机的连接，给药装置的调试，浮选药剂的配置，人员工作的安排等；清水试车运行，检查电路、供水、设备运转是否正常；设备的备品备件准备，以保证实验顺利进行；药剂准备充分，准备好药剂添加系统，按工艺流程各个添加点的布置进行配置，进行添加系统的清水试车，管路通畅后，进行药剂添加实验，调整和检查给药机的药剂给量；绘制取样流程图，图中需要标明取样点、实验的种类等，按作业顺序标号，并准备好取样工具装样器皿及卡片等物品；负荷试车，确保实验流程的畅通，及时发现并解决运转过程中的"跑、冒、滴、漏"等问题。

2. 对物料进行磨矿分级

控制磨矿浓度 65% ~ 70%，并采用螺旋分级设备，调节分级机的溢流细度，使磨矿细度达到实验要求，磨矿细度每 30min 筛析一次，分级机溢流浓度每隔 15min 用浓度壶检测一次。

3. 加入浮选药剂

将磨矿后的加药矿浆加热后送入搅拌桶进行搅拌，根据工艺药剂制度要求，在搅拌桶中加入浮选药剂，注意不能将几种药剂加在同一搅拌桶中，每种药剂需要一个搅拌桶。加药顺序与单元浮选实验相同，但药剂用量有所不同，实验时可通过肉眼观察泡沫的外观情况或根据取样分析结果进行调整。由于实验规模量小、加药量少，加药装置必须灵敏而精确，可根据实际情况选用虹吸管装置和定量给药泵。药剂用量的测定与控制一般是用量筒接取加药机流出的药液，并用秒表计时，计算每分钟流出的药剂容积。

4. 启动浮选机，泵入已调节好的矿浆

实验刚开始时，矿化泡沫量大，应严格控制泡沫刮出量。同一作业中几个浮选槽的泡沫刮出量一般应依次逐渐减小，但第一槽的泡沫刮出量不应过多，否则会由于大量药剂流失而影响后续各槽矿粒的浮选。浮选矿浆的液面不能太高，要保证一定厚度的泡沫层。一般情况下，精选作业和粗选的前几槽泡沫层要厚些，而粗选的后几槽和扫选作业的泡沫层要薄一些。浮选机液面调节好后，应保证给料量的均匀。

中矿的返回地点、循环量大小等对稳定操作和最终产品质量的影响极大，须特别注意。在不影响质量指标的前提下，中矿量控制越少越好。

5. 预先实验

因为采用的设备规格不同和实验规模不同等原因，必须对设备、设备间的连接、流程的内部结构和操作条件进行调整，使矿浆浓度、药剂、浮选条件、中矿量、浮选时间等各项操作参数适应矿样性质，以期达到最佳的实验指标。

6. 正式实验

调试正常后，即可转入正式实验。实验连续运转时间视具体情况而定，微型闭路浮选实验的时间一般为 24h。连续浮选实验过程平稳后，以进行取样分析。浮选给料，精矿和尾矿每 30min 取一次样，试样 2h 合并化验一次，进行快速分析以指导实验操作。同时每 2h 取流程样一次，每个班的试样分别合并化验，记入表 5-9 中，分析数据，计算数、质量流程。

五、数据处理

赤铁矿反浮选连续浮选结果见表 5-9。

表 5-9　赤铁矿反浮选连续浮选实验结果

实验批次及时间	矿浆流量/mL·min^{-1}	产品名称	TFe/%	矿浆浓度/%
		给　矿		
		粗　精		
		粗　尾		
		一扫精		
		一扫尾		
		二扫精		
		二扫尾		
		三扫精		
		三扫尾		
		给　矿		
		粗　精		
		粗　尾		
		一扫精		
		一扫尾		
		二扫精		
		二扫尾		
		三扫精		
		三扫尾		
		⋮		
		给　矿		
		粗　精		
		粗　尾		
		一扫精		
平　均		一扫尾		
		二扫精		
		二扫尾		
		三扫精		
		三扫尾		

　　根据表 5-9 的数据计算各产物的产率、品位和回收率，并绘制赤铁矿反浮选数质量流程图，分析连续实验结果。

六、思考题

1. 矿石连续浮选实验的目的是什么？
2. 矿石连续浮选实验过程中要注意什么问题？
3. 实验室连续浮选实验的特点是什么？

第六章　化学选矿

实验 6-1　赤铁矿的磁化焙烧

一、实验目的

（1）通过实验加深对磁化焙烧意义的认识；
（2）进一步了解温度对还原焙烧的影响；
（3）了解管式炉的构造、性能，掌握其焙烧的基本操作。

二、实验原理

以固体碳作为还原剂，在一定的温度下则有

$$3Fe_2O_3 + C = 2Fe_3O_4 + CO$$

$$3Fe_2O_3 + CO = 2Fe_3O_4 + CO_2$$

$$2C + O_2 = 2CO$$

赤铁矿被还原成强磁性的磁铁矿 Fe_3O_4。

温度过高时，磁铁矿进一步被还原成弱磁性的氧化亚铁

$$Fe_3O_4 + C = 3FeO + CO$$

$$Fe_3O_4 + CO = 3FeO + CO_2$$

原矿粉及焙烧的磁性可用磁力天平（或磁选管）测定。

三、仪器设备及物料

仪器设备：管式炉 1 台，磁力天平（或磁选管）1 台，100g 天平 1 台，牛角勺 1 支，小铲 3 个，8×80mm 瓷舟 8 个，油笔毛刷 2 支。

实验物料：赤铁矿粉，焦炭粉。

四、实验步骤

（1）检查仪器设备是否完好，无问题后接通管式炉电源加热至 550℃。
（2）称量矿粉 6g，炭粉 1.5g 在小铲内混合均匀测定磁力。
（3）将测定磁力的矿样均匀地装入两个瓷舟中，进入炉膛适当位置计时。
（4）焙烧 20min 后取出瓷舟，立即用空瓷舟盖上冷却。
（5）测定冷却后的焙烧磁力。

（6）温度为 650℃、750℃、850℃、900℃下重复上述操作。

（7）记录实验条件及数据。

五、数据处理

将实验数据进行整理并填入表 6-1 中。

表 6-1　实验数据

焙烧温度		550℃	650℃	750℃	850℃	900℃
原矿	质量 g_1					
	在磁场中的质量 g_2					
	所受磁力 $F = g_2 - g_1$					
焙烧	质量 g_1'					
	在磁场中的质量 g_2'					
	所受磁力 $F' = g_2' - g_1'$					
焙烧前后磁力变化 $f = F' - F$						

六、思考题

1. 计算焙烧前后矿粉磁力变化。

2. 将磁力变化与温度关系作图。

3. 讨论还原焙烧的意义，温度对其影响及本实验的改进意见。

实验 6-2　氧化铜矿的浸出

一、实验目的

（1）加深对矿物浸出过程及影响因素的认识；

（2）掌握浸出实验的基本操作，培养分析问题能力。

二、实验原理

由学生自己写出反应方程式（主要矿物为孔雀石、蓝铜矿、硅孔雀石、氧化铁、方解石、石英等）。

三、仪器设备及物料

仪器设备：三辊四辊磨机 1 台，浸出槽 4 台，1000g 天平 1 台，1000mL 量筒 1 支，滴定台，三角瓶，滤纸，漏斗，移液管等。

实验物料：矿样为井儿洼氧化铜矿，含铜 0.8%，氧化率 95%，原矿粒度为 3~0mm，矿物主要组成为孔雀石、蓝铜矿、硅孔雀石、氧化铁、方解石、石英等。

四、实验步骤

（1）取矿样 500g，以液固比 1∶1 磨矿 20min。

（2）以 500mL 水冲洗矿浆至 1.5L 浸出槽内，再徐徐加入硫酸，并于机器上搅拌 40min。

（3）取少量浸出矿浆过滤，测定滤液中铜离子浓度。

（4）记录实验条件及数据。

附：浸出中铜的测定

用移液管吸取滤液 110mL 于 250mL 三角瓶内，加水稀释至 20mL（加入 5mL 溴水，加热沸腾，并赶尽多余的溴取下冷却）用氨水中和至有沉淀产生，加氟化铵至溶液蓝色清亮，加入 2mL 冰醋酸、1g 碘化钾，以硫代硫酸钠标准液滴定至浅黄色，加入 5mL 2% 淀粉溶液，继续滴至浅黄色消失即为终点，记下消耗的毫升数 V（$Na_2S_2O_3$）。

铜的浓度由下式计算：

$$c_{Cu} = \frac{VT}{A} \times 1000 \qquad (6-1)$$

式中　c_{Cu}——Cu 的浓度，g/L；

　　　A——测定滤液毫升数（10mL）；

　　　T——$Na_2S_2O_3$ 对铜的滴定度。

五、数据处理

将实验条件及数据记录于表 6-2 中。

表 6-2　实验条件及数据

H_2SO_4 用量	5mL	10mL	15mL	20mL
滴定毫升数 V/mL				

液固比：　　　　　　　　　　温度：

浸出时间：

六、思考题

1. 计算铜的浸出率。

2. 讨论浸出剂浓度对浸出的影响。

实验 6-3　铜电解沉积实验

一、实验目的

通过电积实验加深了解电积原理，影响电流效率的因素，复习法拉第定律，计算电流效率。

二、实验原理

阳极反应　　　　　　$2OH^- - 2e \longrightarrow H_2O + \frac{1}{2}O_2 \uparrow$

阴极反应　　　　　　$Cu^{2+} + 2e \longrightarrow Cu$

总电化学反应式　　　　　　$CuSO_4 + H_2O \xrightarrow{\text{直流电}} Cu + H_2SO_4 + \frac{1}{2}O_2 \uparrow$

阴极析出的铜量用称量法测定。

三、仪器设备及物料

仪器设备：晶体管直流稳压电源（WYJ-30 型）1 台，直流电流表（C59-A）1 块，直流电压表（44CZ）1 块，药物天平（100g）1 台，有机玻璃电解槽 1 个，不锈钢阳极，铜阴极，计时器，量杯（500mL），钢板尺，温度计等。

电解液：$CuSO_4$ 溶液（配制 400mL）

第一组	Cu	$40 \sim 60g/L$
	H_2SO_4	10g/L 以上
	Fe	10g/L 左右
第二组	Cu	$40 \sim 60g/L$
	H_2SO_4	10g/L 以上

实验物料：硫酸铜，硫酸亚铁，无水乙醇，硫酸。

四、实验步骤

（1）测量阴极浸入电解液中的有效尺寸，计算电解槽中阴极总面积，按教师给定的电流密度，计算电流强度。

（2）将铜阴极片用水洗净，再用酒精擦洗干净，放入烘箱中于 120℃温度下烘 20min，取出后冷却称其质量。

（3）熟悉设备使用，检查后，连接好线路，经教师指导批准后，再将已称好的阴极片放入已装有不锈钢阳极和电解液的电解槽中。

（4）按计算好的电流强度通电，电解 60min，记录电流值和槽电压。

（5）电解完毕停电，取出铜阴极，用水洗净，再用酒精清洗，放入烘箱中于 120℃温度下烘 20min，取出冷却后再称重。

注意：本实验使用强酸，不要让硫酸溅到手上，避免腐蚀，遵守实验室规章制度。

五、数据处理

（1）计算电流效率

$$\text{电流效率} = \frac{\text{实际析出金属量}}{\text{理论析出金属量}} \times 100\% \tag{6-2}$$

铜的电化当量为 1.19g/(A·h)。

（2）将铜电积实验数据填入表 6-3 中。

表 6-3　铜电积实验数据

电解前阴极重	电解后阴极重	电流强度	槽电压	通电时间

六、思考题

分别讨论影响效率和槽电压的因素。

实验6-4　硫酸铜溶液萃取

一、实验目的

（1）了解溶剂萃取的原理；
（2）掌握溶剂萃取实验的主要操作方法。

二、实验原理

溶剂萃取通常是指溶于水相中的被萃取组分与有机相接触后，通过物理或化学作用，使被萃取物部分地或几乎全部地进入有机相，以实现被萃取组分的富集和分离的过程。如用萃取法萃取铜，是用一种有机相（通常是萃取剂和稀释剂煤油）从酸性浸出液中选择性地萃取铜，使铜得到富集，而与铁及其他杂质分离，萃取后的萃余液返回浸出作业。负载有机相进行洗涤，除去所夹带的杂质，然后用硫酸溶液反萃负载有机相，以得到容积更小的反萃液，此时铜的含量可达 10～25mg/L，反萃液送去电积得电积铜。反萃后的空载有机相返回萃取作业，电积残液可返回作反萃液或浸出液。

溶剂萃取具有平衡速度快、处理容量大、分离效果好、回收率高、操作简单、流程短、易于实现遥控和自动化等优点。

萃取工艺流程包括萃取、洗涤和反萃取三个作业，其原则流程如图6-1所示。

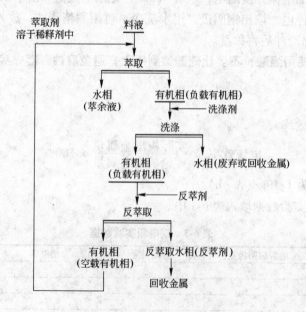

图6-1　溶剂萃取原则流程

萃取是被萃取组分的水溶液与有机相充分接触，使被萃取组分进入有机相。两相接触前的水溶液称为料液，两相接触后的水溶液称为萃余液。含有萃合物的有机相称为负载有机相。洗涤是用某种水溶液与负载有机相充分接触，使进入有机相的杂质洗回到水相的过程，用做洗涤的水溶液称为洗涤剂。反萃取是用某种水溶液（如酸、碱等）与经过洗涤后的负载有机相接触，使被萃取物自有机相转入水相的过程。反萃后的有机物不含被萃取的无机物，此时的有机物相称为空载有机相，通过反萃取，有机相获得再生，可返回再使用。

图 6-2 梨形分液漏斗

实验室萃取实验常用 60mL 或 125mL 梨形分液漏斗做萃取、洗涤和反萃取实验，如图 6-2 所示。

一次萃取实验称为 1 级或单级萃取，有时 1 级萃取不能达到富集、分离的目的，而需要采用多级萃取。经过 1 级萃取后的水相和另一份新有机相充分接触，平衡后分相称为 2 级萃取，依次类推，直至 n 级。实验室条件实验常采用单级萃取和错流萃取，错流萃取常用来测定萃取剂的饱和容量，如图 6-3 所示，图中方框代表分液漏斗或萃取器。

图 6-3 错流萃取示意图

在进行溶剂萃取时，主要实验内容包括萃取体系的选择、萃取作业、洗涤作业、反萃取作业的条件实验和串级模拟实验。

萃取条件包括有机相的组成和各组分浓度、萃取温度、萃取时间、相比、料液的酸度和被萃取组分的浓度、盐析剂的种类和浓度等，洗涤作业的条件包括洗涤剂的种类和浓度、洗涤的温度、相比、接触时间等，反萃取作业的条件包括反萃取剂的种类和浓度、反萃取的温度、相比、接触时间等。

为了考察萃取效果，需将负载有机相进行反萃取后所得反萃液和萃余液进行化验，得出有机相和萃余液中的金属含量，以 g/L 表示，根据需要分别按式（6-3）、式（6-4）、式（6-5）计算出分配比 D、分离系数 β、萃取率 E。

$$D = \frac{[A]_{有}}{[A]_{水}} \tag{6-3}$$

式中　D——分配比；

　$[A]_{有}$——有机相中溶质 A 所有各种化学形式的浓度；

　$[A]_{水}$——水相中溶质 A 所有各种化学形式的浓度。

$$\beta = \frac{D_A}{D_B} \tag{6-4}$$

式中　β——分离系数；

　　D_A——溶质 A 的分配比；

　　D_B——溶质 B 的分配比。

$$E = \frac{100[A]_{有}}{[A]_{有} + [A]_{水}} \times 100\% = \frac{D}{D+1} \times 100\% \qquad (6-5)$$

式中　E——萃取率，%；

　　$[A]_{有}$——有机相中被萃取溶质的浓度；

　　$[A]_{水}$——水相中残留的溶质的浓度。

三、仪器设备及物料

仪器设备：梨形分液漏斗 1 个，电动振荡器 1 台，锥形瓶 2 个，烧杯若干。

试剂：铜萃取剂，煤油，稀盐酸。

实验物料：含铜料液 20mL。

四、实验步骤

（1）将 20mL 要分离的含铜料液倒入分液漏斗中，加入相应的铜萃取剂和稀盐酸，塞好分液漏斗的活塞。

（2）将分液漏斗放在电动振荡器上振荡一定时间，使有机相与水相接触，待分配过程平衡后，静置，使负载有机相和萃余水相分层。

（3）转动分液漏斗下面的阀门，使萃余水相或负载有机相流入锥形瓶中，达到分离的目的。

（4）化验有机相中和水相中铜的浓度，记入表 6-4 中，计算分配比和萃取率。

（5）改变实验条件，重复上述实验步骤，分析实验结果。

五、数据处理

将所有实验数据记录于表 6-4 中。

表 6-4　含铜料浆萃取结果

实验条件	有机相中铜浓度 /mg·L⁻¹	水相中铜浓度 /mg·L⁻¹	分配比 D	萃取率 E/%

六、思考题

1. 溶剂萃取的主要是原理是什么？

2. 溶剂萃取的主要作业和条件是什么？

第七章　非金属材料深加工

实验 7-1　搅拌磨超细粉碎实验

一、实验目的

（1）简要了解搅拌磨的主体结构和基本工作原理；

（2）熟练掌握应用搅拌磨超细粉磨非金属材料的操作方法；

（3）基本明确搅拌磨中粉磨产品粒度的分析方法。

二、实验原理

1. 搅拌磨的结构

搅拌磨主要由一个静置的内填小直径研磨介质的研磨筒和一个旋转搅拌器构成。

（1）研磨筒。研磨筒有立式和卧式两种类型，生产方式有湿法和干法，间歇式、连续式和循环式之分。

（2）搅拌器。搅拌器有叶片式、偏心环式、销棒式等，其中偏心环式和销棒式搅拌器如图 7-1 所示。偏心环式主要用于卧式，偏心环沿轴向布置成螺旋形，以推动磨矿介质运动防止其挤向一端；销棒式的搅拌轴上的销棒与桶内壁上的销棒相对交错设置，研磨筒被分为若干个环区，增大了磨介质相互冲击和回弹冲击力，提高粉磨效率。

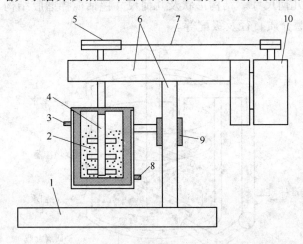

图 7-1　搅拌磨结构示意图

1—机座；2—搅拌介质；3—冷却水出口；4—搅拌器；5—皮带轮；6—支架；

7—传动皮带；8—冷却水入口；9—升降装置；10—电机

（3）磨矿介质。一般使用球形，其平均直径小于 6mm，用于超细粉碎时，一般小于 1mm。介质大小和粒度分布的均匀程度直接影响粉磨效率和产品细度；随着直径的增加，产品的粒径增加，产量提高；研磨介质的粒度分布越均匀越好。介质直径一般由给矿粒度和产品细度决定，为了更好地提高粉磨效率，研磨介质的粒径一般大于 10 倍的给矿粒度。研磨介质的密度越大，研磨时间越短，研磨效率越高。研磨介质的硬度必须高于入磨物料的硬度且不产生污染和容易分离，为增加研磨强度，一般要求介质的莫氏硬度应是入磨物料硬度的 3 倍以上。常用的研磨介质是钢球、天然砂、氧化铝、氧化锆等。研磨介质的装填量随着研磨介质直径的增加而增大，且介质的孔隙率不小于 40%。敞开式立式搅拌磨的研磨介质装填量应为研磨器有效容积的 50%～60%。

本实验着重介绍湿法间歇式搅拌磨。间歇式搅拌磨主要由带冷却套的研磨筒、搅拌装置和循环卸料装置等组成。冷却套内可通入不同温度的冷却介质，以控制研磨时的温度。研磨筒内壁及搅拌装置的外壁可根据不同的用途镶上不同的材料。

2. 湿法间歇式搅拌磨工作原理

超细搅拌球磨机通过一套高速旋转的搅拌装置，在密封的搅拌器内不断冲击和驱动介质球，使之做无规则运动。由于介质球的随机高速运动，使得介质球与介质球之间产生高能量的冲击力、摩擦力和剪切力，其综合作用的结果导致物料粒径迅速减小及均匀分散，促使研磨区达到高效率的超细粉磨效果。搅拌磨综合了动量和冲量的作用，因此能对物料进行超细粉磨，细度达到亚微米级，且其能耗大部分直接用于搅动磨介，因此能耗较球磨机和振动磨机低。搅拌磨不仅有研磨作用，而且还具有搅拌和分散作用。其主要工作原理如图 7-2 所示。影响搅拌磨粉碎效果的主要因素有如下三个方面：

（1）物料特性参数。物料特性参数包括强度、弹性、极限应力、料浆黏度、颗粒大小及形状、液体及固体物料的温度和研磨介质温度。

（2）过程参数。过程参数包括应力强度、应力分布、单位能耗、通过量及滞留时间、物料充填率、固体浓度、转速、温度、界面性能等。

（3）结构形状及几何尺寸。结构形状及几何尺寸包括搅拌磨腔结构及尺寸、搅拌器的结构形状及尺寸，研磨介质直径及级配等。

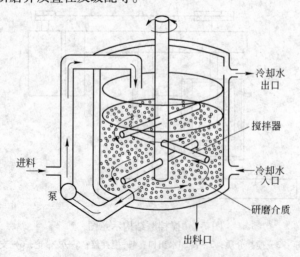

图 7-2　搅拌磨工作原理图

搅拌磨机的工作原理：搅拌磨机的研磨作用是通过搅拌器把动力直接施加于研磨介质上而实现的，它不像球磨机或振动磨机那样需要转动一个包括研磨介质在内的笨重的研磨筒体。所以全部输入功率直接用于搅拌磨矿介质，从而产生粉碎作用，达到高效率研磨物料的目的。

颗粒的粉碎作用是通过中间轴的旋转带动搅拌棒做圆周运动来实现的，研磨介质的运动速度随着转动轴距离的不同而不同，研磨筒体是静止的，所以靠近筒壁的研磨介质相对于研磨转子运动范围内的研磨介质的运动速度来说要小得多，产生较大的速度梯度，使筒体中的介质在整个筒内做不规则的旋转，造成非群体的不规则运动。这种不规则运动可产生三种作用力：

（1）由于研磨介质之间的相互撞击而产生的冲击力；

（2）因研磨介质的转动产生的剪切力；

（3）由于研磨介质填入搅拌棒留下的空间，产生冲击力和摩擦力。

因此，当搅拌磨机工作时，在受到高频率的摩擦、冲击、剪切等作用力的综合作用下，使物料得到充分的冲击、研磨而磨细。

三、仪器设备及物料

仪器设备：$\phi 270\text{mm} \times 230\text{mm}$ 搅拌磨，氧化锆球，激光粒度测定仪，台秤，电子天平，干燥箱，磁力搅拌器，秒表，吸液管，筛子，烧杯，量筒，盆，钢板尺，注射器，游标卡尺等。

试剂：六偏磷酸钠（1%）。

实验物料：石英砂（-0.1mm）。

四、实验步骤

（1）取实验用石英砂 3kg 混匀、缩分、取样 6 份，每份 500g 备用，并用激光粒度仪检测其粒度 d_{50} 和 d_{95}，并将结果记录于表 7-1 中。

（2）检查搅拌磨机是否完好，并清洁搅拌磨机和介质，同时，测量搅拌磨的介质尺寸和介质填充率，并记录。

（3）打开循环冷却水系统。

（4）调节磨机参数，将磨机的转速率固定为 300r/min。

（5）按磨矿浓度为 60% 计算加水量，先向搅拌磨筒体内加入一半的计算水量，然后加入试样，最后向试样倒入剩余的水量。

（6）开机进行磨矿，并用秒表计时，分别在不同磨矿时间点（如 1h、2h、3h 和 4h），取粉磨矿矿浆 20mL；磨矿实验结束后放出粉磨筒中的物料，将磨机冲洗干净，待以后实验之用。

（7）将所取 20mL 矿浆分别移入 50mL 烧杯中，加入 20mL 水和 2mL 六偏磷酸钠，并在磁力搅拌器上进行搅拌以使矿浆混合均匀。

（8）用吸管吸取搅拌矿浆 5mL 混合矿浆注入激光粒度测定仪的进样器中，测定 d_{50} 和 d_{95} 的值。

（9）将所测定的 d_{50} 和 d_{95} 值填入表 7-1 中，并对实验数据进行处理。

表 7-1　搅拌磨磨矿粒度

磨矿时间/h	d_{50}/mm			d_{95}/mm		
	1	2	平均	1	2	平均
0						
1						
2						
3						
4						
⋮						

五、数据处理

采用激光粒度仪进行样品检测，检测两次并取其平均值；若其中一次的值偏离平均值5%，则进行第三次检测，取较为接近的两次计算平均值，若误差在5%以内则认为结果有效并进行记录；若任何两次检测结果误差均大于5%，则重复以上步骤进行两次检测。根据实验结果写出实验报告。

六、思考题

1. 搅拌磨为什么需要增设循环冷却水系统？
2. 六偏磷酸钠在粒度测试中起什么作用？

实验 7-2　振动磨超细粉碎实验

一、实验目的

（1）简要了解振动磨的主体结构和基本工作原理；
（2）熟练掌握应用振动磨超细粉磨非金属材料；
（3）基本明确湿式分样器的使用方法。

二、实验原理

1. 振动磨的构造

振动磨的基本构造是由磨机筒体、激振器、支撑弹簧以及驱动电机等主要部件构成，其结构如图7-3所示。

磨机筒体可分为单筒体、双筒体和三筒体，一般两筒体和三筒体较为普遍。振动磨筒体内设置衬板，以保护筒体不受高频冲击下的磨蚀，且衬板以内筒形式固定于磨机外筒，可随时更换，内外筒体通常选用16Mn优质无缝钢管。

激振器由安装于主轴上的两组共四块偏心块组成，偏心块的调整可以在0°~180°范围

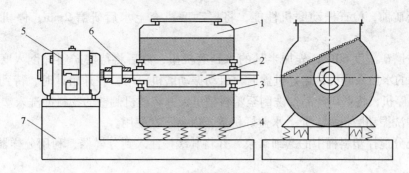

图 7-3 振动磨结构图

1—筒体；2—激振器；3—轴承；4—弹簧；5—电动机；6—弹性联轴器；7—机架

内进行，用调节偏心块的开度来确定振幅的大小，一般振幅为 4~6mm，最大可达 15mm。振动磨工作时所受需的工作振幅和可通过调节激振器获得。

支撑弹簧为振动磨的弹性支撑装置，具有较高的耐磨性。有各种形式和各种材质的弹簧（如钢制弹簧、空气弹簧等），钢制弹簧通常采用 60SiMn 材料制作。

联轴器即可传动动力，是磨机正常有效地工作，又对电机起隔振作用。为了保护电机不受磨体的高频振动，一般采用挠性联轴器。

2. 振动磨的工作原理

振动磨的主要工作原理如图 7-4 所示，物料和磨介装入弹簧支撑的筒内，由有偏心块激振装置驱动磨机筒体做圆周运动，通过磨矿介质的高频振动对物料作冲击、摩擦、剪切等作用而粉碎。振动磨内研磨介质的研磨作用主要有研磨介质受高频振动，研磨介质循环运动，研磨介质自转运动等。使研磨介质之间，以及研磨介质与筒体内壁之间产生激烈的冲击、摩擦、剪切作用，在短时间内将物料研磨成细小离子。研磨介质在筒体内的运动现象为：研磨介质在筒体内的运动方向与主轴的旋转方

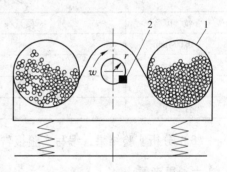

图 7-4 振动磨工作原理图

1—磨筒；2—偏心激振装置

向相反，且研磨介质不断地进行公转和自转运动。当振动频率很高时，它们排列整齐。振动频率低较低的情况下，研磨介质离子之间紧密接触，一层层地按一个方向移动，彼此之间没有相互位移。当振动频率较高时，加速度增大，研磨介质运动较快，各层介质在径向上运动速度依次减慢，形成速度差。介质之间产生剪切和摩擦，以使物料有效粉碎。

三、仪器设备及物料

仪器设备：振动研磨机，分样机，电子天平，干燥箱，筛子（-0.074mm），纱网，秒表，塑料水桶，盆，胶皮管。

实验物料：松散颗粒状物料，粒度范围为 0~2mm。

四、实验步骤

（1）取实验用 -2mm 物料混匀、缩分至 1kg 备用。

（2）磨矿前，检查振动磨机性能，将振动磨机充上水后研磨 2min；停机后，将水放出。

（3）按磨矿浓度 60%，先加半量的水到磨机里，然后将待磨矿料样倒入磨机内，并将另一半量的水加入磨机，盖好机盖后，启动振动磨机，用秒表开始计时，待到预定的粉磨时间后，停机，将磨矿产品冲洗倒至塑料桶里，并将磨机侧壁的物料冲洗入塑料桶中。

（4）冲洗振动磨机后，充上水盖好机盖，以备下次使用。

（5）充分搅拌塑料桶中的磨细矿浆，并将其缓慢注入到分样器，利用分样器分出 1/8 份矿浆。

（6）将磨好的产品先用 200 目标准筛进行湿筛，并保留筛上筛下产品，烘干筛上筛下产品后，将其在干燥箱中烘干。

（7）将烘干的各产品称重并计算 −0.074mm 含量（%），并记录。

五、数据处理

（1）记录磨机的规格、形式、试样质量、磨矿浓度和加水量等。

（2）将筛上筛下产品的质量记入表 7-2 中，并计算相应产率。

表 7-2　磨矿细度结果

粒　度	质量/g	产率/%
−0.074mm		
+0.074mm		
损　失		
合　计		

（3）分析实验结果，编写实验报告。

六、思考题

1. 影响振动磨磨矿细度的因素是什么？
2. 实验过程的主要实验误差是什么？

实验 7-3　气流磨超细粉碎实验

一、实验目的

（1）简要了解气流磨的主体结构和基本工作原理；
（2）熟练掌握应用气流磨超细粉磨非金属材料。

二、实验原理

利用高速气流（300~500m/s）或是过热蒸汽（300~400℃）的能量，使颗粒相互产生冲击、碰撞、摩擦而实现超细粉碎的设备。QLM-1 型流化床式气流磨粉碎系统如图 7-5 所示。

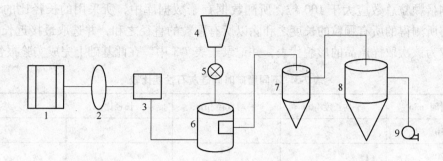

图 7-5　QLM-1 型流化床式气流磨粉碎系统

1—空气压缩机系统；2—储气罐；3—空气净化系统；4—储料仓；5—喂料系统；

6—磨机主体；7—旋风分离收集系统；8—脉冲袋式收尘系统；9—引风机

气流磨的一般原理是将干燥无油的压缩空气通过拉瓦尔喷管加速成超音速气流，喷出的射流带动物料做高速运动，使物料碰撞、摩擦而粉碎。被粉碎的物料随气流到达分级区，达到细度要求的物料，最终有收集器收集，未达标的物料，在返回粉碎室继续粉碎，直至达到所需细度并被捕集为止。

三、仪器设备及物料

仪器设备：QLM-1 气流磨粉碎系统，马弗炉，偏光显微镜，电子天平，振荡器，牛角匙，烧杯，载玻片，玻璃棒，滴管，坩埚，秒表，桶，盆，防护手套、防护眼镜等护具。

试剂：乙醇。

实验物料：90%以上纯度的硅灰石，粒度范围 0～2mm。

四、实验步骤

（1）称取 -2mm 硅灰石 500g，并将其放入马弗炉中在 800℃预热 4h。

（2）在物料预热过程中，检察气流磨性能是否完好，并对气流磨进行清洗备用。

（3）将预热后的硅灰石在空气中冷却至室温，取少量样品在偏光显微镜下进行观察测试，记录下物料的长度和直径。

（4）将冷却后的硅灰石粉料给进气流磨给料器。

（5）打开气流磨并调节其相关参数为气流粉碎压力 0.4MPa，分级机转数 12000r/min，在以上条件下粉磨产品。

（6）每隔 10min 取一次样，并在偏光显微镜下进行观察测试，记录下物料的长度和直径。

（7）共取 3 次样品进行观察和测试。

（8）完成实验后，关机并清洁气流磨，以备下次使用。

五、数据处理

针对每次取样产品分别根据随机取样原则，每个载玻片取 10 个视域，且不得小于两个载玻片，进行拍照比对和计算长径比。利用偏光显微镜中的测量程序对所取的视域进行测量，测量颗粒总数应大于 100 粒，所测数据存于数据库中，所采用的长径比的计算方法，是将所测得的所有颗粒的长度之和除以所有颗粒的直径之和，并选取最接近长径比的视域照片为该次取样产品的形貌代表，并记录于表 7-3 中。在此基础上完成实验报告。

表 7-3　不同磨矿时间硅灰石性能比较

磨矿时间/min	平均长度/μm	平均直径/μm	长 径 比	形　　貌
10				
20				
30				

六、思考题

1. 为什么采用气流磨可以制备出高长径比的硅灰石产品？
2. 使用气流磨时应该注意什么问题？

实验 7-4　高压辊式磨机粉碎实验

一、实验目的

（1）简要了解高压辊式磨机的主体结构和基本工作原理；
（2）熟练掌握应用高压辊式磨机粉碎非金属材料。

二、实验原理

1. 高压辊磨机的结构

辊压机主要由给料装置、料位控制装置、一对辊子、传动装置（电机、皮带轮、齿轮轴）、液压系统、横向防漏装置等基本分组成。其中两个辊子中，一个是支承载轴承上的固定辊，另一个是运动的辊子，通过动辊对物料层施加挤压力。两个辊子以相同的速度相向旋转，辊子两端的密封装置防止物料在高压作用下从辊子横向间隙中排出。

2. 高压辊磨机的工作原理

高压辊磨机的工作原理如图 7-6 所示。物料由给料装置（重力或预压螺旋给料机）给入，在相向回转的两个辊子之间受到很高的挤压力而被粉碎。由于在两辊隙之间的压应力达 50MPa 以上，故大多数粉碎物料通过辊隙时被压成了料饼，料饼中含有大量的细粉，经分散后即可选出成品。

具体粉碎过程是当符合高压辊磨机粒度要求的物料喂入料斗后形成一个料柱，物料在转动压辊的挤压作用下进入第一粉碎区——加速区。它是物料喂入部分末端至中部压力段的分界处，在这个区物料已被预粉碎，物料呈压缩状态流动，主要依靠摩擦力和重力提供加速作用。中部的压缩区，它是从加速区末端横截面处至辊子中心的连线。此段物料受挤压力而粉碎，并最后结成料饼。下部为反弹区，其为辊间隙处以下处区段，在辊面上没有

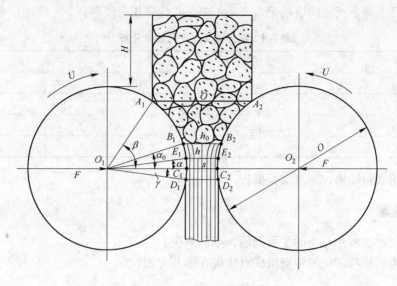

图 7-6　高压辊工作原理简图

了作用力，物料开始恢复膨胀。排出料饼中不仅含有一定比例的细粒成品，而且在非成品颗粒的内部也会产生大量裂纹，从而改善物料后续粉磨的可磨性，降低粉磨能耗，增加粉磨系统的生产能力，还大幅度降低钢耗。高压辊磨机工作过程中物料破碎发生在物料颗粒底部，物料颗粒之间互相轧碎，物料同辊表面接触是有限的，破碎发生在受限制的空间，物料颗粒不允许逃脱，因此破碎效率比常规碎磨效率高。

三、仪器设备及物料

仪器设备：高压辊式磨机，振筛机，台秤，电子天平，筛子（74μm），取样用具，瓷盆。

实验物料：以块状石灰石为原料，粒度范围为 0～5mm，含水量小于 8%。

四、实验步骤

（1）称取 –5mm 石灰石原料 5kg 备用。

（2）检查高压辊磨机是否完好，清洁高压辊备用。

（3）先将所选的石灰石物料装入料仓，然后空载启动设备，并调节高压辊辊速为 68 r/min，辊压为 1MPa。

（4）待设备运转平稳后，快速打开料仓门，使物料连续不断地落入两辊之间进行辊磨。

（5）在整个辊磨作业中随机从出料口采样以备筛分，每次采取物料 100～200g，并称重记录。

（6）采用人工手碎方法将料饼松散，之后，再将样品置于标准拍击振动筛上筛分，并将筛上筛下产品进行称重并计算。

五、数据处理

（1）记录辊径、辊宽、主电机功率等主要参数。

（2）将筛上筛下产品的质量记入表 7-4 中，并计算相应产率。

表 7-4　高压辊磨机产品粒度分析

粒　　度	质量/g	产率/%
− 0.074mm		
+ 0.074mm		
损　失		
合　计		

（3）分析实验结果，编写实验报告。

六、思考题

1. 高压辊磨过程中存在的主要问题，如何解决？
2. 高压辊磨机与传统的辊磨机优点体现在哪几方面？

实验 7-5　非金属材料的超细分级实验

一、实验目的

（1）简要了解离心式分级机结构和分级原理；
（2）熟练掌握如何采用离心式分级机进行粉体分级；
（3）学会评价分级精度和分级效果的方法。

二、实验原理

分级即是利用粉体颗粒的大小和形状的差别将其分离的操作。

1. 分级效果评价

牛顿效率就是把无用成分的混入度用两个成分表示，将某一粒度分布的粉粒用分级机进行二分，用牛顿效率表示分级效率，牛顿效率的物理意义为实际分级机达到理想分级的质量比。牛顿效率的计算公式为：

$$\eta_n = \frac{(x_b - x_a)(x_a - x_c)}{x_a(1 - x_a)(x_b - x_c)} \times 100\% \tag{7-1}$$

式中　x_a——原料中实有的粗粒级比率，%；

　　　x_b——粗粒级中实有的粗粒比率，%；

　　　x_c——细粒部分中实有的粗粒比率，%。

2. 分级精度

分级精度最常用的是根据部分分级效率曲线，取 d_{25}/d_{75} 的值作为分级精度指标。有时当分布范围较大时用 d_{10}/d_{90}，或者粒度分布比较陡斜时用 $(d_{90} - d_{10})/d_{50}$。

3. 离心式分级机分级原理

离心式分级机结构如图 7-7 所示。由上为圆柱形下为圆锥形的内、外筒体 4 和 5 套装而成。上部有转子，它是由撒料盘 10、小风叶 2 和大风叶 1 等组成。在大小风叶间内筒上口边缘装有可调节的挡风板 11，内筒中部周向装有导气固定风叶 6，内筒由支架 3 和 7 固定在外筒内部。

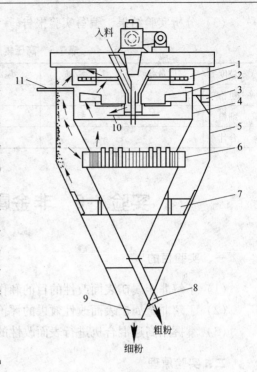

转子转动后，气流由内筒上升，转至两筒间下降，再由固定风叶进入内筒，构成气流循环。当物料由加料管经中轴周围落到撒料盘 10 上，受离心惯性力作用向周围抛出。在气流中，较粗颗粒迅速撞到内筒内壁，沿内壁滑下。其余较小颗粒随气流向上，经过小风叶时，又有一部分被抛向内筒壁被收下，更小的颗粒穿过小风叶，经由内筒顶上出口进入两筒间夹层，由于通道扩大，气流速度降低，被带出的细小的颗粒陆续下沉，由细粉出口 9 排出称为成品。内筒收下的粗粉由出口 8 排出。

改变主轴转速，大小风叶的叶片数或挡风板位置就能调节选粉细度。由于内部气流及物料运动比较复杂，速度场也不均匀，可近似进行理论分析。

图 7-7　离心式分级机结构示意图
1—大风叶；2—小风叶；3,7—支架；
4—内筒体；5—外筒体；6—固定风叶；
8—粗粉出口；9—细粉出口；
10—撒料盘；11—挡风板

三、仪器设备及物料

仪器设备：离心式分级机，激光粒度测定仪，台秤，电子天平，磁力搅拌器，烧杯，玻璃棒，量筒，盆，布袋等。

实验物料：采用粉状干料，粒度范围为 0 ~ 0.1mm。

四、实验步骤

（1）取实验用 - 0.1mm 物料混匀、缩分至 500g 备用。

（2）分级前，检查离心分级机性能是否完好，并清洁离心分级机备用。

（3）先将所选物料装入料仓，而后空载启动设备，并调节离心式分级机各项参数。

（4）待设备运转平稳后，快速打开料仓门，使物料连续不断地进入分级机进行分级。

（5）在整个分级过程中用布袋收集不同粒级产品，待分级完成后关机并清洁分级机以备下次使用。

（6）取不同级别产品各约 10g，采用激光粒度测定仪进行粒度 d_{50} 测定，并记录之以评价分级结果。

五、数据处理

（1）记录离心分级机的各主要参数。

（2）将不同粒级产品的质量记入表 7-5，并计算相应产率。

（3）分析实验结果，编写实验报告。

表 7-5　高压辊磨机产品粒度分析表

粒度	质量/g	产率/%	$d_{25}/\mu m$	$d_{50}/\mu m$	$d_{75}/\mu m$	d_{25}/d_{75}
粗粉						
细粉						
合计						

实验 7-6　非金属材料表面改性实验

一、实验目的

（1）了解非金属矿表面改性的目的和作用；

（2）了解非金属矿表面改性效果的评价方法；

（3）掌握用高速混合机进行表面改性的方法。

二、实验原理

非金属矿物的表面改性，是指利用各种材料或助剂，根据应用的需要有目的地改善或完全改变非金属矿物的物理技术性能或表面物理化学性质。如表面晶体结构和官能团、表面能、表面润湿性、电能、表面吸附性和反应特性等。非金属矿的表面改性只改变矿物界面层次的组分，而不改变矿物材料的内部晶体结构及物理或化学性质。

用于非金属矿表面改性的表面改性剂可以分为无机试剂和有机试剂两大类。通常所说的矿物表面改性主要是指非金属矿粉体的有机表面改性。有机表面改性剂主要包括偶联剂类、脂肪酸（或胺）类、烯烃低聚物类以及各种树脂类等。

三、仪器设备及物料

仪器设备：GRH-10 高剪切混合机 1 台，天平 1 台，盛样瓷盘 2 个，试样袋 4 个，油刷 1 把，样铲 1 把。

实验物料：－800 目（－15μm）$CaCO_3$ 两份，每份 1000g。

改性剂：硬脂酸。

四、实验步骤

（1）将混合容器清理干净。

（2）打开加热开关，并将温度控制器的控制温度设定在 80℃。

（3）打开加料口端盖，将一份改性物料加入混合容器中。

（4）按计算的改性剂添加量加入改性剂（如按要改性物料质量的 0.5%、1.0% 等计算改性剂用量）。

（5）开启混合机的搅拌系统，设定搅拌时间 20min。

（6）达到混合时间，打开混合容器的上端盖，放出物料，即为改性产品。

（7）取适量改性产品，测量其润湿接触角（按浮游分选部分实验方法测量）。

（8）取相同量的改性产品，分别放入盛有清水的烧杯中，边搅拌边观察两种改性产品在水中的行为。

五、数据处理

（1）将实验结果填入自己设计的表格中（表7-6）。

（2）分析实验结果及实验中观察到的现象，并说明原因。

表 7-6　表面改性实验结果

序号	改性剂名称	改性物料名称	改性剂用量/%	润湿接触角/(°)
1				
2				

六、思考题

1. 表面改性过程中应注意的问题有哪些？
2. 有机表面改性剂在表面改性过程中起什么作用？

实验 7-7　石灰的制备和石灰性能的测试

一、实验目的

（1）了解石灰的制备过程；

（2）掌握建筑生石灰粉和消石灰粉的技术指标；

（3）掌握石灰的消化速度和体积安定性检测方法。

二、实验原理

由石灰石煅烧成石灰，实际上是碳酸钙（$CaCO_3$）的分解过程，其反应式如下：

$$CaCO_3 \rightleftharpoons CaO + CO_2 \uparrow - 178kJ$$

以上反应为可逆反应，且在 600℃ 左右已开始分解，800～850℃ 时分解加快，到898℃时，分解压力达到0.1MPa，通常，就把这个温度作为 $CaCO_3$ 的分解温度。继续提高温度，分解速度将进一步加快。实际生产中，为了加快石灰石的煅烧过程往往采用更高的温度，且应随着石灰石的致密程度、块度大小、杂质含量和成分以及窑型等作相应的变化。通常，在生产中石灰石的煅烧温度控制在 1000～1200℃ 或更高些。

石灰在煅烧过程中，由于多种因素造成温度不均匀，使这些材料的活性降低，质量下降。通过一系列的性能检测实验，可以确定其质量的等级，便于更好地合理利用。石灰可分为生石灰和消石灰，建筑上一般使用生石灰粉和消石灰粉，而生石灰粉按氧化镁含量的大小，可分为钙质和镁质生石灰粉。当生石灰粉中氧化镁含量小于或等于 5% 时，称为钙质生石灰粉，当生石灰粉中氧化镁含量大于5%时，称为镁质生石灰粉。其技术指标见表7-7和表7-8。

表 7-7　建筑生石灰粉的技术指标

项　目		钙质生石灰粉			镁质生石灰粉		
		优等品	一等品	合格品	优等品	一等品	合格品
（CaO + MgO）含量/%		≥85	≥80	≥75	≥80	≥75	≥70
CO_2 含量/%		≤7	≤9	≤11	≤8	≤10	≤12
细度	0.90mm 筛的筛余/%	≤0.2	≤0.5	≤1.5	≤0.2	≤0.5	≤1.5
	0.125mm 筛的筛余/%	≤7.0	≤12.0	≤18.0	≤7.0	≤12.0	≤18.0

表 7-8　建筑消石灰粉的技术指标

项　目		钙质消石灰粉			镁质消石灰粉			白云石消石灰粉		
		优等品	一等品	合格品	优等品	一等品	合格品	优等品	一等品	合格品
（CaO + MgO）含量/%		≥70	≥65	≥60	≥65	≥60	≥55	≥65	≥60	≥55
游离水/%		0.4 ~ 2								
体积安定性		合格	合格	—	合格	合格	—	合格	合格	—
细度	0.90mm 筛的筛余/%	0	0	≤0.5	0	0	≤0.5	0	0	≤0.5
	0.125mm 筛的筛余/%	≤3	≤10	≤15	≤3	≤10	≤15	≤3	≤10	≤15

石灰形成的测试项目主要包括细度、消化速度、体积安定性、生石灰产浆量和未消化残渣含量等。

三、仪器设备及物料

（1）电子天平，台秤。

（2）烘箱：最大量程200℃。

（3）箱式高温电阻炉，额定温度不小于1000℃。

（4）铁质承烧器：不带盖平底耐高温容器。

（5）保温瓶：容量200mL，口内径28mm，瓶身直径61mm，瓶胆全长162mm，上盖用白色橡胶塞，在塞中心钻孔插温度计（150℃）。

（6）圆孔筛：孔径5mm、20mm。

（7）量筒：50mL、100mL、250mL。

（8）石棉网板：外径125mm，石棉含量72%。

（9）圆锥球磨机。

（10）生石灰浆渣测定仪。

（11）瓷盘，毛刷，牛角匙，蒸发皿，搅拌棒，盆，桶等。

（12）坩埚钳，石棉手套，长钳，护目镜，秒表等。

四、实验步骤

1. 生石灰的制备

（1）将石灰石破碎至45mm以下备用。

（2）将占炉膛容积 2/3 的块状石灰石装入箱式电阻炉中，并密封；在 960～1000℃下煅烧 5～6h 后，在密闭条件下保温 12h，即炉内温度降至 200～300℃时，取出烧成生石灰并进行各种性能检测。

2. 针对制得的生石灰进行消化速度检测

（1）取 50g 通过 5mm 圆孔筛的生石灰试样，在瓷钵内研细，全部通过 0.90mm 方孔筛，混匀装入磨口瓶内备用。

（2）检查保温瓶上盖及温度计装置，温度计下端应保证能插入试样中间。检查之后，在保温瓶中加入（20±1）℃蒸馏水 20mL。称取试样 10g，倒入保温瓶的水中，立即开动秒表，同时盖上顶盖，轻轻摇动保温瓶数次，自试样倒入水中时开始计时，每 30s 记录一次温度，记录达到最高温度及温度开始下降的时间，以达到最高温度所需的时间为消化速度（以 min 计）。

3. 针对制得的生石灰进行体积安定性检测

（1）称取生石灰试样 100g，倒入 300mL 蒸发皿内，加入（20±2）℃蒸馏水约 120mL，在 3min 内拌成稠浆。

（2）一次性浇注于两块石棉网板上，其饼块直径 50～70mm，中心高 8～10mm，成饼后在室温下放置 5min 后，将饼块移至另两块干燥的石棉网板上，然后放入烘箱中加热到 100～105℃烘干 4h 取出。

（3）烘干后饼块用肉眼检查。

五、数据处理

（1）生石灰消化速度检测实验结果记录于表 7-9。

表 7-9　生石灰消化速度结果

第一次		第二次	
时间/s	温度/℃	时间/s	温度/℃
0		0	
30		30	
60		60	
120		120	
⋮		⋮	
平均①			

①以两次测定结果的算术平均值为结果，计算结果保留小数点后两位。

（2）石灰体积安定性结果评价。若无溃散、裂纹、鼓包，则认为体积安定性合格。若出现三种现象之一者，表示体积安定性不合格。

六、思考题

1. 石灰有哪些用途？
2. 石灰保管过程中应注意哪些问题？

3. 石灰消化过程的主要机理是什么？

4. 简述石灰浆体的硬化过程。

实验 7-8　石膏的基本性能测试

一、实验目的

（1）掌握石膏性能的检测方法；

（2）熟悉抗折实验机和抗压实验机的使用方法。

二、实验原理

石膏浆体在空气中硬化并形成具有强度的人造石，一般认为其结构变化经历两个阶段，即凝聚结构形成阶段和结晶结构网的形成和发展阶段。在凝聚结构形成阶段，石膏浆体中的微粒彼此之间存在一个薄膜，粒子之间通过水膜以范德华分子引力互相作用，仅具有低的强度，这种结构具有触变复原的特性。在结晶结构网的形成和发展阶段，水化物晶粒已大量形成，结晶不断长大，且晶粒之间互相接触和连生，使整个石膏浆体形成一个结晶结构网，具有较高的强度，并且不再具有触变复原的特点。

如果想了解石膏的特性，和在工程上是否适用时，必须先做石膏的力学强度实验。强度实验中最主要为抗折强度和抗压强度的实验。石膏单位面积承受弯矩时的极限折断应力。气孔的大小和数量、组织结构是否均匀一致、颗粒间结合是否牢固等是决定石膏抗折强度大小的重要因素。石膏的抗折强度一般采用支梁法进行测定。对于均质弹性体，将其试样放在两支点上，然后在两支点间的试样上施加集中载荷时，试样将变形或断裂。由材料力学质量的受力分析可得抗折强度的计算公式为

$$R_{\mathrm{f}} = \frac{M}{W} = \frac{\dfrac{P}{2} \cdot \dfrac{L}{2}}{\dfrac{bh^2}{6}} = \frac{3PL}{2bh^2} \tag{7-2}$$

式中　　R_{f}——抗折强度，MPa；

　　　　M——在破坏荷重 P 处产生的最大弯矩；

　　　　W——截面矩量，断面为矩形时 $W = bh^2/6$；

　　　　P——作用于试体的破坏荷重，kN；

　　　　L——抗折夹具两支承圆柱的中心距离，m；

　　　　b——试样宽度，m；

　　　　h——试样高度，m。

石膏的抗压强度是指在无约束状态下所能承受的最大压力。石膏的最大抗压强度的测量，一般采用轴心受压的形式。按定义，其计算公式为

$$R_{\mathrm{c}} = \frac{P}{A} \tag{7-3}$$

式中　R_c——抗压强度，MPa；

　　　P——破坏荷载，N；

　　　A——受压面积，mm^2。

三、仪器设备及物料

（1）电子天平，台秤。

（2）搅拌用具及秒表。

（3）稠度仪：由内径（50±0.1）mm 铜质或不锈钢筒体和 20cm×20cm 玻璃板组成，筒体内表面和两端面磨光，在玻璃板下放一张画有同心圆的纸，同心圆直径为 60~20mm；直径小于 140mm 的同心圆，每 10mm 增加一个圆，其余每 20mm 增加一个圆。

（4）抗折实验机：试模尺寸为 40mm×40mm×160mm。

（5）压力实验机：要求荷载 300kN（最大实验力 300kN）的压力。

四、实验步骤

1. 标准调度用水量的测定

（1）称取 300g 生石膏备用。

（2）实验前，将稠度仪的筒体内部及玻璃板擦净，并保持湿润。将筒体垂直地放在玻璃板上，筒体中心与玻璃板下一组同心圆的中心重合。

（3）在搅拌碗中倒入预计为标准稠度用水量（约为 60%~80%）的水。将 300g 试样在 5s 内倒入水中，用拌和棒搅拌 30s，得到均匀的石膏浆体，边搅拌边迅速注入稠度仪筒体中，用刮刀刮去溢浆，使其与筒体上端平齐。

（4）从试样与水接触开始至总时间为 50s 时，以 15cm/min 速度提起筒体，此时料浆扩展成圆形试饼，测定其两垂直方向上的直径。

（5）测定连续两次料浆扩展直径等于（180±5）mm 时的加水量，通过计算得出标准稠度用水量。

2. 抗折强度的测定

（1）将抗折实验机的试模内涂上一层均匀机油，试模接缝处涂黄油或凡士林，以防漏浆。

（2）按所测标准稠度量取水量，并倒入搅拌锅中，称取石膏试样 1000g，在 30s 内加入水中，搅拌 1min 后制得浆体，用勺将浆体注入试模中，将模一端抬起 10mm 振动 5 次以排除气泡。

（3）初凝时用三角刮刀刮平试件表面，待水与试样接触开始至 1.5h 时，在试件表面编号并拆模。

（4）脱模后的试件存放在开放式环境中，至试样与水接触开始达 2h 时，进行抗折强度的测定。

3. 抗压强度的测定

（1）用做完抗折实验所得到的 6 个半块试件进行抗压强度的测定，实验时将试件放在夹具内，试件的成型面应与受压面垂直。

（2）将抗压夹具连同试件置于抗压实验机的上、下台板之间，下台板球轴应通过试件受压中心。

（3）开动机器，使试件在加荷开始后 20～40s 内破坏。记录每个试件的破坏荷载 P，抗压强度 R_c，并进行实验结果计算和处理。

五、数据处理

（1）连续两次料浆扩展直径等于（180±5）mm 时的加水量，该水量与试样的质量比（以百分数表示，精确至 1%），即为标准稠度用水量。

（2）抗折强度结果计算及评定。记录 3 个试件的抗折强度 R_f，并计算其平均值，精确至 0.1MPa，记录于表 7-10 中。

如果测得的 3 个值与它们平均值的差不大于 10%，则用该平均值作为抗折强度；如果有一个与平均值的差大于 10%，应将此值舍去，以其余两个值计算平均值；如果有一个以上的值与平均值之差大于 10%，应重做实验。

（3）抗折结果计算及评定。

计算 6 个试件抗压强度平均值，记录于表 7-10 中。

如果测得的 6 个值与它们平均值的差不大于 10%，则用该平均值作为抗压强度。如果有某个值与平均值之差大于 10%，应将此值舍去，以其余的值计算平均值；如果有两个以上的值与平均值之差大于 10%，应重做实验。

表 7-10　石膏基本性能

标准稠度用水量			
扩展直径	加水量	扩展直径	加水量
⋮		⋮	
平　均		平　均	

抗折强度			
第一次		第二次	
编　号	R_f/MPa	编　号	R_f/MPa
1		1	
2		2	
3		3	
平　均		平　均	

抗压强度			
第一次		第二次	
编　号	R_c/MPa	编　号	R_c/MPa
1		1	
2		2	
3		3	
4		4	
5		5	
6		6	
平　均		平　均	

六、思考题

1. 石膏的主要成分是什么?
2. 石膏有哪些特性及用途?

实验 7-9　硅酸盐水泥的制造实验

一、实验目的

(1) 了解按照确定的配方和所用原料的化学成分进行配料计算;
(2) 熟悉生料均匀性细度的控制方法;
(3) 掌握实验室常用高温实验设备、仪器的使用方法;
(4) 清楚水泥烧成实验方法,了解水泥熟料烧成过程;
(5) 了解升温速度、保温时间、冷却制度对不同配料煅烧的影响。

二、实验原理

在硅酸盐水泥熟料烧成过程中,合适组成、合适细度和均匀的生料有利于固相反应进行。生料制成大小合适、表观密度一致的料段,保证煅烧是加热均匀一致。

由于粉状物料细颗粒之间易产生拱桥供应,如果将几种粉体掺合在一起不易使各种物料颗粒混合均匀。因此,混合式应使颗粒团打散,让其他物料颗粒进入。一般采用搅拌机或球磨混匀已达到较好的混合效果。

物料加水后成型,如用锤击,模中部物料内空气不易排出,使料段两头致密,中间疏松。应用一定压力加压,并恒压一定时间保证料段密度均匀一致。

硅酸盐水泥熟料高温煅烧过程是一个复杂的反应过程,水泥生料在煅烧过程中,随着温度升高,经过原料表面蒸发、黏土矿物脱水、碳酸盐分解、固相反应,物料开始出现液相,进行固液相反应。硅酸盐水泥生料一般在 1300℃ 左右出现液相,C_3S 一般随液相出现而形成。随着温度继续升高,液相量增加,液相黏度降低,最终生成以硅酸盐矿物(C_3S、C_2S)为主的熟料。

在煅烧过程中出现液相前,碳酸钙已基本上全部分解。出现液相后,游离石灰开始溶于液相中。通过离子扩散与碰撞,达到一定浓度后开始形成晶核,随后晶体逐步长大。水泥生料易烧性,是指水泥生料按一定制度煅烧后的氧化钙吸收反应程度,其测定原理是,按一定的煅烧制度对一种水泥生料进行煅烧后,测定其游离氧化钙(f-CaO)含量,用该游离氧化钙含量表示该生料的煅烧难易程度,f-CaO 越多,煅烧反应越不安全。在生产上,f-CaO 的量是判断熟料质量和整个工艺过程是否完善,热工制度是否稳定的重要指标之一。游离氧化钙含量越低、易烧性越好。

无水甘油-无水乙醇法测定 f-CaO 含量。熟料试样与甘油乙醇溶液混合后,熟料中的石灰与甘油化合(MgO 不与甘油发生反应)生成弱碱性的甘油酸钙,并溶于溶液中,酚酞指示剂使溶液呈现红色。用苯甲酸(弱酸)乙醇溶液滴定生成的甘油酸钙至溶液退色。由苯甲酸的消耗量求出石灰含量。

三、仪器设备及物料

仪器设备：电子天平，台秤，水泥净浆搅拌机，粉料搅拌机，陶瓷混料罐，陶瓷球磨机（$\phi 180mm \times 200mm$），成型模具；量筒（50mL、100mL），磁盘，毛刷，牛角匙，搅拌棒，磁铁，玛瑙研钵，干燥器，干燥锥形瓶，酸式滴定管等；烘箱，高温电炉（最高使用温度1600℃），回流冷凝管，电炉（300W）；高铝质承烧器［不带盖平底耐高温容器（内铺一层刚玉砂）］；坩埚钳，石棉手套，长钳，护目镜，风扇等。

试剂：氢氧化钠（分析纯），碳酸钙（高纯），硝酸锶（分析纯），酚酞指示剂，0.1mol/L苯甲酸无水乙醇标准溶液，苯甲酸（分析纯），丙三醇（分析纯），无水乙醇（含量不低于99.5%），0.01mol/L氢氧化钠无水乙醇溶液，甘油无水乙醇溶液。

四、实验步骤

（1）根据所制备的水泥熟料品种、性质及其他工艺条件等确定所选熟料的率值和矿物组成。按表7-11所示的不同窑型硅酸盐水泥熟料率值的参考范围计算熟料的成分，用递减试凑法计算各原料的配比或事先拟定的熟料产品方案。如果用正交试验设计安排实验，按规定的因素、水平进行配料计算。根据配料计算结果进行配料、混合、成型机干燥。

（2）将所取原料经破碎后所缩分至一定量的具有代表性的物料，用$\phi 180mm \times 200mm$陶瓷磨磨细。至0.074mm筛筛余（10±1）%的细度；所有的生料的0.2mm筛余不得大于1.5%（如需要的同一种生料量1kg左右，可将各原料按配比称量，放入$\phi 305mm \times 305mm$磨机混合粉磨，在粉磨过程中混匀。）

表7-11　不同窑型硅酸盐水泥熟料率值的参考范围

窑　型	KH	SM	IM
预分解窑	0.86～0.92	2.2～2.6	1.3～1.8
立窑（掺矿化剂）	0.92～0.96	1.6～2.1	1.1～1.5
湿法长窑	0.88～0.92	1.5～2.5	1.0～1.8

（3）按选好的方案，所制备的生料量150～200g。按配料计算结果进行配料。按质量百分比，分别称量已磨细的石灰石、黏土、铁粉、萤石、石膏等，然后一起放入混合容器中。

（4）把称好的生料放入研钵中用手工混合（混合应边搅边压，时间不宜太短），或放入陶罐中，置于混料机上进行混匀10min左右。若需均化较多量的生料，可将配好的生料置于磨机中混合粉磨。

（5）均匀混合后生料在不同部位取两个以上生料试样进行生料碳酸钙滴定值实验。确认均匀后，进行化学成分全分析，检验生料成分、率值是否与原计划一致。如不一致要进行调整。

（6）称取一定质量检验合格的生料粉放入搅拌器中，加入20%的水并搅拌5min，将搅拌好的生料粉置于自制的成型压制磨具中压制成$\phi 13mm \times 13mm$的小试体。即取同一配比同一细度的均匀生料100g，置于洁净容器中，边搅拌边加入20mL蒸馏水，拌和均匀，每次湿生料（3.6±0.1）g，放入试体成型模内，手工锤制成 φ13mm×13mm 的小试体。要求每个试体的压制压力及质量计量一致，试体两头与中间密度一致。将压制好的小试体放入瓷盘置于烘箱中烘干 60min 以上，烘干后放入塑料袋中并编号准备煅烧使用。

（7）检查高温炉是否正常，并在高温炉中垫刚玉砂等隔离料，防止承烧器与护衬高温时黏结。

（8）易烧性实验是试体煅烧最高温度可按下列温度依次进行：1350℃、1400℃、1450℃、1500℃。

（9）取相同的烘干试体 6 个为一组，均匀且不重叠地直立于平底耐高温容器内。将盛有试体的容器放入恒温 950℃ 的预热高温炉内，恒温预烧 30min。将预烧完毕的试体随同容器立即转放到恒温至实验温度的煅烧高温炉内，恒温（分别为 1350℃、1400℃、1450℃、1500℃）煅烧 30min，容器尽可能放置在热电偶端点的正下方。

（10）保温结束后，用坩埚钳从电炉中拖出匣钵，立即倒出熟料试样，在空气中冷却。经冷却后，取 6 个试体一起研磨至全部通过 0.074mm 筛，装入贴有标签的磨口小瓶内，然后进行游离氧化钙的测定。易烧性实验是以各种实验温度煅烧后试样的游离氧化钙含量作为实验结果。两次对比实验结果的允许绝对误差见表 7-12。取一部分样品，进行物相分析，测定矿物的合成情况。

表 7-12　相同的两次易烧性实验结果的允许误差

游离氧化钙含量/%	≤3.0	>3.0
允许绝对误差/%	0.30	0.40

（11）水泥熟料中游离氧化钙的测定。

1）将熟料磨细后，用磁铁吸除样品中的铁屑，然后装入带有磨口塞的广口瓶中，瓶口应密封。分析前将试样混合均匀，以四分法缩减至 25g，然后取出 5g 放在玛瑙研钵中研磨至全部通过 0.074mm 方孔筛，再将样品混合均匀，放入干燥器中备用。

2）准确称取 0.5g 试样，放入干燥的锥形瓶中，加入 15mL 甘油无水乙醇溶液，摇匀。装上回流冷凝管，在有石棉网的电炉上加热煮沸 10min，至红色时取下锥形瓶，立即以 0.1mol/L 苯甲酸无水乙醇溶液滴定至微红色消失。再将冷凝管装上，继续加热煮沸至微红色出现，再取下滴定。如此反复操作，直至在加热 10min 后不再出现微红色为止。

3）试样中游离氧化钙的含量按下式计算：

$$f\text{-}CaO = \frac{T_{CaO}V}{m \times 1000} \times 100 \qquad (7\text{-}4)$$

式中　T_{CaO}——每毫升苯甲酸无水乙醇标准滴定溶液相当于氧化钙的毫克数，mg/mL；

　　　V——滴定时消耗苯甲酸无水乙醇标准滴定溶液的体积，mL；

　　　m——试样的质量，g。

4）每个试样测定两次。当游离氧化钙含量小于 2% 时，两次结果的绝对误差应在 0.20 以内，如超出以上范围，须进行第三次测定，所得结果与前两次或任一次测定的结果之差值，符合上述规定时，则取其平均值作为测定结果。否则应查找原因，重新按上述规定进行测定。

5）在进行游离氧化钙测定的同时，必须进行空白实验，并对游离氧化钙测定结果加以校正。

五、数据处理

将实验数据和观察情况记录于表 7-13 中。

表 7-13　水泥制备实验记录表

	生料块尺寸		生料块容重		生料块水分	
	升温速度	<900℃	900~1200℃	>1200℃	恒温时间	
1350℃	率值及游离钙	KH	SM	IM	f-CaO	
	冷却制度	出炉温度	室温	是否吹风		
	熟料观察	色泽	密实性	形状	烧成收缩率	
	生料块尺寸		生料块容重		生料块水分	
	升温速度	<900℃	900~1200℃	>1200℃	恒温时间	
1400℃	率值及游离钙	KH	SM	IM	f-CaO	
	冷却制度	出炉温度	室温	是否吹风		
	熟料观察	色泽	密实性	形状	烧成收缩率	
	生料块尺寸		生料块容重		生料块水分	
	升温速度	<900℃	900~1200℃	>1200℃	恒温时间	
1450℃	率值及游离钙	KH	SM	IM	f-CaO	
	冷却制度	出炉温度	室温	是否吹风		
	熟料观察	色泽	密实性	形状	烧成收缩率	
	生料块尺寸		生料块容重		生料块水分	
	升温速度	<900℃	900~1200℃	>1200℃	恒温时间	
1500℃	率值及游离钙	KH	SM	IM	f-CaO	
	冷却制度	出炉温度	室温	是否吹风		
	熟料观察	色泽	密实性	形状	烧成收缩率	

注：细度要合乎要求。在实验中原材料是分别粉磨的，每一种原材料细度要合乎要求，入料太粗，生料焙烧受到影响，从而使熟料中游离氧化钙过多，质量差，要重烧。由于实验汇总原材料是分别粉磨的，要求生料混合要均匀，若混合不均匀，易使煅烧的水泥熟料质量差，并且易使熟料粉化。

实测生料率值与配料计算索取率值一致。如不一致，配料应调整。否则难以事先预定方案；正交试验锁定方案难以评价。将所制熟料加二水石膏，控制水泥中 SO_3 在 (2.0 ± 0.5) g，磨细制成比表面积不小于 $300m^2/kg$。

六、思考题

1. 易烧性实验应该注意哪些问题？
2. 熟料率值的控制原则有哪些？
3. 如何保证熟料中主要矿物晶体大小合适，均匀一致？
4. 熟料粉化原因有哪些？如何防止熟料粉化？
5. 为什么要测定水泥熟料中的游离氧化钙？
6. 在进行游离氧化钙测定的同时为什么要进行空白实验？

实验 7-10 水泥的基本性能测定

一、实验目的

（1）了解标准稠度和标准稠度用水量、水泥初凝和终凝、水泥体积安定性的概念；

（2）掌握水泥标准稠度用水量、水泥凝结时间和水泥体积安定性的测定方法；

（3）试论标准稠度用水量对水泥性能的影响和凝结时间对施工质量的影响以及影响水泥体积安定性的因素。

二、实验原理

1. 标准稠度

具有一定质量和规格的圆柱体在不同稠度的水泥浆体中自由沉落时，由于浆体阻力不同，锥体沉入深度也不同。当圆柱体沉入达到标准值时，浆体的标准稠度即为水泥标准稠度。通过实验不同含水量水泥净浆的穿透性，以确定水泥标准稠度净浆中所需加入的水量。水泥标准稠度用水量的测定有调整水量和固定水量两种方法，如有争议时以调整水量法为准。

（1）调整水量法。调整水量法通过改变拌和水量，找出使拌制成的水泥净浆达到特定塑性状态所需水量。当一定质量的标准试锥在水泥净浆中自由降落时，净浆的稠度越大，试锥下沉的深度（S）越小。当试锥下沉深度达到规定值 $[S = (28 \pm 2)mm]$ 时，净浆的稠度即为标准稠度。此时 100g 水泥浆净的调水量即为标准稠度用水量（P）。

（2）固定水量法。当不同需水量的水泥用固定水灰比的水量调制净浆时，所得的净浆稠度必然不同，试锥在净浆中下沉的深度也会不同。根据净浆标准稠度用水量与固定水灰比时试锥在净浆中下沉深度的相互关系统计公式，用试锥下沉深度算出水泥标准稠度用水量。也可在水泥净浆标准稠度仪上直接读出标准稠度用水量（P）。

2. 水泥凝结时间用净浆标准稠度与凝结时间测定仪测定

凝结时间以试针沉入水泥标准稠度净浆至一定深度所需的时间表示。当试针在不同凝结程度的净浆中自由沉落时，试针下沉的深度随凝结程度的提高而减小。根据试针下沉的深度就可判断水泥的初凝和终凝状态，从而确定初凝时间和终凝时间。

3. 体积安定性测定

体积安定性测定实质都是通过观察水泥净浆试体沸煮后的外形变化来检验水泥的体积安定性，基本原理是一样的。水泥中游离氧化钙在常温下水化速度缓慢，随着温度的升高，水化速度加快。预养后的水泥净浆试件经 3h 煮沸后，绝大部分游离氧化钙已经水化。由于游离氧化钙水化产生体积膨胀，因此对水泥的安定性产生影响。根据煮沸后试饼变形情况或试件膨胀值即可判断水泥安定性是否合格。

（1）雷氏法是观测由两个试针的相对位移所指示的水泥标准稠度净浆经沸煮后体积膨胀的程度。

（2）试饼法是观察水泥标准稠度净浆试饼经沸煮后的外形变化程度。

三、仪器设备及物料

（1）标准维卡仪（水泥标准稠度、凝结时间测定仪）如图 7-8 所示。

（2）水泥净浆搅拌机如图 7-9 所示。

（3）恒温恒湿养护箱：应能使温度控制在（20±1）℃，湿度大于 90%。

（4）雷氏夹膨胀值测定仪。

（5）沸煮箱：主要由箱盖、内外箱体、箱箅、保温层、管状加热器、管接头、铜热水嘴、水封槽、罩壳、电器箱等组成。

（6）电子天平，量水器等。

图 7-8　水泥标准稠度与
凝结时间测定仪

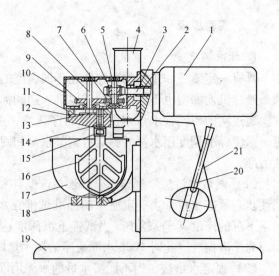

图 7-9　水泥净浆搅拌机

1—电机；2—联轴器；3—蜗杆；4—砂罐；5—传动箱盖；
6—蜗轮；7—齿轮Ⅰ；8—主轴；9—齿轮Ⅱ；10—传动箱；
11—内齿轮；12—偏心座；13—行星齿轮；14—搅拌
叶轴；15—调节螺母；16—搅拌叶；17—搅拌锅；
18—支座；19—底座；20—手柄；21—立柱

四、实验步骤

1. 水泥标准稠度用水量测定

（1）首先调试仪器，实验前检查标准维卡仪金属杆能否自由滑动，当金属杆降至模顶面位置时，指针对准标尺零点；搅拌机应运转正常；同时，将搅拌锅、搅拌叶片及金属杆等部件清洁干净。

（2）将 500g 水泥试样置于搅拌锅内，将搅拌锅放到机座上，升至搅拌位置，开动机器，并徐徐加入拌和水，慢速搅拌 120s 后，停拌 15s，同时将叶片和锅壁上的水泥浆刮入锅中间，再快速搅拌 120s 后停机。

（3）搅拌用水量可采用固定水量法和调整水量法。固定水量为 142.5mL，准确到 0.5mL；调整水量法按经验找水。

（4）调整水泥净浆稠度仪的零点。

（5）将拌制好的水泥净浆装入已置于玻璃底板上的试模中，用小刀插捣，并振动数次，刮去多余净浆，抹平后，迅速将试模和底板移到维卡仪上，并将其中心定在试杆下，降低试杆至与净浆表面，拧紧螺丝 1～2s 后，突然放松，使试杆垂直自由沉入净浆中，在试杆停止沉入或释放试杆 30s 时记录试杆下沉的深度，之后升起试杆并立即擦净，整个操作应在搅拌后 1.5min 内完成，以试杆沉入净浆并距底板（6±1）mm 的水泥净浆为标准稠度净浆。其拌和水量即为该水泥的标准稠度用水量（P），按水泥质量的百分比计。

2. 水泥净浆凝结时间测定

（1）将试模内侧稍涂上一层油，放在玻璃板上，调整凝结时间测定仪的试针接触玻璃板时指针应对准标尺零点。

（2）称取水泥 500g，放入已清洁干净的搅拌锅中，将锅安装在搅拌机座上，升起至搅拌位置，开机，徐徐加入以标准稠度用水量量取的水，并同时记时间。制成标准稠度净浆后，立即一次装入试模，用小刀插捣，振动数次，刮平，立即放入湿气养护箱内。记录水泥全部加入水中的时间作为凝结时间的起始时间。

（3）初凝时间测定。试件在湿气养护箱中养护至加水后 30min 时进行第一次测定。测定时，从养护箱中取出试模放到试针下，降低试针，与净浆面接触，拧紧螺丝 1～2s 后突然放松，使试针垂直自由地沉入水泥净浆，观察试针停止下沉或释放试针 30s 时指针的读数。试针沉入净浆中距底板（4±1）mm 时，水泥达到初凝状态，记录此时时间为水泥初凝时间，并用"min"来表示。测试过程中，最初测定时应轻轻扶持金属棒，使试针徐徐下降，以防撞弯，但结果以自由下落为准。临近初凝时，每隔 5min 测定一次。每次测试完毕应将试针擦净并将试模放回湿气养护箱内，测定全过程中要防止试模受到振动。

（4）终凝时间的测定。在完成初凝时间测定后，立即将试模连同浆体平移的方式从玻璃板上取下，翻转 180°，直径大端向上，小端向下放在玻璃板上，再放入湿气养护箱中继续养护，临近终凝时间时，每隔 15min 测定一次。为了准确观测试针沉入状况，在终凝针上安装一个环形附件。当试针沉入 0.5mm 时，环形附件开始不能在试体上留下痕迹，此时为水泥达到终凝状态，记录此时时间，用 min 来表示。

注：到达初凝或终凝状态时应立即重复测一次，当两次结论相同时才能定为达到初凝或终凝状态。

3. 水泥体积安定性的测定

安定性的测定用雷氏夹法测定。雷氏法是测定水泥净浆在雷氏夹中沸煮后的膨胀值的大小来检验。

（1）每个雷氏夹需配备质量约为 75～80g 的玻璃两块，每个试样需成型两个试件。凡与水泥净浆接触的玻璃板和雷氏夹表面都要稍稍涂上一层油。

（2）将预先准备好的雷氏夹放在已稍稍涂上一层黄油的玻璃板上，把制备好的标准稠度水泥净浆装填在雷氏试模里，并用宽约 10mm 的小刀均匀的插捣 15 次左右，插到雷氏夹试模高度的 2/3 即可，以确保密实，然后由浆体中心向两边刮平，最多不超过 6 次。盖上稍稍涂油的玻璃板，立即将试模移至湿气养护箱内，养护(24±2)h。

（3）沸煮实验前，首先调整好沸煮箱内的水位，要求在整个沸煮过程中箱里的水始终能够没过试件，不可中途补水，同时保证能在(30±5)min 内升温至沸腾。

（4）从养护箱中取出雷氏夹，去掉玻璃板，取下试件。先测量试件雷氏夹的指针尖端的距离（记录 A），将带试件的雷氏夹放在膨胀值测量仪的垫块上，指针朝上。放平后在指针尖端标尺读数，精确到 0.5mm。接着将试件放入沸煮箱中的试件架上，要求指针朝上，试件之间互不交叉，然后在 (30±5)min 内沸腾，并恒沸 (180±5)min。

（5）沸煮结束后，即放掉沸煮箱中的热水，打开水箱盖，待箱体冷却到室温，取出试样，测量雷氏夹指针尖端间的距离（C）。然后计算膨胀值。

五、数据处理

1. 水泥的标准稠度用水量

（1）用调整水量方法测定时，以试杆下沉深度为(28±2)mm 时的净浆为标准稠度净浆，其拌和水量为该水泥的标准稠度用水量（P），以水泥质量分数计。

$$P = \frac{拌和用水量}{水泥质量} \times 100\% \tag{7-5}$$

如下沉深度超出范围，需另称试样，调整水量，重做实验，直至达到(28±2)mm 时为止。

（2）用固定水量方法测定时，根据测得的试杆下沉深度 $S(\mathrm{mm})$，可按下式计算标准稠度用水量 $P(\%)$：

$$P = 33.4 - 0.185S$$

当试杆下沉深度 S 小于 13mm 时，应改用调整水量方法测定。

当采用两种方法所测得的标准稠度用水量发生争议时，以调整水量法为准。

2. 水泥的凝结时间

（1）由水泥全部加入水中至试针沉入净浆中距底板 1～4mm 时，所需时间为水泥的初凝时间，用"min"表示。

（2）由水泥全部加入水中至终凝状态时所需的时间为水泥的终凝时间，用"min"表示。

3. 水泥的安定性

测量雷氏夹指针尖端间的距离（C），记录至小数点后一位，而当两个试件沸煮后所增加的距离（$C-A$）值大于 4.0mm 时，用同一样品立即重做一次实验。如其值仍大于 4.0mm，则认为该水泥不合格，见表 7-14。当两个试件沸煮后所增加的距离（$C-A$）的平均值不大于 5.0mm 时，即认为该水泥安定性合格。

表 7-14　水泥安定性检测结果

水泥编号	雷氏夹号	沸前指针距离 A/mm	沸后指针距离 C/mm	增加距离 $(C-A)/mm$	平均值/mm	两个结果差值 $(C-A)/mm$	结果判别
A	1	12.0	15.0	3.0	3.2	0.5	合格
	2	11.0	14.5	3.5			
B	1	11.0	14.0	3.0	4.8	3.5	合格
	2	11.5	18.0	6.5			
C	1	12.0	14.0	2.0	4.5	5.0	重做
	2	12.0	19.0	7.0			
D	1	12.5	18.0	5.5	5.8	—	不合格
	2	11.0	17.0	6.0			

六、思考题

1. 在测定水泥的标准稠度用水量中应注意哪些事项？
2. 水泥凝结时间的影响因素有哪些？
3. 水泥沸煮法安定性实验测出水泥安定性不良是何种原因引起的，为什么？

实验 7-11　陶瓷高温烧成实验

一、实验目的

（1）了解制备陶瓷的原料及其配料的设计和计算；
（2）掌握陶瓷坯料、釉料制备和陶瓷成型的方法；
（3）了解普通陶瓷烧成过程的物理、化学变化；
（4）进一步了解陶瓷烧成温度和温度制度对材料性能的影响；
（5）掌握实验室常用高温实验仪器、设备的使用方法；
（6）了解影响普通陶瓷产品的质量因素及改进方法；
（7）通过实验学会分析材料的烧成缺陷，制定材料合理的烧成温度制度；
（8）掌握气孔率、闭口气孔率、真气孔率、吸水率和体积密度的概念、测定原理和测定方法，并了解气孔率、吸水率、体积密度与陶瓷制品的理化性能关系。

二、实验原理

普通陶瓷的制备包括原料选择与配方设计、泥浆和釉浆的制备、坯体成型、施釉、烧成等主要工序。陶瓷产品质量的好坏与原料的种类、坯、釉料配方、工艺参数及工艺控制密切相关。

传统的硅酸盐陶瓷材料所用的而原料大部分是天然原料。这些原料开采出来以后，一般需要加工，即通过筛选、风选、淘洗、研磨以及磁选等，分离出适当颗粒度的所需矿物组分。

1. 天然原料

传统陶瓷的典型制造过程是泥料的塑性原料、弱塑性原料及非塑性原料三大类。可塑性原料主要成分是高岭土、伊利石、蒙脱石等黏土矿物。最重要的黏土原料以高岭石为基础的矿物。弱塑性原料主要由叶蜡石和滑石，这两种矿物也都具有层状结构特征，与水结合时具有弱的可塑性。陶瓷中常用的减塑剂及助熔剂，前者对可塑性有影响，后者则对烧成过程起作用。石英砂和黏土熟料是典型的减塑剂，长石是典型的助熔剂。作为陶瓷中非塑性原料，二氧化硅在泥料制备过程中起骨架作用。另一重要大类是含碱及碱土金属离子的原料，以长石为典型代表，对烧成性能起到决定性作用。

2. 配方设计

选择原料、确定配方时既要考虑产品性能，还要考虑工艺性能及经济指标。因黏土、瓷土、瓷石均为混合物，长石、方石英常含不同的杂质，同时各地原有母岩的形成方法、风化程度不同，其理化工艺性能不尽相同，所以选用原料、制定配方只能通过实验来决定。坯料配方实验方法一般由三轴图法、孤立变量法、示性分析法和综合变量法。

3. 陶瓷坯料的成型

成型的目的是将坯料加工成一定形状和尺寸的半成品，使坯料具有必要的力学强度和一定的致密度。主要的成型方法有三种：可塑成型、注浆成型、压制成型。

可塑成型时陶瓷坯料中加入水或塑化剂，制成塑性泥料，然后通过手工、挤压或机加工成型的方法。这种方法在传统陶瓷中引用较多。

4. 陶瓷坯体的干燥

成型后坯体的强度不高，常含有较高的水分。为了适应后续工序（如修坯、施釉等），必须进行干燥处理。干燥可分为三个阶段：

第一阶段为干燥的初始阶段，水分能不受阻碍地进入周围空气中，干燥速度保持恒定而与坯体的表面积成比例，大小则由当时空气中的温度和适度决定。第二阶段的干燥主要是排除颗粒间隙中的水分。第三阶段主要是排除毛细孔中残余的水分及坯体原料中的结合水，这需要采用较高的干燥温度，仅靠延长干燥时间是不够的。

5. 施釉

基本施釉方法是浸釉、浇釉和喷釉。浸釉是将坯体浸入釉浆，利用坯体的吸水性或热坯对釉的黏附而使釉料附着在坯体上，釉层的厚度与坯体的吸水性、釉浆浓度和浸釉时间有关。

6. 陶瓷材料的烧成

陶瓷材料在烧成过程中，随着温度的升高，将发生一系列的物理化学变化。随着温度的逐步升高，新生成的化合物量不断变化，液相的组成、数量及黏度也不断变化，坯体的气孔率逐渐降低，坯体逐渐致密，直至密度达到最大值，此种状态称为"烧结"。坯体在烧结时的温度称为"烧结温度"。

陶瓷材料的烧结过程将成型后的可密实化粉末，转化为一种通过晶界相互联系的致密晶体结构。陶瓷生坯经过烧结后，其烧结物往往就是最终产品。陶瓷材料的质量与其原料、配方以及成型工艺、陶瓷制品的性能、烧结过程等有很大关系。一般陶瓷的烧结除了要通过控制烧结条件，以形成所需要的物相和防止晶粒异常长大外，还要严格控制高温下生成的液相量。液相量过少，制品难以密实；液相量过多，则易引起制品变形，甚至产生废品。

烧结后若继续加热，温度升高，坯体会逐渐软化（烧成工艺上称为过烧），甚至局部熔融，这时的温度称为"软化温度"。烧结温度和软化温度之间的温度范围称为"烧结温度范围"。

测定烧结温度范围的方法有多种，传统实验方法是根据在不同温度时试样的吸水率（或气孔率），以及线收缩（或体积收缩）的情况来确定的。高温显微镜法是测定在加热过程中试样轮廓投影尺寸与形状来确定的。

釉加热至一定温度开始熔化，这一温度称始熔温度。当充分熔化并在皮提上铺展成平滑优质釉面时的温度为釉的成熟温度。实验测定是将釉料制成 $\phi 3mm \times 3mm$ 小圆柱体，放在炉内煅烧，当受热后圆柱体棱角变圆时温度为始熔温度，当小圆柱体熔化变成半圆球体的温度即为成熟温度。

7. 陶瓷的吸水率、气孔率及体积密度

陶瓷制品或多或少含有大小不同、形状不一的气孔。浸渍时能被液体填充的气孔或和大气相通的气孔称为开口气孔；浸渍时不能被液体填充的气孔或不和大气相通的气孔称为闭气孔。陶瓷体中所有开口气孔的体积与其总体积的比值称为显气孔率或开口气孔率；陶瓷体中所有闭气孔的体积与其总体积的比值称为闭口气孔率。陶瓷体中固体材料、开口气孔及闭口气孔的体积总和称为总体积。陶瓷体中所有开口气孔所吸收的水的质量与其干燥材料的质量的比值称为吸水率。陶瓷体中固体材料的质量与其总体积的比值称为体积密度。陶瓷体中所有开口气孔和闭口气孔的体积与其总体积的比值称为真气孔率。

由于真气孔率的测定比较复杂，一般只测定显气孔率，在生产中通常用吸水率来反映陶瓷产品的显气孔率。

测定陶瓷原料与坯料烧成后的体积密度、气孔率与吸水率，是评价坯体是否成瓷和瓷体结构的致密程度的依据，可以确定其烧结温度与烧结范围，从而制定烧成曲线。陶瓷材料的力学强度、化学稳定性和热稳定性等与其气孔率有密切关系。

三、仪器设备及物料

1. 仪器设备

（1）瓷磨罐、球磨机等磨制设备。

（2）电子天平（0.0001g），台式天平（最大称量：200g，500g），小磅秤，液体静力天平。

（3）标准筛：0.045mm 方孔筛。

（4）带照相装置的映像式烧结点仪。

（5）恩格勒黏度计。

（6）石膏模（坩埚、肥皂盒），自制。

（7）粉末压片机。

（8）钢模 $\phi 3\mathrm{mm} \times 3\mathrm{mm}$。

（9）烘箱，电热干燥箱；高温电阻炉（最高温度 $\approx 1350℃$）；垫砂（煅烧 SiO_2 或 Al_2O_3 粉）。

（10）烧杯、玻璃棒、塑料杯、磁盘、金属丝网、带有溢流管的烧杯、煮沸用器皿、煤油、纱布、抽真空装置、毛刷、镊子、吊篮、小毛巾、三角架、纱布等。

（11）坩埚钳，石棉手套、护目镜等。

2. 实验物料

（1）釉用原料：长石、石英、高岭石、石灰石、白云石、氧化锌、铅英石粉等釉用原料若干千克，CMC 少许。

（2）泥用原料：长石、石英、大同土、抚宁瓷石、紫木节、章村土、彰武土、苏州土、碱矸、白云石、电解质（碱面、水玻璃）等。

四、实验步骤

1. 泥浆制备

（1）列坯式计算坯料配方（%）：计算出各种原料的含量（干基）。坯式见表 7-15。

表 7-15　坯式计算坯料配方　　　　　　　　　　　　　· （%）

原　料	K_2O	Na_2O	CaO	MgO
含量（干基）	0.207	0.041	0.017	0.128
原　料	Al_2O_3	Fe_2O_3	SiO_2	TiO_2
含量（干基）	0.971	0.029	0.971	0.021

（2）原料烘干（不烘干时计算出含水分原料的加入量）。

（3）按照配方准确称量各种原料的加入量。将原料、电解质、水一同装入球磨机中进行湿磨。料：球：水 $=1:1:0.4$，磨制 $10 \sim 15\mathrm{h}$，细度为 $2\% \sim 4\%$（0.045mm 方孔筛筛余），过筛、除铁、陈腐后备用。

（4）测试和记录泥浆的性能指标：水分、细度、流动性、吸浆厚度。

2. 制备釉浆

（1）按照表 7-16 计算釉料配方：计算所用各种釉用原料的含量。

表 7-16　釉式计算釉料配方　　　　　　　　　　　　（%）

原　料	K_2O	Na_2O	CaO	MgO	ZnO
含量（干基）	0.091	0.161	0.529	0.065	0.154
原　料	Al_2O_3	Fe_2O_3	SiO_2	ZrO_2	
含量（干基）	0.239	0.003	2.555	0.151	

（2）按配料量计算各种原料的加入量。电解质（CMC）$0.2\% \sim 0.3\%$、水 45%。

（3）将各种原料、电解质、水一同装入球磨机中进行湿磨。料：磨：水 $=1:1:0.4$；磨制 $20 \sim 25\mathrm{h}$，细度为 $0.02\% \sim 0.06\%$（0.045mm 方孔筛筛余），过筛、除铁、陈腐后备用。

（4）测试釉浆的工艺参数：水分、细度、流动性、吸干速度等。

3. 成型坯体

(1) 泥浆注入石膏模型中，吃浆 30～45min 后放浆。待坯体硬化后脱模，放在平整的托板上入干燥箱干燥。

(2) 将干坯修好，用湿布擦干净备用。

4. 施釉

(1) 将坯体浸入釉浆中，静置一段时间，取出将多余的釉浆控掉。釉浆厚度大于 0.5mm。注意浸釉时间应保持一致；釉体底面应无釉，以防烧成时黏结。

(2) 釉坯自然干燥一段时间。

5. 烧成

测定所制瓷坯料的烧结温度、烧结范围、釉料的始熔温度、成熟温度，确定所制成品的烧成制度（温度制度和气氛制度）。

(1) 坯体烧结温度及烧结范围的测定：

1) 试样烧结点的测定：取所制产品具有代表性的均匀试样至少 20g（干基），干燥后再加适量水润湿。用压样器制成直径与高相等的圆柱体（具体尺寸 $\phi 3mm \times 3mm$，压力 3MPa）。要求在仪器上观察到的试样投影图像为正方形。

2) 实验开始时，首先接通电源，打开白炽灯，将制备好的试样放在有铂金垫片的氧化铝托板上，把托板小心、准确地放到试样架的规定位置上。使试样与热电偶端点在同一位置，再将试样架推到炉膛中央，合上炉膛关闭装置。调节白炽灯聚光，使光的焦点在试样上，调节目镜，使试样轮廓清晰，然后在 800℃ 后按 5℃/min 的升温速度加热（无特殊需要，试样均在空气中加热），记录温度：试样加热的起始温度 t_1；膨胀最大时的温度 t_2；开始收缩时的温度 t_3；开始收缩达最大值时的温度 t_4；开始二次膨胀时的温度 t_5。

(2) 釉料始熔温度和成熟温度的测定：

1) 将磨细和釉料粉加入压制成 $\phi 3mm \times 3mm$ 小圆体，烘干。

2) 将小圆柱垂直放入测定仪中加热，观察小圆柱体的变化，记录棱角刚变圆时的温度 t_6 和变成半球形时的温度 t_7。

将实验获得的数据记入表 7-17 中。

表 7-17　烧结实验测试结果

实验名称外观特征	t_1/℃	t_2/℃	t_3/℃	t_4/℃	t_5/℃	t_6/℃	t_7/℃	烧结温度范围/℃

(3) 烧制步骤：

1) 按上述方法测定的坯体烧结温度及烧结范围、釉的始熔温度、成熟温度记录、制订样品的温度和气氛控制制度。

2) 将制成的坯体放入垫砂（刚玉砂）的匣钵中，放入高温炉。

3) 检查电炉正常后，按设定的升温曲线及相应的气氛制度加热，按预定的温度保温后取样。

升温速率为：室温至釉开始熔融温度前，100～150℃/h；氧化气氛；釉开始熔融，恒温 30min，还原气氛；恒温后至烧结完成，50～80℃/h，还原气氛；最高温度，恒温 1～2h，还原气氛；二次恒温后至 850℃，降温速率 150～300℃/h，还原气氛；850～400℃，

40 ~ 70℃/h，氧化气氛；400 ~ 100℃，100 ~ 150℃/h，100℃后出炉。

4）取出后检查制品外观，测定吸水率、气孔率及体积密度等性能，评定烧成制度。

6. 陶瓷吸水率、气孔率及体积密度的测定

（1）刷净试样表面灰尘，编号，放入电热烘箱中于 105 ~ 110℃下烘干 2h，或在允许的更高温度下烘干至恒量，并于干燥器中自然冷却至空温。称量试样的质量 m_1，精确至 0.01g。试样干燥至最后两次称量之差不大于其前一次的 0.1% 即为恒量。

（2）把试样放入容器内，并置于抽真空装置中，在相对真空度不低于 97%（残压 2.67kPa）的条件下，抽真空 5min，然后在 5min 内缓慢地注入供试样吸收的液体（工业用水或工业纯有机液体），直至试样完全淹没。再保持抽真空 5min，停止抽气，将容器取出在空气中静置 30min，使试样充分饱和。

（3）将饱和试样迅速移至带溢流管容器的浸液中，当浸液完全淹没试样后，将试样吊在天平的挂钩上称量，得饱和试样的表观质量 m_2，精确至 0.01g。表观质量系指饱和试样的质量减去被排除的液体的质量，即相当于饱和试样悬挂在液体中的质量。

（4）从浸液中取出试样，用浸满液体的毛巾，小心地擦去试样表面多余的液滴（但不能把气孔中的液体吸出）迅速称量饱和试样在空气中的质量 m_3，精确至 0.01g。每个样品的整个擦水和称量操作应在 1min 之内完成。

（5）测定在实验温度下所用的浸渍液体的密度，可采用液体静力称量法、液体比重天平法或液体比重计法，精确至 0.001g/cm³。

五、数据处理

1. 实验记录

按表 7-18 填入记录的实验数据。

表 7-18　陶瓷烧结实验记录表

试样名称						实验日期					
实验编号	取样温度/℃	试样重/g	吸水饱和后		失重/%	体积/cm³	体积密度	吸水率/%	显气孔率/%	真气孔率/%	闭气孔率/%
			水中重 m_2/g	空气中重 m_3/g							
1											
2											
3											
4											
⋮											

2. 数据处理

按下列公式进行各参数的计算。

（1）吸水率按下式计算：

$$W_a = [(m_3 - m_1)/m_1] \times 100\% \tag{7-6}$$

（2）显气孔率按下式计算：

$$P_a = \left[(m_3 - m_1)/(m_3 - m_2) \right] \times 100\% \qquad (7\text{-}7)$$

（3）体积密度按下式计算：

$$D_b = m_1 D/(m_3 - m_2) \qquad (7\text{-}8)$$

（4）真气孔率按下式计算：

$$P_t = \left[(D_t - D_b)/D_t \right] \times 100\% \qquad (7\text{-}9)$$

（5）闭口气孔率按下式计算：

$$P_c = P_t - P_a \qquad (7\text{-}10)$$

式中　m_1——干燥试样的质量，g；

　　　m_2——饱和试样的表观质量，g；

　　　m_3——饱和试样在空气中的质量，g；

　　　D_b——实验温度下，浸渍液体的密度，g/cm^3；

　　　D_t——试样的真密度，g/cm^3。

3. 实验误差

（1）同一实验室、同一实验方法、同一块试样的复验误差不允许超过：显气孔率 0.5%；吸水率 0.3%；体积密度 0.02g/cm^3；真气孔率 0.5%。

（2）不同实验室、同一块试样的复验误差不允许超过：显气孔率 1.0%；吸水率 0.6%；体积密度 0.049/cm^3；真气孔率 1.0%。

4. 作图求解

在坐标纸上以温度为横坐标，画出体积密度、气孔率和收缩率曲线，从曲线上确定烧结温度和烧结温度范围。

六、思考题

1. 试述影响烧成制度的因素。
2. 陶瓷烧成的温度制度、气氛制度如何确定？
3. 陶瓷制品烧制会产生缺陷，如何预防？
4. 影响陶瓷制品气孔率的因素是什么？

实验 7-12　比表面积的测定

一、实验目的

掌握 ST-03 型表面孔径测定仪的测定方法，进一步了解测定矿物的比表面积对矿物在浮选过程中作用机理的指导意义。

二、实验原理

吸附作用可分为两类：（1）物理吸附，即吸附质分子与吸附剂之间的作用力是范德华力；（2）化学吸附，即吸附质分子与吸附剂之间形成表面化学键。由吸附气体的方法测定固体比表面积是基于 BET 的多层吸附理论，由实验得到与各相对压力 p_{N_2}/p_s 相对的吸附量 V_d 后，由 BET 公式将 $(p_{N_2}/p_s)/[V_d(1-p_{N_2}/p_a)]$ 对 p_{N_2}/p_a 作图，得到一条直线，由斜率 a 和截距 b 可求出分子层饱和吸附量 V_m。

$$V_m = b + a(p_{N_2}/p_s) \tag{7-11}$$

$$p_{N_2}/p_s = (R_{N_2}/R_混)(p_a/p_s) \tag{7-12}$$

式中　R_{N_2}，$R_混$——氮气及混合气体流速，mL/min，由皂膜流量计测定；

　　　　p_a——大气压；

　　　　p_s——液氮的饱和蒸气压。

在 273K 及 0.1MPa 压力下，每毫米被吸附的 N_2 若铺成单分子层时，所占的面积为

$$\Sigma = (6.032 \times 10^{23} \times 16.2 \times 10^{-20})/(22.4 \times 10^3) = 4.36 \text{m}^2/\text{mL}$$

因此，固体的比表面积（m^2/g）可以表示为：

$$\delta = (4.36 \times V_m)/W \tag{7-13}$$

三、仪器设备及物料

1. 仪器流程简介

气路流程图如图 7-10 所示。

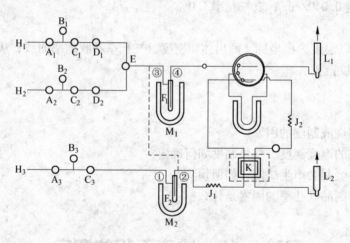

图 7-10　气路流程图

A—稳压阀；B—压力表；C—可调气阻；D，E—混合器；F—净化冷陷井；

H—样品管；J—热交换器；K—热导池；L—皂膜流量计；M—保温瓶

因只测定矿物比表面积用连续流动法气路测定即可。故将冷陷井接头 2-3 跨越连接，六通切换阀放在脱附位置。气体经稳压阀 A_1、A_2，压力表 B_1、B_2，可调气阻 C_1、C_2，三通阀 D_1、D_2（其一端通大气，若分别测定混合气体中 N_2 和 H_2 流速，可以将其中一气体放出），气体到前混合器混合，到净化冷陷井净化后，经热交换管 J_1、热导池参考臂至六通切换阀，到交换管 J_2，到后混合器至热导池测量臂，最后放出。

2. 实验用仪器和物料

（1）ST-03 表面与孔径测定仪，此仪器主要技术数据测量方法：双气路法和连续流动法。本实验采用连续流动法。测量范围：0.1～2000m^2/g。测量精度 5%。

（2）气体：吸附质—氮气，纯度 99.99% 以上；载气—氢气，纯度 99.99% 以上。

（3）长图自动平衡记录调节仪。

（4）数字自动积分仪。

（5）低温液氮及防护胶手套。

（6）矿样：Fe_2O_3。

四、实验步骤

1. 仪器的准备

给入气体，用肥皂沫检查是否漏气，气路正常，再进行池平衡的调节。走基线正常后，开始测定（本实验已事先调好基线）。

实验要求是测定在不同压力下的平衡吸附量，所以要先调整气路，使相对压力在 0.05～0.35 测量量程范围之间，为此先将阻力阀 C_1、C_2 放到适当位置。气体流速的控制，一般地，混合气体的流速在 30～70mL/min，载气流速在 30～50mL/min 为宜。流速测定均用安装在气路最后的皂膜流量计实际测出，载气流量调好后，就不再动了。实验时，通过调节 N_2 稳压阀，来改变 N_2 的流量。测一个样，一般选择五个点，p_{N_2} 从 0.6～1.0kg 变化。N_2 由低压力向高压力调。每变化一次 N_2 流速，测得一次附峰，脱附峰。

2. 操作方法

（1）仪器常数的测定。此仪器的仪器常数经多次测定为 2.5156×10^{-8}min/μV。

（2）用连续流动法（单气路法）测定矿物比表面积的方法：

1）样品的准备。将适当筛目的固体样品在 120℃ 左右预热 2～4h，再装适量样品于干燥称量过的样品管中，再称样品及样品的总质量，用差减法求出所用样品的量，称好后在样品管两端轻轻塞入少量玻璃棉。装填样品时，样品管任何截面都不要填满，不超过 1/3。实验前，在恒温炉 120℃ 下预热半小时，即可正式测定。

2）测定过程：

①将六通切换阀一直放在脱附位置，将样品管浸入液氮杜瓦瓶，此时记录器上出现一吸附峰，待记录器回到基线，表示已经达到吸附平衡。

②再稍等数分钟，便可取下液氮杜瓦瓶，记录器上出现一脱附峰。一般地，由浸入液氮到此大约 15min。

③得到的峰面积直接对应于吸附量，公式为：

$$V_d = KR_eA_d \tag{7-14}$$

式中　K——仪器常数，$K = 2.5156 \times 10^{-6}$min/$(\mu V \cdot s)$；

　　　R_e——混合气体流速，mL/min；

　　　A_d——脱附峰面积，$\mu V \cdot s$。

3. 测定中注意的问题

（1）吸附时间：一般情况下，由浸入液氮至取出需要 15min 左右，吸附时间太短，影响脱附峰面积。

（2）液氮浸入的高度：样品的吸附与脱附全靠液氮杜瓦瓶。因此，每次液氮浸泡位置应该相同，否则将影响 A_d 值。

（3）样品量的装入：一般样品装入样品管时，其量不要超过样品管的 1/3，以使气流流通，样品称量多少，影响吸附峰面积 A_d，可参看样品称量表（表 7-19）。

表 7-19　样品称量表

比表面积/m² · g⁻¹	样品质量 W/g	吸附量 V_d/mL
1000	0.01	10
100	0.05	5
10	0.5	5
1	1	1
0.1	2	0.2

五、数据处理

（1）相对压力 p_{N_2}/p_s 的计算

$$p_{N_2}/p_s = a(p_a/p_a) = (R_{N_2}/R_{混})(p_a/p_s) \tag{7-15}$$

由氮压表测出液氮温度下的氧的饱和蒸气压，再根据表"氧与氮饱和蒸气压"，用差减法换算成饱和蒸气压。

（2）峰面积的计算。积分仪不能用时，用三角形近似法计算峰面积，其分式为：

$$A_d = 0.5h(h_{0.15} + h_{0.85}) \times 10^3 \times 0.04 \times (2/\text{纸速}) \times \text{衰减量}$$

用游标卡尺量得所得脱附峰的高度 H 及 $0.15h$、$0.85h$ 高处的峰宽 $h_{0.15}$、$h_{0.85}$，单位为 mm，因 25mm 宽的记录纸相当于 1mV 故除以 25，得 mV × 10³，即 μV。

$(h_{0.15} + h_{0.85})$/纸速为时间（s），纸速换算成 mm/s。

（3）吸附量的计算

$$V_d = KR_cA_d$$

式中，V_d 为所测得等于 4 的吸附量。

由 BET 公式 $(p_{N_2}/p_s)/[V_d(1 - p_{N_2}/p_a)]$ 作图，求 a、b。

$$V_m = 1/(a + b)$$

式中，V_m 为分子层饱和吸附量。

（4）固体比表面积的计算

$$\delta = 4.36 V_m/W$$

氧与氮的饱和蒸气压见表 7-20。

表 7-20　氧与氮饱和蒸气压　　　　　　　　　　　　　　　（MPa）

温度	气体	1	2	3	4	5	6	7	8	9	10
79℃	N₂	0.122	0.124	0.125	0.126	0.128	0.129	0.131	0.132	0.134	0.135
	O₂	0.0263	0.0266	0.0270	0.0274	0.0278	0.0282	0.0285	0.0289	0.0293	0.0297

第八章 实验室可选性实验

实验 8-1 重选可选性实验

一、实验目的

（1）掌握重选可选性实验研究的主要内容；

（2）学会重选可选性实验研究的方法和操作步骤。

二、实验原理

实验室重选可选性实验是依据重选理论和重选工艺技术，对物料进行重力分选的实验研究。通过实验确定物料重选的可能性，提出物料重选的合理流程和技术经济指标。为物料的重选加工利用和选厂的设计提供依据。

重选与其他分选方法相比，操作因素简单、对环境污染少、生产过程成本较低，所以只要物料能够采用重选方法选别，就要优先选择重选分选工艺。

三、仪器设备及物料

仪器设备：各种重选设备，包括重介质分选设备、溜槽分选设备、跳汰机、摇床等；各种筛孔尺寸的筛子；天平、秒表、量筒、烧杯等；盛样盆、塑料桶、取样工具。

实验物料：主要特性已知的黑钨矿（能够采用重选法进行分选的物料均可）500kg左右。

四、实验步骤

（1）仔细阅读已有的关于待选物料的各种分析资料。

（2）取有代表性的试样，根据需要进行必要的检测分析，包括光谱分析、X射线衍射分析、化学多元素分析、粒度分析、物相分析、岩矿鉴定、单体解离度测定等。

（3）根据重选理论、重选实践经验以及待选物料的特性，选择和设计物料的重选实验流程。确定重选流程的依据：

1）矿石的泥化程度和可洗性；

2）矿石的贫化率；

3）矿石的粒度组成和各粒级的金属分布率；

4）矿石的有用矿物的嵌布特性；

5）矿石中共生重矿物的性质、含量及其与主要有用矿物的嵌镶关系等。

（4）按设计的实验流程进行实验，如果物料有进行重介质预选的可能性，则取原矿样将其破碎至不同的粒度，进行密度组分分析，确定物料重介质的可选性及选别条件和选别指标；如果重介质预选效果不理想，可以考虑采用光电选矿法。

（5）如果物料不需要预选，则根据矿石的矿物粒度和单体解离度测定结果，判定物料的入选粒度范围；并将物料破碎至不同的粒度进行跳汰实验，依实验结果确定适宜的入选粒度。

（6）物料全部破碎至入选粒度以下，并根据粒度范围将其筛分成若干个粒度级别。

（7）对于 +2.0mm 各粒级的物料，分别进行跳汰分选实验，确定最终破碎磨碎粒度。

（8）对 −2 +0.5mm 粒级的物料分别进行跳汰和摇床选别实验，对比分选效果，确定该的粒级分选设备。

（9）对 −0.5 +0.038mm 粒级进行摇床和溜槽实验，对 −0.038mm 粒级进行离心机和溜槽实验。

（10）考察各选别作业中矿特性，确定中矿处理方法。

（11）计算分析实验结果，确定最终选别流程。

（12）编写实验报告。

五、实验要求

（1）实验前，学生根据物料的性质和所学的重力分选知识进行实验方案设计，方案经指导老师指导并修改完善后，作为最终实验方案。

（2）实验过程中应注意专业知识的综合运用，力争得到较好的实验结果。

（3）注意观察、记录、分析实验中出现的各种现象，认真记录、计算、分析实验结果。

（4）实验报告的编写要完整、准确、专业，对实验结果的分析要全面、深入、透彻。

实验 8-2　磁选可选性实验

一、实验目的

（1）掌握磁选可选性实验研究的主要内容；

（2）学会磁选可选性实验研究的方法和操作步骤。

二、实验原理

磁选是根据物料中各种组分的磁性差异进行分选的一种选矿方法。磁选可选性实验的任务，是确定物料采用磁选工艺分选的可能性；并通过实验研究，确定磁选设备、磁选流程和磁选操作条件等。

磁选工艺与其他选矿方法相比较，具有流程简单、设备易于操作、生产成本较低、对环境污染轻等特点，因而是物料分选优先选择的方法。

三、仪器设备及物料

仪器设备：各种磁选设备，包括磁化轮、干式磁选机、磁力脱水槽、湿式磁选机、磁选柱等；各种筛孔尺寸的标准筛；天平、秒表、量筒、烧杯等；盛样盆、塑料桶、取样工具。

实验物料：特性已知的磁铁矿（可以采用磁选法进行分选的物料均可）50kg左右。

四、实验步骤

（1）仔细阅读已有的关于待选物料的各种分析资料。

（2）取有代表性的试样，根据需要进行必要的检测分析，包括：光谱分析、X射线衍射分析、化学多元素分析、粒度分析、物相分析、磁性分析、岩矿鉴定、单体解离度测定等。

（3）进行必要的探索实验，初步确定物料磁选的可能性和各操作参数取值范围。

（4）根据磁选理论、磁选实践经验待选物料的特性以及探索实验结果，选择和设计物料的磁选方案，包括：选别的原则流程、使用的选别设备、可能达到的选别指标。

（5）进行干式预选实验。当物料中含有较多的围岩和夹石时，应进行干式预选实验，以剔除围岩和夹石，提高入选品位，降低生产成本。对弱磁性矿物可以采用强磁预选，强磁性矿物可以采用强磁预选。预选实验内容主要包括：磁场强度实验；入选粒度实验；水分实验；处理量实验。

（6）进行磁选实验。

1）强磁性物料的磁选实验。

①干式磁选实验。在缺水和寒冷的地区以及其他条件适宜的地区，应考虑采用干磨干选工艺，进行干选实验。通过实验确定选别流程、设备参数和操作条件、可能达到的选别指标。弱磁场磁场磁选设备主要是筒式干式磁选机。实验的主要内容包括：磨矿细度实验；磁选机滚筒和磁轮转数实验；磁场强度实验。

②湿式磁选实验。

磁力脱水槽实验。磁力脱水槽常用于阶段磨矿、阶段选别流程中作为第一段磨矿后的选别设备，第二段磨矿后的选别作业，通常磨矿粒度均较细，在物料进入磁选机选别前常采用磁力脱水槽脱除细粒脉石，以提高磁选机的分选效果。

脱水槽实验的内容主要包括：上升水流速度实验；给料速度实验；给料浓度实验；磁场强度实验。

湿式磁选机选别实验。湿式弱磁场磁选机是磁选工艺中最主要的选别设备，广泛用于各段选别作业中，分为：顺流型、逆流型、半逆流型。

湿式弱磁场磁选机选别实验的主要内容包括：不同类型磁选机磁选实验；适宜磨矿细度实验；磁场强度实验；补加水量实验。

细筛实验。取出一定量的粗精矿进行筛分分析，根据各粒级的品位及金属分布，确定采用细筛对粗精矿提质的可能性。

磁选柱精选实验如果粗精矿中存在着脉石夹杂现象，则可以考虑采用磁选柱对粗精矿进行精选，进一步提高精矿品位。

磁选柱为电磁设备，精选实验的主要内容为：给料速度实验；上升水流速度实验；磁场强度（电流强度）实验。

2）弱磁性物料的磁选实验。弱磁性物料可以采用强磁场磁选机进行分选，弱磁性物料强磁选实验的任务，是通过实验确定物料磁选的可能性，找出设备适宜的结构参数和操作条件，获得物料的强磁选流程和强磁选指标。

强磁选实验的主要内容包括：磁场强度实验；介质型式实验；磁选机转数实验；给料量实验；给料浓度实验；给料粒度实验；冲洗水量和水压实验等。

（7）对最终磁选产品进行化验分析。

（8）确定物料的选别流程，进行流程计算，绘制数质量流程图。

（9）编制实验报告。

五、实验要求

（1）实验前，学生根据物料的性质和所学的磁选知识进行实验方案设计，方案经指导老师指导并修改完善后，作为最终实验方案。

（2）实验过程中应注意专业知识的综合运用，力争得到较好的磁选结果。

（3）注意观察、记录、分析实验中出现的各种现象，认真记录、计算、分析实验结果。

（4）实验报告的编写要完整、准确、专业，对实验结果的分析要全面、深入、透彻。

实验 8-3　浮选综合实验

一、实验目的

（1）掌握浮选综合实验方案的设计方法；

（2）了解浮选综合实验的内容和实验程序。

二、实验原理

浮选是利用矿物颗粒表面物理化学性质的差异，在气-固-液三相流体中进行分离的技术，是细粒和极细粒物料的最有效的分离方法之一，可应用于有色金属、黑色金属、稀有金属、非金属和可溶性盐类等矿石的分选。

浮选实验的主要内容包括：确定选别方案；通过实验分析影响过程的因素，查明各因素在过程中的主次位置和相互影响的程度，确定最佳工艺条件；提出最终选别指标和必要的其他技术指标。由于浮选过程中各种组成矿物的选择性分离是基于矿物可浮性的差异，因此用各种药剂调整矿物可浮性差异，是浮选实验的关键。

实验室浮选综合实验通常按照以下程序进行：

（1）拟定原则方案。根据所研究的矿石性质，结合已有的生产经验和专业知识，拟定原则方案。例如多金属硫化矿矿石的浮选，可能的原则方案有优先浮选、混合浮选、部分混合优先浮选、等可浮浮选等方案；对于赤铁矿的浮选，可能的原则方案有正浮选、反浮选、选择性絮凝浮选等方案；对于铝土矿的浮选，可能的原则方案也有正浮选和反浮选方案。

（2）准备实验条件。包括试样制备、设备和检测仪器准备、药剂配制等。

（3）预先实验。对每一可能的原则方案进行预先实验，找出各自的适宜条件和指标，最后进行技术经济比较予以确定，从而矿石的可能的研究方案、原则流程、选别条件和可能达到的指标。

（4）条件实验（或称系统实验）。根据预先实验确定的方案和大致的选别条件，编制详细的实验计划，进行系统实验来确定适宜的浮选条件。

（5）流程实验。包括开路流程和闭路流程实验。开路实验为了确定达到合格技术指标，所需的粗选、精选和扫选次数。闭路流程实验是在不连续的设备上模仿连续的生产过程的分批实验，即进行一组将前一实验的中矿加到下一实验相应地点的实验室闭路实验。目的是确定中矿的影响，核定所选的浮选条件和流程，并确定最终指标。

实验室小型实验结束后，一般尚须进一步做实验室浮选连续实验（简称连选实验），有时还需要做中间实验和工业实验。

三、仪器设备及物料

仪器设备：单槽浮选机 3 台，XMQ 型锥形球磨机 1 台，注射器（带针头）3 支，100mL 量筒 3 个，洗瓶 3 个，搅拌棒（带有橡皮套）3 支，烧杯若干。

药剂：针对不同矿石所需的捕收剂、起泡剂和调整剂等。

实验物料：主要特性已知的待分选矿石 50kg。

四、实验步骤

1. 试样准备

考虑到试样的代表性和小型磨矿机的效率，浮选实验粒度一般要求小于 1～3mm。破碎的试样，要分成单份试样装袋贮存，每份试样质量为 0.2～1kg（与磨矿、浮选设备的规格和矿样的代表性有关），个别品位低的稀有金属矿石可多至 3kg（如辉钼矿等）。细物料的缩分可用两分器（多槽分样器）来分样，也可采用方格法手工分样。

2. 磨矿

实验室常用的 $\phi160mm \times 180mm$ 和 $\phi200mm \times 200mm$ 的筒形球磨机和 XMQ 型 $\phi240mm \times 90mm$ 锥形球磨机的给矿粒度小于 1～3mm，$\phi160mm \times 160mm$ 等筒形球磨机和 XMQ 型 $\phi150mm \times 50mm$ 锥形球磨机，它们用于中矿和精矿产品的再磨。

磨矿时要确定适宜的磨矿介质种类和配比、装球量、球磨机转速和磨矿浓度。磨矿后对产品进行湿式筛分，绘制出磨矿时间与磨矿细度的关系曲线，具体操作步骤见磨矿实验部分。

3. 磨矿细度实验

取 4 份以上试样，保持其他条件相同时，确定适宜的磨矿细度，找出对应的磨矿时间，磨矿后分别进行浮选，比较其结果。

浮选时泡沫分两批刮取。粗选时获得粗精矿，捕收剂、起泡剂的用量和浮选时间在全部实验中都要相同；扫选时获得中矿，捕收剂用量和浮选时间可以不同，目的是使欲浮选的矿物完全浮选出来，以得出尽可能贫的尾矿。如果从外观上难以判断浮选的终点，则中矿的浮选时间和用药量在各实验中亦应保持相同。

浮选产物分别烘干、称重、取样、送化学分析，然后将实验结果填入相应记录表，并绘制曲线图。曲线图通常以磨矿细度（ $-74\mu m$ 级别的含量）或磨矿时间（min）为横坐标，浮选指标（品位 β 和回收率 ε）为纵坐标绘制。

4. pH 调整剂实验

pH 调整剂实验的目的是寻求最适宜的调整剂及其用量，使欲浮矿物具有良好的选择性和可浮性。

多数矿石可根据生产实际经验确定 pH 调整剂种类和 pH 值大小，但 pH 值与矿石物质组成、浮选用水等多种性质有关，故一般仍需进行 pH 值实验。实验时，在适宜的磨矿细度基础上，固定其他浮选条件不变，只进行 pH 调整剂的种类和用量实验。将实验结果绘制曲线图，以品位、回收率为纵坐标，调整剂用量为横坐标、根据曲线进行综合分析，找出 pH 调整剂的适宜用量或适宜的 pH 值。

在已确定 pH 调整剂种类和 pH 值的情况下，测定 pH 值和确定调整剂用量的方法如下：将调整剂分批地加入浮选机的矿浆中，待搅拌一定时间以后，用 pH 计测 pH 值，若 pH 值尚未达到浮选该种矿物所要求的数值时，可再加下一份 pH 调整剂，依此类推，直至达到所需的 pH 值为止，最后累计其用量。

其他药剂种类和用量的变化，有时会改变矿浆的 pH 值，此时可待各条件实验结束后，再按上述方法作检查实验校核。或将与 pH 值调整剂有交互影响的有关药剂进行多因素组合实验。

5. 抑制剂实验

抑制剂在金属矿石和非金属矿石，特别在一些难选矿石的分离浮选中起着决定性的作用。进行抑制剂实验，必须认识到抑制剂与捕收剂、pH 值调整剂等因素有时存在交互作用。例如，捕收剂用量少，抑制剂就可能用得少；捕收剂用量多，抑制剂用量也多，而达两种组合得到的实验指标可能是相等的。又如硫酸锌、水玻璃、氰化物、硫化钠等抑制剂的加入，会改变已经确定好的 pH 值和 pH 调整剂的用量。另外在许多情况下混合使用抑制剂时，各抑制剂之间也存在交互影响，此时采用多因素组合实验较合理。

6. 捕收剂实验

一般一种矿石原则方案确定后，捕收剂的种类已经选定。如要优选捕收剂，则需要进行捕收剂种类实验，可以采用单一捕收剂，也可采用组合捕收剂，进行实验研究工作。

捕收剂选定后，就要进行捕收剂用量实验。捕收剂用量实验有两种方法：

第一种方法是直接安排一组对比实验，即固定其他条件，只改变捕收剂用量，例如其用量分别为 40g/t、60g/t、80g/t、100g/t，分别进行实验，然后对所得结果进行对比分析。

第二种方法，是在一个单元实验中通过分次添加捕收剂和分批刮泡的办法，确定必需的捕收剂用量。即先加少量的捕收剂，刮取第一份泡沫，待泡沫矿化程度变弱后，再加入第二份药剂，并刮出第二份泡沫，此时的用量，可根据具体情况采用等于或少于第一份用量。以后再根据矿化情况添加第三份、第四份……药剂，分别刮取第三次、第四次……泡沫，直至浮选终点。各产物应分别进行化学分析，然后计算出累积回收率和累计品位，考察为欲达到所要求的回收率和品位所需的捕收剂用量。此法多用于预先实验。

组合捕收剂实验时，可以将不同捕收剂分成数个比例不同的组，再对每个组进行实验。例如两种捕收剂 A 和 B，可分为 1:1、1:2、1:4 等几个组，每组用量可分为 40g/t、60g/t、80g/t、100g/t、120g/t；或者将捕收剂 A 的用量固定为几个数值，再对每个数值改变捕收剂 B 的用量进行一系列的实验，以求出最适宜的条件。

起泡剂用量实验与捕收剂用量实验类同，但有时不进行专门的实验，其用量多在预先实验或其他条件实验中顺便确定。

7. 矿浆浓度实验

从经济上考虑，浮选过程在不影响分选效果和操作的条件下，尽可能采用浓矿浆。矿浆越浓，现厂所需浮选机容积越小，药剂的相对有效浓度越高，药剂的用量越少。生产上大多数浮选矿浆浓度介于 25% 和 40% 之间，对于一些特殊矿种，矿浆浓度有时在 40% 以上和低到 25% 以下。一般处理泥化程度高的矿石，应采用较稀的矿浆，而处理较粗粒度的矿石时，宜采用较浓的矿浆。另外，粗选、精选和扫选的矿浆浓度不同，一般粗选浓度在 30% 左右，精选浓度在 20% 左右，扫选浓度介于粗选和精选浓度之间。

在小型浮选实验过程中，由于固体随着泡沫的刮出，故为维持矿浆液面不降低而添加补充水，矿浆浓度自始至终逐步变稀，这种矿浆浓度的不断变化，相应地使所有药剂的浓度和泡沫性质也随之变化。

8. 矿浆温度实验

在大多数情况下浮选在室温条件下进行，即介于 15 ~ 25℃ 之间。用脂肪酸类捕收利浮选非硫化矿，如分选铁矿、萤石矿和白钨矿时，常采用水蒸气直接或间接加温浮选，这可提高药剂的分散度和效能，改善分选效率。某些复杂硫化矿，如铜铅、锌硫和铜镍矿等采用加温浮选工艺，有利于提高分选效果。在这些情况下，必须做浮选矿浆温度的条件实验。若矿石在浮选前要预先加温搅拌或进行矿浆的预热，则要求进行不同温度的实验。

9. 浮选时间实验

浮选时间，可能从 1min 变化到 1h，通常介于 3 ~ 15min，一般在进行各种条件实验过程中便可测出。因此，在进行每个实验时都应记录浮选时间，但浮选条件选定后，可做检查实验。此时可进行分批刮泡，分批刮取时间可分别为 1min、2min、3min、5min，依此类推，直至浮选终点。为便于确定粗扫选时间，分批刮泡时间间隔还可短一些。实验结果可绘制曲线，横坐标为浮选时间（min），纵坐标为回收率（累积）和金属品位（加权平均累积），如图 8-1a 所示；也可以绘制各泡沫产品的品位与浮选时间的关系曲线，如图 8-1b 所示。根据曲线，可确定得到某一定回收率和品位所需浮选时间。粗选时间界限的划分，可以考虑以下几点：

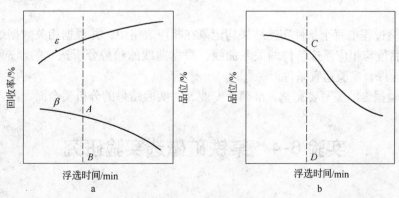

图 8-1　浮选时间实验

a—累积回收率和品位曲线；b—单元品位曲线

（1）如欲从粗选直接获得合格精矿，可根据精矿品位要求，在累积品位曲线上找到对应点 A，通过 A 点作横坐标的垂线，B 点即为粗扫选时间的分界点；

（2）根据各泡沫产品品位与浮选时间的关系曲线，以品位显著下降的地方作为分界点，例如图 8-1b 中 C 点对应的浮选时间 D 点；

（3）选择泡沫产品的矿物组成或有用矿物单体解离度发生较大的变化的转折点作分界点；

（4）若粗精矿带入药量过多，给精选作业造成困难，此时，可根据精选的情况和需要来划分粗扫选时间。

在确定浮选时间时，应注意捕收剂用量增加，可大大缩短浮选时间，此时节省的电能及设备费用可补偿这部分药剂消耗，则增加捕收剂用量是有利的，故有时要考虑综合经济因素来确定适宜的浮选药剂用量和时间。

10. 精选实验

粗选时刮取的粗精矿，需在小容积的浮选机中进行精选，目的是除去机械夹杂物，提高精矿品位。精选次数大多数情况为一至二次，有时则多达七次，例如萤石、辉钼矿和石墨粗精矿的精选。在精选作业中，通常不再添加捕收剂和起泡剂，但视具体情况也可以适当添加，并要注意控制矿浆 pH 值，在某些情况下需加入抑制剂、解吸剂，甚至对精选前的矿浆进行特别处理。精选时间视具体情况确定。

为避免精选作业的矿浆浓度过分稀释，或矿浆体积超过浮选机的容积，可事先将泡沫产物静置沉淀，用医用注射器将多余的水抽出。脱除的水装入洗瓶，用作将粗精矿洗入浮选机的洗涤水和浮选补加水。

影响浮选过程的其他因素，可根据具体情况进行实验。

上述实验完成后，就要进行浮选流程实验，包括浮选开路流程和闭路流程实验，以及连续浮选流程实验，详细可参见第五章。

五、实验要求

（1）实验前，学生根据物料的性质和所学的磁选知识进行实验方案设计，方案经指导老师指导并修改完善后，作为最终实验方案。

（2）实验过程中应注意专业知识的综合运用，力争得到较好的浮选结果。

（3）注意观察、记录、分析实验中出现的各种现象，认真记录、计算、分析实验结果。

（4）实验过程中每个条件实验结果均记录在相应表格中，并根据相关数据绘制浮选回收率和精矿品位与相应浮选条件的关系曲线，根据曲线的趋势分析适宜的浮选实验条件，最终获得浮选综合实验适宜条件。

（5）实验报告的编写要完整、准确、专业，对实验结果的分析要全面、深入、透彻。

实验 8-4　某铁矿磁选实验研究

一、实验目的

（1）使学生巩固课堂所学的专业知识，提高动手能力；

（2）培养学生使用参考书，文献等其他资料的查阅能力；

（3）使学生掌握处理一种矿石所需的一整套方法，做一次综合训练；

（4）通过选矿实验，确定某铁矿中有价铁的选别方法和工艺流程，查明影响选别过程的工艺因素和最佳条件，提出最终选别指标。

委托方对精矿质量的要求是：铁精矿品位 $TFe > 65\%$，铁精矿中含 $S < 0.5\%$。

本实验课，要求学生掌握以下环节：

（1）根据矿石性质，拟订选矿实验方案；

（2）研究前试样的制备方法；

（3）磁选条件实验、阶段选别的做法、目的以及最终指标的计算方法；

（4）磁性分析的目的和做法；

（5）选矿产品的考察：产品筛、水析及粒径回收率的确定方法；

（6）实验结果的处理，实验报告的编写。

二、实验原理

磁选是根据物料中各种组分的磁性差异进行分选的一种选矿方法。磁选可选性实验的任务，是确定物料采用磁选工艺分选的可能性；并通过实验研究，确定磁选设备、磁选流程和磁选操作条件等。

磁选工艺与其他选矿方法相比较，具有流程简单、设备易于操作、生产成本较低、对环境污染轻等特点，因而是物料分选优先选择的方法。

三、仪器设备及物料

仪器设备：各种磁选设备，包括磁滑轮、干式磁选机、磁力脱水槽、湿式磁选机、磁选管等；各种筛孔尺寸的标准筛；天平、秒表、量筒、烧杯等；盛样盆、塑料桶、取样工具。

实验物料：特性已知的磁铁矿（可以采用磁选法进行分选的物料均可）50kg 左右。

四、实验步骤

1. 采样与矿样制备

（1）采样。由委托方负责采样，并对矿样进行化验。通过肉眼和显微镜对其矿石的颜色、形状、发光性、晶体的结晶粒度、结构构造等进行观察，对矿石的密度、硬度、含泥含水量以及矿石的氧化程度有初步的认识。

（2）矿样制备。将原始矿石破碎至 $-2mm$。其制备过程包括破碎、筛分、混匀、缩分等。其制备流程如图 8-2 所示。

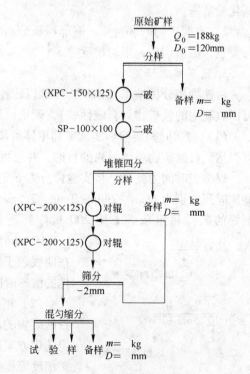

图 8-2 试样制备流程图

2. 原矿性质研究

（1）多元素分析。多元素分析是对矿石中所含的多个重要或较重要的元素进行定量的化学分析，将制备好的实验样取 40g 进行多元素分析，在此实验中对可对 Fe、SiO_2、Al_2O_3、S、P、CaO、MgO、TiO_2 等元素进行分析。

（2）铁物相分析。将制备好的最终矿样取若干克进行铁物相分析，确定矿石中磁性铁、赤褐铁、碳酸铁、硫化铁，硅酸铁的含量，从而确定选别方案和流程。

（3）原矿 -2mm 粒度筛析。为了确定原矿 -2mm 粒级组成及各粒级的品位，现取实验样50g，进行套筛筛析实验。筛子规格从上到下依次为 80 目、160 目和 200 目，记录筛细产物中各粒级含量及品位分布，做出粒度正负累计曲线。

（4）原矿密度的测定。将制备好的 -2mm 矿样缩分出15g，用比重瓶测其密度，根据公式运算并记录其测定结果。

（5）矿石可磨度性质研究。将 -2mm 矿样用 0.15mm 筛子筛分，取筛上物料3kg，平均分成六组实验样，每组 500g，做可磨度实验研究，其流程图如图 8-3 所示。本实验以唐钢棒磨山铁矿选矿厂第二系列第一段磨矿的给矿为标准矿石，与该实验矿石进行磨矿对比实验，以求出实验矿石可磨度系数，反映出矿石的难磨程度。

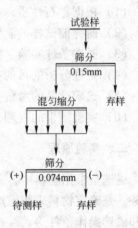

图 8-3　可磨度流程

（6）矿石工艺矿物学研究。

1）矿物组成及含量。对原矿矿样进行化验，测定原矿主要矿物组成及含量，并分析其化验结果。

2）主要矿物嵌部特征。嵌部特征分析包括主要金属矿物及脉石矿物的粒度组成，嵌布类型，晶形构造，平均粒度等。

3. 选矿实验研究

由铁物相分析结果（该矿样中铁以磁性铁为主，其次有少量的赤褐铁、硅酸铁等，但可回收利用的铁矿物只有磁性铁），确定该选矿实验的实验方法（磁选法）。

（1）磨矿时间实验。实现矿物单体解离是矿物分选的前提条件，研究适宜的磨矿细度可以达到目的矿物单体解离的目的，并且可防止过磨现象的发生。

以磨矿时间为变量，将实验样分为 6 组，每组 1kg，用球磨机进行磨矿，控制每组的磨矿时间分别为 1min、2min、3min、3.5min、4min 和 5min。磨矿时间实验流程见图 8-4。磨好的矿样每组取 50g 用 200 目细筛进行筛分，测定 -0.074mm 粒级的含量。绘制 -0.074mm含量随磨矿时间变化曲线，根据曲线变化趋势，在曲线趋于平缓的拐点处记录其磨矿时间，确定该点为最佳的磨矿时间，并分析该变化曲线。

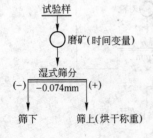

图 8-4　磨矿时间流程图

（2）磨矿细度条件实验。入选物料的细度将直接影响目的矿物的品位和回收率等指标。合适的入选粒度，是决定选矿方案成败与否的关键因素之一。因此，需要进行磨矿细度流程实验，确定合适的磨矿细度，为选别做好准备工作。实验方法为取制备好的原矿矿样 6kg，平均分为 6

组，用棒磨机磨取每组矿样，以磨矿时间为变量，选取时间分别为 1min、2min、3min、3.5min、4min 和 5min。将磨好的矿样分别取 10g，用磁选管进行实验，定场强为 1000Oe，记录每组磁选后的精、尾矿产率和品位，实验流程见图 8-5，根据实验结果绘制精矿品位及回收率随磨矿时间变化曲线。分析该曲线，并确定出最佳的磨矿细度。

（3）磁场强度条件实验。确定好最优的磨矿细度实验条件后，此时影响选别的最关键条件即为磁场强度大小。在最佳磨矿细度条件下，确定磨矿时间，在此磨矿时间下，变化磁场强度，在磁选管中做磁场强度实验。其流程如图 8-6 所示。确定最佳磁场强度。

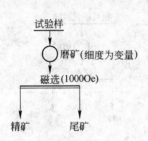 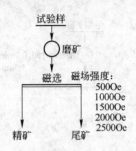

图 8-5　磨矿细度实验流程　　　　　　　图 8-6　磁场强度条件实验流程

4. 阶段磨矿、阶段选别流程实验

从前面磨矿细度实验结果可知，磨矿细度对分选指标有显著影响。磨矿细度较粗时，磨矿精矿品位低而回收率较高，磨矿细度较细时，磁选精矿品位高而回收率低。阶段磨矿—阶段选别流程有利于节省磨矿能耗，做到"能收早收，能抛早抛"。即在较粗的磨矿细度条件下磁选获得回收率较高的粗精矿，再对粗精矿磨矿，再选。因一段磨选后抛出大量尾矿，减少二段入磨矿石量，因而可以节省大量磨矿能耗。

（1）粗精矿的制备。取实验样 38kg，在棒磨机中磨矿 2min，放入鼓式湿式磁选机中选别，并称量粗精矿重量，测量产率。其实验流程如图 8-7 所示。

（2）粗精矿再磨时间实验研究。将粗精矿缩分出 4 份，每份 500g，分别在球磨机中磨矿，以时间为变量，测定磨矿细度及产率。实验流程图如图 8-8 所示，再测出不同时间条件下的 +0.074mm 的质量和 -0.074mm 的产率。由测得结果画出曲线图并得出规律。

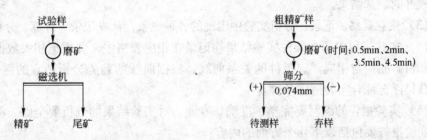

图 8-7　粗精矿制备流程　　　　　　　图 8-8　粗精矿再磨时间实验流程

（3）粗精矿再磨细度条件实验研究。将粗精矿再磨，控制磨矿时间，将磨好的矿样缩分出 10g，取磁场强度为 1000Oe 时的磁选机进行精选，烘干实验样后，计算精、尾矿样重量。条件实验流程如图 8-9 所示，测出精矿品味及回收率，并画出精矿品位及回收率随磨

矿时间的变化曲线，得出粗精矿再磨的最佳磨矿细度。

（4）粗精矿再磨磁场强度条件实验。选取粗精矿再磨的最佳细度后，要进一步研究合适的磁场强度。以磁场强度为变量，选取 5 组粗精矿样，每组 10g，分别在磁场强度为 500Oe、1000Oe、1500Oe、2000Oe 和 2500Oe 条件下用磁选管做条件实验。其实验流程如图8-10所示。实验结果包括磁选精矿及尾矿的质量、产率、品位、金属含量及回收率。并将精矿的品位和回收率随磁场强度变化的曲线绘制出来，分析该曲线，找出合适的粗精矿再磨磁场强度。

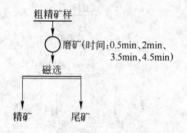

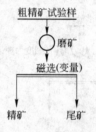

图 8-9　粗精矿再磨细度条件实验流程　　　　　图 8-10　磁场强度条件实验流程

（5）阶段磨矿、阶段选别流程实验。确定了阶段磨矿的最佳细度，最佳磁场强度后，对粗精矿进行阶段磨矿。二次选别实验结果研究。实验流程如图 8-11 所示。测得一磁、二磁的精矿和尾矿的产率、品位、金属含量、回收率；总结规律。

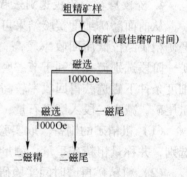

图 8-11　二次选别流程

五、实验要求

（1）实验前，学生根据物料的性质和所学的磁选知识进行实验方案设计，方案经指导老师指导并修改完善后，作为最终实验方案。

（2）实验过程中应注意专业知识的综合运用，力争得到较好的磁选结果。

（3）注意观察、记录、分析实验中出现的各种现象，认真记录、计算、分析实验结果。

（4）实验过程中每个条件实验结果均记录在相应表格中，并根据相关数据绘制浮选回收率和精矿品位与相应浮选条件的关系曲线，根据曲线的趋势分析适宜的浮选实验条件。最终获得浮选综合实验适宜条件。

（5）实验报告的编写要完整、准确、专业，对实验结果的分析要全面、深入、透彻。

实验报告要包括以下几个方面的内容：

1）实验题目，实验目的；

2）矿石性质，选别的原则方案；

3）实验内容、方法及结果分析；

4）实验的最终结果，包括选别流程，选别条件和选别指标；

5）实验中存在的问题。

实验 8-5　内邱硫铁矿石硫、铁综合回收选矿实验研究

一、实验目的

通过选矿实验，确定内邱硫铁矿石中有用成分硫、铁综合回收的选别方法和工艺流程，查明影响选别过程的工艺因素和最佳条件，提出最终选别指标。

委托方对精矿质量的要求是：硫精矿品位 S 大于 30%，铁精矿中含 S 小于 0.5%。

本实验课，要求学生掌握以下环节：

（1）根据矿石性质，拟订选矿实验方案；

（2）研究前试样的制备方法；

（3）浮选条件实验、闭路实验的目的、做法以及最终指标的计算方法；

（4）磁性分析的目的和做法；

（5）选矿产品的考察：产品筛、水析及粒径回收率的确定方法；

（6）实验结果的处理，实验报告的编写。

二、实验原理

利用矿物性质的差异分别选用磁选和浮选方法对矿石中有用矿物进行综合回收。

三、仪器设备及物料

仪器设备：老虎口，筛分机，棒磨机，浮选机（1L，0.5L），pH 计，磁选管，标准筛，淘析装置，天平，烘箱等。

药剂：硫酸，丁黄药，2 号油；硫酸、丁黄药为水溶性药剂，使用时，配制浓度可分为 2% 和 1%。2 号油使用时，用注射器添加，实验前需测出平均滴重。

需要化验室化学分析的主要元素是 S 和 TFe。

实验物料：本次实验用试样是内邱硫铁矿选矿厂球磨机给矿原矿试样，最大粒度约为 12mm。

四、实验步骤

1. 矿石显微镜分析结果

不透明矿物以磁黄铁矿为主，其次是磁铁矿，含少量黄铁矿和黄铜矿。脉石矿物有石英、黑云母、焦山石、石榴子石、方解石、蛇纹石等。

A　磁黄铁矿的结构特点

磁黄铁矿的结构特点是呈他形晶粒状结构，粒度最大可达 2mm，最小 0.01mm，一般为 1~0.4mm。磁黄铁矿和其他矿物的嵌镶关系可分：

（1）磁黄铁矿和磁铁矿、脉石等矿物呈不等粒毗连嵌镶，其界面较平直。

（2）磁黄铁矿嵌镶在脉石中，其嵌布粒度为 0.01~0.05mm，二者接触线平滑，属此类型的磁黄铁矿含量较其他嵌镶类型的含量要少得多。

（3）磁黄铁矿被包裹在黄铁矿之中（即包裹嵌镶），属此种类型的磁黄铁矿颗粒多呈浑圆状嵌布，一般粒度为 0.01 ~ 0.07mm。

（4）磁黄铁矿包裹脉石矿物，二者界面平直，包裹在磁黄铁矿中的脉石，其粒度一般为 0.27 ~ 0.1mm，最大者可达 0.5mm。

B　磁铁矿的结构特点

磁铁矿的结构特点是呈半自形晶粒状结构为主，其次为自形晶和他形晶粒状结构。其嵌镶类型：

（1）磁铁矿呈自—半自形晶粒状嵌镶与磁黄铁矿中，多数矿物颗粒呈浑圆状，嵌布粒度一般为 0.54 ~ 0.05mm，最大可达 1.08mm。

（2）磁铁矿呈半自形晶嵌镶于脉石矿物中，一般粒度为 0.37 ~ 0.05mm，最大粒度为 0.6mm。

原矿光谱半定量分析结果见表 8-1，多元素分析见表 8-2。

表 8-1　原矿光谱半定量分析结果

元　素	Cu	Ni	Co	MnO₂	Zn	TiO₂	V	Sb	Pb
含量/%	0.045	0.024	0.0072	0.79	0.04	0.13	0.011	<0.01	<0.003

表 8-2　多元素分析

元　素	CaO	MgO	SiO₂	Al₂O₃	S	TFe	SFe	P	As	F
含量/%	3.84	3.83	18.78	2.90	18.59	40.99	36.96	0.03	<0.01	0.05

（3）制备单份试样，讨论选别的原则方案（浮-磁流程）。

2. 硫浮选实验

A　磨矿细度与磨矿时间关系实验

取 4 份原矿试样，在相同的磨矿条件下（磨矿浓度 50%），进行不同时间的磨矿，如磨矿时间分别为 5min、10min、15min、20min。各磨矿产物分别烘干后，各缩取 100g 试样（对分法两次，缩取 1/4），用 0.074mm 筛子进行湿、干联合法筛析。即先在 0.074mm 的筛子上，在水盆内湿筛至水不再混浊为止，将筛上物料烘干，再在 0.074mm 筛子上干筛，小于 0.074mm 的物料合并计重，以此算出该磨矿产物中 -0.074mm 级别的含量。然后以磨矿时间为横坐标，磨矿细度（ -0.074mm 含量）为纵坐标，绘制两者间的关系曲线。

同时，对磨矿产物缩分出原矿密度测定试样，每组 6 份，每份 15g，以及原矿化学分析试样 2 份。

原矿密度的测定，采用比重瓶法，计算分析为：

$$试样密度\ \delta = \frac{G}{G_1 + G - G_2} \cdot \Delta \tag{8-1}$$

式中　G——试样干重，g；

　　　G_1——比重瓶和水重，g；

　　　G_2——比重瓶、试样和水重，g；

　　　Δ——水（介质）的密度，g/m³。

浮选前的准备工作：配制 2% H_2SO_4，测 2 号油平均滴重，浮选机叶轮转速的测定，浮选槽容积的测定，计算出浮选浓度。

B　条件实验

（1）磨矿细度实验。按确定的实验流程及条件进行不同磨矿细度的实验，对各产品（精矿和尾矿）分别烘干、称重、取样化验，计算实验结果，并分析实验结果（表 8-3），确定适宜的磨矿细度。

表 8-3　实验结果

磨矿细度 $-0.074mm/\%$	产品名称	质量/g	产率 $\gamma/\%$	品位 $\beta/\%$	$\gamma\beta$	回收率 $\varepsilon/\%$
40	精　矿					
	尾　矿					
	合　计					
50						
60						
70						

（2）硫酸用量实验，pH 值的测定。实验流程、结果表的形式同上，下面不再赘述。

硫酸用量分别为：100g/t、300g/t、500g/t、700g/t。

每个实验中，在 2 号油加入前，吸取 15mL 矿浆，用酸度计测其滤液的 pH 值。

（3）丁黄药用量实验。丁黄药用量为 60g/t、90g/t、120g/t、150g/t。

通过实验（2）与（3），采用一次一因素实验法，确定出硫酸与丁黄药的最适宜的用量。

（4）用组合实验法（调优实验），确定硫酸与丁黄药的最佳用量。

第一批实验安排（表 8-4）：采用带中心点的 2^2 析因实验。

第一批实验结果见表 8-5。

表 8-4　第一批实验因素和水平

因　素 水　平	H_2SO_4 用量 A/g·t^{-1}	丁黄药用量 B/g·t^{-1}
-	100	60
0	400	120
+	700	180

表 8-5　第一批实验结果

试点号	因素 水平	H₂SO₄ 用量 A	丁黄药用量 B	实验结果			
				$\gamma/\%$	$\beta/\%$	$\varepsilon/\%$	$E = \varepsilon - \gamma$（%）
1		0	0				
2		−	−				
3		+	+				
4		−	+				
5		+	−				

计算各项效应 A、B、AB、中心效应。根据计算结果，进一步确定第二批实验安排。画出调优实验图。通过 2~3 批实验最后确定最佳用量。

（5）充气量实验。调节充气阀门的位置，以调节充气量的大小，用转子流量计进行测定。充气量分别为 0.05m³/h，0.2m³/h，0.3m³/h，进行对比实验，取定适宜的充气量。

（6）浮选时间实验。做法：按时间分批刮泡。实验流程和实验结果计算见表 8-6。实验结果要计算出累计回收率和累计品位，最后确定适宜的粗选时间。

表 8-6　实验流程和实验结果计算

浮选时间 /min	产品名称	质量/g	产率 $\gamma/\%$		品位 $\beta/\%$		$\gamma\beta$		回收率 $\varepsilon/\%$	
			个别	累计	个别	累计	个别	累计	个别	累计
1′	精 1									
2′	精 2									
2′	精 3									
1′	精 4									
1′	精 5									
2′	精 6									
1′	精 7									
	尾									
	合计									

（7）一粗、一精、一扫开路流程实验。按各条件实验所确定的各因素的最佳条件，进行开路流程实验，扫选的加药量可按粗选加药量的 1/3 计算。

C　闭路实验

本实验可由 5~6 个实验组成，第一个实验的加药量采用开路流程实验的用量；从第二个实验起，每种药剂用量都要适当减少。对各实验的精矿、尾矿以及最后一个实验的 2 个中矿（精选尾矿和扫选精矿）都分别烘干、称重、取样化验 S 和 Fe 两种元素。最后计算出闭路实验的最终指标，画出数、质量流程图。

缩分最终浮 S 精矿和浮 S 尾矿的筛析、水析试样，每份试样 50g，每个产品缩分出 3 份。

缩分出浮 S 尾矿的磁选管实验样 4 份，每份 20g。

3. 浮硫尾矿的选铁实验-磁选管磁析

磁析时，电流强度约 2.5A，控制水速为 15～20mL/s。对产物分别烘干、称重、取样化验 Fe、S 两种元素，并计算磁析结果。

4. 浮硫精矿与浮硫尾矿的筛、水析，粒级回收率的计算

A　淘析

用淘析法将试样分为 −0.026mm，+0.026mm −0.053mm，+0.053mm 三个级别。沉降高度 H 确定为 10cm，分别计算出所需要的静置时间，计算公式为：

$$t = \frac{H}{5450(\rho_s - 1)d^2}$$

式中　H——沉降高度，cm；

　　　d——粒度，cm；

　　　ρ_s——密度，为计算粒级回收率，统一采用石英密度，即 $\rho_s = 2.65$。

B　筛析

对淘析所得到的 +0.053mm 级别的产品，用 140 目、0.074mm 标准筛干筛分别为三个级别，即 +0.053mm −0.074mm，+0.074mm −140 目，+140 目。

对筛析、水析 5 个级别的产品分别称重，取样化验 S 的含量，计算 S 在各级别的分布率和粒级回收率。粒级回收率的计算式为：

$$\frac{某粒级的}{回收率} = \frac{精矿回收 \times 精矿矿中该粒级的金属分布率}{精矿回收 \times 精矿矿中该粒级的金属分布率 + 尾矿回收 \times 尾矿矿中该粒级的金属分布率} \times 100$$

浮 S 精矿与尾矿的筛析、水析及粒级回收率计算结果见表 8-7。

表 8-7　筛析、水析及粒级回收率计算结果

粒级/mm	浮 S 精矿			浮 S 尾矿			粒级回收率/%
	产率/%	品位/%	S 分布率/%	产率/%	品位/%	S 分布率/%	
合　计							

五、实验要求

（1）实验前，学生根据物料的性质和所学的磁选知识进行实验方案设计，方案经指导老师指导并修改完善后，作为最终实验方案。

（2）实验过程中应注意专业知识的综合运用，力争得到较好的选别结果。

（3）注意观察、记录、分析实验中出现的各种现象，认真记录、计算、分析实验

结果。

(4) 实验报告包括以下几个方面的内容：

1) 实验题目，实验目的；

2) 矿石性质，选别的原则方案；

3) 实验内容、方法及结果分析；

4) 实验的最终结果，包括选别流程，选别条件和选别指标；

5) 实验中存在的问题。

第九章 矿石检测方法

铁矿石中常见元素有铁、硅、铝、硫、磷、钙、镁、锰、钛、铜、铅、锌、钾、钠、砷等。对铁矿石进行分析时，一般只测定全铁、硅、硫、磷。有时为了了解矿石氧化的状态以及确定是否可以磁选，则需要测定亚铁。从冶炼的角度考虑，则要求测定可溶铁（盐酸可溶）和硅酸铁。在铁矿的组合分析中，还需要增加测定氧化铝、氧化钙、氧化镁、氧化锰及砷、钾和钠。在全分析中，为了考虑对铁矿的综合评价和综合利用，常常还要测定钒、钛、铬、镍、钴、灼烧减量、化合水、吸附水、稀有分散元素，甚至稀土元素等。

铁矿石分析方法包括重量法、滴定法、比色法、原子吸收法、等离子体发射光谱法、X射线荧光光谱法等。一般在做铁矿石全分析之前，应对试样进行光谱半定量检查，然后根据具体情况确定分析项目和方法。对于例行的或常见类型的样品，其所含成分已经基本掌握，则这种工作可以不做。一般地说，如果待测组分的含量在常量范围，宜采用重量法或滴定法；如在微量范围，宜采用分光光度法或其他仪器分析法。此外，还应根据其他共存组分的情况来选择。

由于现代分析技术的发展，目前不少测定都可由仪器分析完成，但化学方法作为经典的分析方法，在化学分析中仍然占有非常重要的地位。本章主要介绍铁矿石常见元素及铁物相的化学分析。

实验9-1　化学分析样品制备

化学分析试样主要用来确定所取物料中某些元素或成分的含量，多用于原矿、精矿、尾矿或生产过程中其他产品的分析，以便检查数、质量指标并编制金属平衡表，它是选矿实验和生产检查中经常要取的试样。

在选矿厂取样中，所取原矿为干的粗物料，将其加工制备成化学试样，具体过程是：混匀—缩分—研磨—过筛—混匀—缩分—装袋（分正样和副样）—送化验分析。选矿产品一般为湿浆状，将其加工制备成化学试样，具体过程是：压滤—烘干—混匀—缩分—研磨—过筛—混匀—缩分—装袋（分正样和副样）—送化验分析。

供化学分析用的试样，粒度要细。按规定精矿过180目以上筛子，原矿和尾矿过160目以上筛子。测定亚铁的样品，一般破碎至过100目筛。过筛后试料的混匀和缩分，一般多在胶布或油、漆布上用滚移法进行；或者在研磨板上用移锥法进行。缩分多用薄圆盘四分法，取对角线的两份作为正样，其余两份为副样；方格法可一批连续分出多份小份试样，也常用于分析试样的缩取操作。样品装袋前，在样袋上把试样名称、编号、班次、日期、要求分析元素的内容等一一写明，样品加工者在样袋上签名。

化学分析试样的质量一般为10～200g，最多不过几百克。通常分析原矿、精矿、尾矿样品位时，单一元素要求的样品质量为 15~20g；两种以上的元素为 25~40g；供物相分析用的样品为 50g；供多元素分析的样品，视分析元素数目的多少而定，一般要在 100g 以上。

化学分析试样的粒度应为 -100μm 或 -160μm。最好的方法是由粒度 -250μm 的缩分大样中（最小质量 500g）制成 -100μm、不少于 50g 的化学分析试样。如果使用一台适当的研磨机，可从粒度比 -250μm 粗的样品中，直接制备成 -100μm 或 -160μm 的化学分析试样。一般试样粒度为 -100μm，对于含有质量分数为 2.5% 以上化合水和易氧化物质的矿石，过分研磨会影响结果，化学分析试样粒度应为 -160μm，质量最少为 100g。

如果小于 250μm 的样品要研磨至小于 100μm 或小于 160μm 时，可用几种类型的研磨机，例如顶磨机、盘式研磨机、罐磨机、锤磨机或振磨机。研磨分为干磨和湿磨。

（1）干磨。化学分析用的全部小于 250μm 的样品，用一台合适的研磨机，应一次研磨至小于 100μm 或小于 160μm。如果样品研磨不能一次进行时，则将样品分成几部分研磨。各部分都研磨至小于 100μm 或小于 160μm 后，它们应在一个合适的混合机中充分混匀。为了保证样品的均匀，细磨样品不应筛分成筛上部分和筛下部分，对于矿石中含有可磨性与铁矿石组成物差异很大的矿物，如石英粒、油页岩碎片等，应避免使用冲击型研磨机，因为这种磨机具有选择研磨倾向。

（2）湿磨。当化学分析样品在振磨机中细磨要黏结，以及为了避免样品氧化，最好用较短的研磨时间时，允许在振磨机中用己烷为化学介质进行湿磨。样品通过加工制成的分析试样，其化学成分必须保持与原始样品完全一致，这是对样品加工的基本要求。为了达到这一要求，应尽可能地避免加工过程中的沾污。

实验9-2　分析化学通则与样品预处理

为了使铁矿石检测分析方法标准的简洁、规范，一些国家及地区在制修订铁矿石成分分析标准时，把每一个标准内容中普遍的、相同的条款提取出来汇编成通则或总则，或一般规定，这有利于标准制修订的成套性、系列性、可操作性。另外，国际标准和国际上其他国家及地区为了避免有些标准样品前处理的重复，也把一些通用的样品预处理方法单独制定相关标准，以便被相关标准作为规范性文件引入。下面简单介绍一下铁矿石标准的通则及样品预处理标准情况。

一、分析化学通则

我国国家标准关于铁矿石分析方法的通则有 GB/T 1361—2008《铁矿石分析方法总则及一般规定》。该标准规定了天然铁矿石、铁精矿及其人造块矿各成分的仲裁分析和标样制作，以及验证其他分析方法时必须采用的方法。

铁矿石现行有效标准 GB/T 6730 系列所载入的标准方法，作为仲裁分析、验证其他分析方法以及标准物质定值分析时使用，也可作为铁矿石的例行分析方法以确保被测成分的分析质量。同一元素含有一个以上方法标准者，可根据试样的组成和含量情况选择使用。仲裁分析时应选择对待测元素干扰小，精密度高的分析方法。

1. 通则规定分析结果

（1）试样必须进行两次以上独立分析，每次须带标准试样。标准试样的分析结果与标准值在允许差范围内时，试样的分析结果保留，否则应重新分析。

（2）两次以上分析结果的极差，如在允许差绝对值两倍范围内时，则取算术平均值。若有个别数据超出允许差绝对值两倍，可视其分布情况，认为所得数据已足够时，可权宜弃去，否则应补做若干数据。

（3）规定的允许差仅为判断分析结果的准确性。判断分析结果准确与否，将原分析结果与仲裁结果相比较，如不超出允许差的绝对值时，则认为原分析结果无误，而以仲裁结果为准。分析结果小数点后的位数与允许差取齐。通则规定试样：

（4）除特殊规定外，分析试样一般采取预干燥试样。分析试样应在（105±2）℃温度下烘干 2h，于干燥器中贮存。

（5）吸湿性强的试样，应采用减量法称样。

（6）含有机物、碳化物及硫化物较高的试样，一般应在试料分解前将所称取的试样于800℃灼烧 1h。

2. 通则规定试剂

（1）所用试剂不得低于分析纯，作为基准物质应采用基准试剂。配制标准溶液时，所用试剂一般要求纯度应在 99.99% 以上。

（2）除特殊注明外，溶剂溶液均指水溶液。分析方法中所使用的酸等，如未注明浓度则均为浓溶液。

（3）由固体试剂配制的非标准溶液的浓度用质量浓度表示，单位为 g/L 或 mg/mL。由液体试剂配制的非标准溶液的浓度以（$V_1 + V_2$）表示，即将体积为 V_1 的特定溶液加入到体积为 V_2 的溶剂中。

（4）标准系列溶液，应取标准贮存溶液逐级稀释配制而成，一般应用时配置。溶液标定应取 3 份同时标定，若其滴定体积极差不超过 0.03mL，可取其平均值，否则应重取 3 份再标定。用基准试剂直接配制的标准溶液，配制和使用时的温度应基本一致。

分析时必须做全部操作的试剂空白，对测定结果进行校正。所有分析操作过程用水，均为蒸馏水或去离子水。标准温度是 20℃，温水是指 40～60℃，热水或热溶液的温度是指 70～80℃。分光光度计、天平、砝码、容器量具等，应经常进行校正。灼烧物恒重时均应在干燥器中冷至室温，前后两次冷却时间应一致，两次称量之差应小于或等于 0.3mg。干过滤是指溶液用干滤纸和干漏斗过滤于干燥容器中，并弃去最初部分滤液。分析步骤中熔融及盛溶液的烧杯加热时，除特殊说明外，均应加盖或表皿。

二、分析化学试样预处理

试样分解的主要任务，在于将试样中的待测组分全部转变为适于测定的状态。通常是在试样分解后，使待测组分以可溶盐的形式进入溶液，或者使其保留于沉淀之中，从而与某些其他组分分离，有时也以气体形式将待测组分导出，再以适当的试剂吸收或任其挥发。

在分析工作中，对试样分解的一般要求是：试样应分解完全；待测组分不应有损失；不能引入含有待测组分的物质；不能引入干扰待测组分的物质。在实际应用中，根据矿石的特性、分析项目的要求以及干扰元素的分离等情况，通常选用酸分解及碱熔融的方法分解铁矿石。

常用的酸分解法有：

（1）盐酸分解。铁矿石一般能被盐酸加热分解，含铁的硅酸盐难以溶于盐酸，可加少许氢氟酸或氟化铵使试样分解完全。磁铁矿溶解的速度很慢，可加几滴氯化亚锡溶液，使分解速度加快。

（2）硫酸-氢氟酸分解。试样在铂坩埚或聚四氟乙烯坩埚中，加硫酸(1+1)10滴、氢氟酸4~5mL，低温加热，待冒出三氧化硫白烟后，用盐酸提取。

（3）磷酸或硫磷混合酸分解。溶矿时需加热至水分完全蒸发，并出现三氧化硫白烟后，再加热数分钟。但应注意加热时间不能过长，以防止生成焦磷酸盐。

目前采用碱熔法分解试样更为普遍。常用的溶剂有碳酸钠、过氧化钠、氢氧化钠、氢氧化钾和过氧化钠-碳酸钠混合溶剂等。熔融可在银坩埚、镍坩埚、高铝坩埚或石墨坩埚中进行。也有用过氧化钠在镍坩埚中半熔的。由于铁矿石中含有大量铁，用碳酸钠直接在铂坩埚中熔融会损害坩埚，且铂也影响铁的测定，故很少采用。对于含有硫化物和有机物的铁矿石，应将试样预先在500~600℃灼烧以除去硫及有机物，然后用盐酸分解，并加入少量硝酸，使试样分解完全。硝酸的存在影响铁的测定，可加盐酸蒸发除去。

常规试样分解方法步骤繁琐，耗时长。因此有必要提出一个先进的、通用的、快速的实验溶解方法。目前，微波消解方法可以作为铁矿石消解的一个新手段。微波消解具有明显的优点：能大大缩短样品制备时间，提高分析速度；可以消除或减少样品消解过程中易挥发成分的损失及样品被沾污的可能性；利用密闭容器微波消解所用试剂少，空白值显著降低，提高了分析痕量元素的准确度；由于微波穿透力强，加热均匀，有利于样品分解，对难溶样品的分解更具优越性；微波消解制备的溶液很适合于原子吸收和等离子光谱的测定。在微波消解条件方面，现在在研究利用抗坏血酸和盐酸并添加硝酸的方法溶解铁矿。

实验9-3 全铁的测定

铁是铁矿石中主量元素，采用重铬酸钾滴定法。样品处理方法分酸溶解和碱熔融法。铁的还原方式有氯化亚锡—氯化汞还原和三氯化钛还原，目前使用比较多的是三氯化钛还原重铬酸钾滴定法。

我国国家标准有：GB/T 6730.5—2007《铁矿石 全铁含量的测定 三氯化钛还原法》，GB/T 6730.4—1986《铁矿石化学分析方法氯化亚锡—氯化汞—重铬酸钾容量法测定全铁量》。国际标准有：ISO 9507—1990《铁矿石总铁含量的测定——三氯化钛还原法》，ISO 2597-1—1994《铁矿石总铁含量的测定——氯化亚锡还原后用滴定法》。

一、三氯化钛还原滴定法

1. 原理

试样用酸分解或碱熔融分解，氯化亚锡将大量铁还原后，加三氯化钛还原少量剩余铁。用稀重铬酸钾溶液氧化（方法1、方法2）或用高氯酸氧化（方法3）过量的还原剂。

以二苯胺磺酸钠作指示剂，重铬酸钾标准溶液滴定。

2. 试剂配制

盐酸：1+9、1+50。

硫酸：1+1。

高氯酸：1+1。

过氧化氢：30%（体积分数），3%（体积分数）。

高锰酸钾溶液：40g/L。

重铬酸钾溶液：0.5g/L。

氢氧化钠溶液：20g/L。

氯化亚锡（60g/L）：称取6g氯化亚锡（$SnCl_2$）溶于20mL热盐酸中，加水稀释至100mL，混匀，加一粒锡粒，贮于棕色瓶中。

三氯化钛溶液（1+14）：取2mL市售三氯化钛溶液 [15% ~20%]，用盐酸（1+5）稀释至30mL。在冰箱中保存。

硫磷混酸（15+15+70）：边搅拌边将150mL浓硫酸慢慢注入700mL水中，加150mL磷酸，混匀。

硫酸亚铁铵溶液（$c[(NH_4)_2Fe(SO_4)_2 \cdot 6H_2O] = 0.05mol/L$）：称取19.7g硫酸亚铁铵溶解于硫酸（5+95）中，稀释至1000mL，混匀。

重铬酸钾标准溶液（$c(1/6K_2Cr_2O_7) = 0.05000mol/L$）：称取2.4518g预先在150℃烘干2h，并在干燥器中冷却至室温的重铬酸钾，溶解在适量水中，移入1000mL容量瓶中，用水稀释至刻度，混匀。

钨酸钠溶液（250g/L）：称取25g钨酸钠（Na_2WO_4）溶于适量水中，加5mL磷酸，用水稀释至100mL，混匀。

靛蓝溶液（1g/L）：称取0.1g靛蓝（$C_{16}H_8O_8N_2S_2Na_2$）溶解于100mL硫酸（1+1）中，混匀。

二苯胺磺酸钠（$C_6H_5NHC_6H_4SO_3Na$）溶液：2g/L。

3. 分析步骤

（1）试样的分解。

1）酸分解[钒含量小于0.05%（质量分数），钼和铜含量均小于0.1%（质量分数）的试样]。称取0.2000g试样置于300mL烧杯中，加30mL盐酸，盖上表皿，缓慢加热分解试样，不能沸腾，以免三氯化铁挥发。用射水冲洗表皿及烧杯壁，至体积约50mL。用中速滤纸过滤不溶残渣，用热盐酸（1+50）洗残渣，直至看不见黄色的三氯化铁为止，然后再用热水洗6~8次。将滤液和洗液收集在600mL烧杯中，此即主液。

将滤纸和残渣放入铂坩埚中，灰化，在800℃灼烧20min，冷却。用硫酸（1+1）润湿残渣，加5mL氢氟酸，低温加热至三氧化硫白烟冒尽，以除去二氧化硅和硫酸。取下，加2g焦硫酸钾于冷却后的坩埚中，缓慢加热升至650℃左右熔融约5min，冷却。将坩埚放入原烧杯中，加约25mL水和5mL盐酸，温热溶解熔融物。洗出坩埚，将该溶液并入主液。不沸腾状况下蒸发至约100mL。

注：盐酸分解试样后，如有少量白渣，可以不用回渣，对结果无显著影响。

2）熔融-酸化[钒含量小于0.05%（质量分数），钼和铜含量均小于0.1%（质量分数）的试样]。称取 0.2000g 试样置于刚玉坩埚中，加 3g 混合熔剂（过氧化钠 + 碳酸钠 = 2 + 1），充分混匀，上盖 1g 混合熔剂，在 800℃ 熔融约 15min。

冷却熔融物，将坩埚放入 600mL 烧杯中，加 100mL 温水，加热煮沸几分钟，浸出熔融物。加 20mL 盐酸，加热至碳酸钠和过氧化钠分解不再起泡为止。洗出坩埚，并将洗液加入溶液中。不沸腾状况下蒸发至约 100mL。

3）熔融-过滤[钒含量大于 0.05%（质量分数），钼含量大于 0.1%（质量分数），铜含量小于 0.1%（质量分数）的试样]。称取 0.2000g 试样置于刚玉坩埚中，加 3g 混合熔剂（过氧化钠 + 碳酸钠 = 2 + 1），充分混匀，上盖 1g 混合熔剂。在 800℃ 熔融约 15min。冷却熔融物，将坩埚放入 600mL 烧杯中，加 100mL 温水，加热煮沸几分钟，浸出熔融物。用热水洗出坩埚，并将洗液加入溶液中。保留坩埚。冷却溶液，用中速滤纸过滤，用氢氧化钠溶液（20g/L）洗涤 2 次，弃去滤液。

将滤纸上的沉淀用射水洗入原烧杯中，加 10mL 盐酸，加热溶解沉淀。溶液用原滤纸过滤，用热盐酸（1 + 1）洗滤纸 3 次，用盐酸（1 + 50）洗数次，最后用温水洗至洗液无酸性为止。将滤液和洗液收集在 600mL 烧杯中，此即主液。用热盐酸（1 + 1）将坩埚中残余熔融物溶解并洗入主液中。不沸腾状况下蒸发至约 100mL。

（2）还原。任选下列方法之一氧化过量的三氯化钛。

方法 1：以钨酸钠为指示剂，用稀重铬酸钾氧化过量的三氯化钛。

在溶液中加 3 滴高锰酸钾溶液（40g/L），加热保持近沸 5min，氧化溶液中的砷或有机物。用少量热盐酸（1 + 9）洗表皿和烧杯内壁。立刻滴加氯化亚锡溶液（60g/L）还原铁（Ⅲ），并不时转动烧杯中的溶液，直至溶液保持淡黄色。如果溶液因加入过量氯化亚锡而变为无色，则滴加过氧化氢溶液（3%）至溶液呈淡黄色。

用少量水清洗烧杯内壁，流水冷却至室温，调整溶液体积 150 ~ 200mL，边搅拌边滴加 15 滴钨酸钠溶液（250g/L），滴加三氯化钛溶液（1 + 14）至蓝色出现，并过量 1 ~ 2 滴。滴加稀重铬酸钾溶液（0.5g/L）至蓝色消失（不计读数）。

方法 2：以靛蓝为指示剂，用稀重铬酸钾溶液氧化过量的三氯化钛。

前一步骤与方法 1 相同。

用少量热水清洗烧杯内壁，加 6 滴靛蓝溶液作指示剂，然后滴加三氯化钛溶液（1 + 14），并不时转动溶液，直至溶液由蓝色变无色，再过量 2 ~ 3 滴。滴加稀重铬酸钾溶液（0.5g/L）至溶液呈稳定蓝色（保持 5s）。放在冷水浴中数分钟，然后用冷水将溶液稀释至约 200mL。

方法 3：用高氯酸氧化过量的三氯化钛。

前一步骤与方法 1 相同。

逐滴加入三氯化钛溶液（1 + 14），直至黄色消失并过量 3 ~ 5 滴。用少量水吹洗杯壁，并迅速加热至开始沸腾。取下烧杯，立即将 5mL 高氯酸（1 + 1）一次加入，摇动约 5s，将溶液混匀。立即加冷水（小于 10℃）稀释至 200mL，迅速冷却至 15℃ 以下。

（1）滴定。在冷却的溶液中，加 20mL 硫磷混酸，加 5 滴二苯胺磺酸钠指示剂，用重铬酸钾标准溶液滴定，当溶液由绿色变为蓝绿色到最后一滴变紫色时为终点。记下消耗的重铬酸钾标准溶液的体积。

注：滴定与配制重铬酸钾标准溶液的温度应保持一致，否则应对其体积进行校正。滴定比配制温度

每升高1℃，滴定度降低0.02%。

（2）空白实验。用相同的试剂，按与试样相同的操作，测量空白值。但在加硫磷混酸前加入5.00mL硫酸亚铁铵溶液，用重铬酸钾标准溶液滴定至终点后，再加入5.00mL硫酸亚铁铵溶液，继续用重铬酸钾标准溶液滴定至终点。前后滴定所需重铬酸钾标准溶液的体积之差即为空白值。

4. 计算结果

按下式计算全铁含量，以质量分数表示：

$$w_{Fe} = \frac{c \times (V - V_0) \times \frac{55.85}{1000}}{m} \times 100 \tag{9-1}$$

式中　c——重铬酸钾标准溶液的浓度$[c(1/6K_2Cr_2O_7)]$，mol/L；

　　　V——滴定试液所需重铬酸钾标准溶液的体积，mL；

　　　V_0——滴定空白所需重铬酸钾标准溶液的体积，mL；

　　　m——称取试样的质量，g；

　55.85——铁的摩尔质量，g/mol。

二、氯化亚锡还原滴定法

1. 原理

试样用酸分解或碱熔融分解，用氯化亚锡将三价铁还原为二价铁，加入二氯化汞以除去过量的氯化亚锡，以二苯胺磺酸钠为指示剂，用重铬酸钾标准溶液滴定至紫色。

反应方程式：

$$2Fe^{3+} + Sn^{2+} + 6Cl^- \longrightarrow 2Fe^{2+} + SnCl_6^{2-}$$

$$Sn^{2+} + 4Cl^- + 2HgCl_2 \longrightarrow SnCl^{2-} + Hg_2Cl_2 \downarrow$$

$$6Fe^{2+} + Cr_2O_7^{2-} + 14H^+ \longrightarrow 6Fe^{3+} + 2Cr^{3+} + 7H_2O$$

此法的优点是：过量的氯化亚锡容易除去，重铬酸钾溶液比较稳定，滴定终点的变化明显，受温度的影响（30℃以下）较小，测定的结果比较准确。

2. 试剂配制

重铬酸钾标准溶液：称取1.7559g预先在150℃烘干1h的重铬酸钾（基准试剂）于250mL烧杯中，以少量水溶解后，移入1L容量瓶中，用水定容。1.00mL此溶液相当于0.0020g铁。

硫磷混合酸（15+15+70）：将150mL浓硫酸缓缓倒入700mL水中，冷却后加入150mL磷酸，搅匀。

氯化亚锡溶液（100g/L）：称取10g氯化亚锡（$SnCl_2$）溶于10mL盐酸中，用水稀释至100mL。

二氯化汞（$HgCl_2$）饱和溶液。

硫磷混合酸：硫酸+磷酸（2+3）。

二苯胺磺酸钠（$C_6H_5NHC_6H_4SO_3Na$）溶液：5g/L。

3. 分析步骤

硫磷混酸分解试样：称取 0.2000g 试样于 250mL 锥形瓶中，加 0.5g 氟化钠，用少许水润湿后，加入 10mL 硫磷混合酸（2＋3），摇匀。在高温电炉上溶解完全，直至冒出三氧化硫白烟，取下冷却，加入 20mL 盐酸，低温加热至近沸，取下趁热滴加氯化亚锡溶液至铁（Ⅲ）离子的黄色消失，并过量 2 滴，用水冲洗杯壁。流水冷却至室温后，加入 10mL 二氯化汞饱和溶液，摇动后放置 2~3min，加水至 120mL 左右，加 5 滴 5g/L 二苯胺磺酸钠指示剂，用重铬酸钾标准溶液滴定至紫色。与试样分析的同时进行空白实验。

过氧化钠分解试样：称取 0.2000g 试样置于刚玉坩埚中，加 2~3g 过氧化钠，混匀，再覆盖 1g 过氧化钠。置于马弗炉中于 650~700℃ 熔融 5min，取出，冷却。将坩埚放入 250mL 烧杯中，盖上表皿，加水 20mL、盐酸 20mL，浸取熔块。待熔块溶解后，用 5% 盐酸洗净坩埚，在电炉上加热溶解至近沸，并维持数分钟。取下趁热滴加氯化亚锡溶液至铁（Ⅲ）离子的黄色消失，并过量 2 滴。用水冲洗杯壁。流水冷却至室温后，加入 10mL 二氯化汞饱和溶液，摇动后放置 2~3min，加 15mL 硫磷混合酸（15＋15＋70），加水至 120mL 左右，加 5 滴 5g/L 二苯胺磺酸钠指示剂，用重铬酸钾标准溶液滴定至紫色。与试样分析同时进行空白实验。当分析铬铁矿中的铁以及含钒、钼和钨的矿石中的铁时，必须在碱熔浸取后过滤，将铬、钒、钼和钨除去，再进行铁的测定。

4. 计算结果

按下式计算全铁含量，以质量分数表示：

$$w_{Fe} = \frac{(V - V_0) \times 0.002000}{m} \times 100 = \frac{0.2(V - V_0)}{m} \qquad (9\text{-}2)$$

式中　　V——滴定试液所需重铬酸钾标准溶液的体积，mL；

　　　　V_0——滴定空白所需重铬酸钾标准溶液的体积，mL；

　　　　m——称取试样的质量，g；

0.002000——与 1.00mL 重铬酸钾标准溶液相当的以克表示的铁的质量。

5. 注意事项

（1）若样品中含有机物，酸溶时需加几滴硝酸。

（2）硫磷混酸溶样时需要用高温电炉，并不断地摇动锥形瓶以加速分解，否则在瓶底将析出焦磷酸盐或偏磷酸盐，使结果不稳定。

（3）硫磷混酸溶矿温度要严格控制。温度过低，样品不易分解；温度过高，时间太长，磷酸会转化为难溶的焦磷酸盐，影响滴定终点辨别，并使分析结果偏低。通常铁矿在 250~300℃ 加热 5min 即可分解。

（4）过氧化钠熔融物用盐酸提取后，要煮沸 5~10min，以赶净过氧化氢，否则测定结果不正常。

（5）控制好二氯化锡还原铁（Ⅲ）的滴加量。过量二氯化锡被二氯化汞氧化，应生成白色丝状沉淀。如果还原时二氯化锡过量太多，则产生灰色或黑色金属汞沉淀。金属汞容易被重铬酸钾氧化，使铁的结果偏高。

（6）二氯化汞溶液应在小体积时加入，有白色丝绢光泽沉淀生成。这种甘汞沉淀的产生比较缓慢。因此加入二氯化汞后应摇匀并放置 2~3min，时间过短则结果偏高。

（7）指示剂必须用新配制的，每周应更换一次。

实验 9-4　亚铁的测定

铁矿中的亚铁是指磁铁矿、菱铁矿及一些硅酸盐中的亚铁，不包括硫化物矿物中的亚铁。所以当分析含有硫铁矿试样中的亚铁时，试样的分解比较复杂，需要控制好一定的酸量和时间，以免部分硫铁矿分解而引起误差。

我国国家标准有：GB/T 6730.8—1986《铁矿石化学分析方法重铬酸钾容量法测定亚铁量》。国际标准有：ISO 9035—1989《铁矿石酸溶铁含量的测定——滴定分析法》。

一、易溶矿亚铁的测定

1. 原理

在惰性气体中，用盐酸和氟化钠分解试样。加硫磷混酸，用水稀释。以二苯胺磺酸钠作指示剂，用重铬酸钾标准溶液滴定，测定酸溶铁（Ⅱ）含量。硫化物等其他还原态物质及高价锰等氧化态物质对测定有干扰。

2. 试剂配制

硫磷混合酸（15 + 15 + 70）：边搅拌边小心将 150mL 浓硫酸缓缓倒入 700mL 水中，冷却后加入 150mL 磷酸，搅匀。

重铬酸钾标准溶液（$c(1/6K_2Cr_2O_7) = 0.05000mol/L$）：称取 2.4518g 预先在 150℃ 烘干 2h，并在干燥器中冷却至室温的重铬酸钾，溶解在适量水中，移入 1000mL 容量瓶中，用水稀释至刻度，混匀。

二苯胺磺酸钠指示剂：5g/L。

碳酸氢钠饱和溶液。

3. 分析步骤

称取 0.5000g 试样于干燥的 300mL 锥形瓶中，加入 0.2 ~ 0.5g 碳酸氢钠、0.2g 氟化钠以及 30mL 盐酸，立即盖上盛有碳酸氢钠饱和溶液的盖氏漏斗并塞紧，置于电炉上加热至微沸，维持 20 ~ 30min。试样完全分解后，取下冷却至室温（此时注意补加碳酸氢钠饱和溶液），取下盖氏漏斗，加入 20mL 硫磷混酸，加水稀释至约 150 ~ 200mL，加 5 滴二苯胺磺酸钠指示剂，迅速用重铬酸钾标准溶液滴定至稳定的紫色为终点。

试样分析的同时，用相同的试剂，按与试样相同的操作测量空白值。

4. 计算结果

按下式计算酸溶铁（Ⅱ）含量，以质量分数表示：

$$w_{Fe(Ⅱ)} = \frac{c \times (V - V_0) \times \frac{55.85}{1000}}{m} \times 100 \qquad (9-3)$$

式中　　c——重铬酸钾标准溶液的浓度 $[c(1/6K_2Cr_2O_7)]$，mol/L；

　　　　V——滴定试液所需重铬酸钾标准溶液的体积，mL；

　　　　V_0——滴定空白所需重铬酸钾标准溶液的体积，mL；

　　　　m——称取试样的质量，g；

55.85——铁的摩尔质量，g/mol。

5. 注意事项

如试样中含有金属铁，需要同时测定金属铁的含量，并按下式计算亚铁的含量：

$$w_{Fe(II)} = \frac{c \times (V - V_0) \times \dfrac{55.85}{1000}}{m} \times 100 - 3 \times w_{MFe} \qquad (9-4)$$

式中　w_{MFe}——金属铁的质量分数，%。

二、难溶矿亚铁的测定

称取 0.5000g 试样于铂坩埚中，以少量水润湿，加入 5mL 硫酸（1 + 1）、5mL 氢氟酸，置于电热板上，用已通入二氧化碳气的玻璃罩罩上，加热至微沸并保持 8~10min。待试样分解后，将坩埚迅速移入预先盛有 200mL 硼酸溶液（含 25mL 饱和硼酸）的烧杯中，加 15mL 硫磷混酸，5 滴 5g/L 的二苯胺磺酸钠，用重铬酸钾标准溶液滴定至稳定的紫色。

三、含硫化物铁矿中亚铁的测定

试样用溴-甲醇处理，使其中的硫化物氧化为硫酸盐，然后用石棉过滤。本方法适用于含少量硫化物（小于5%）的试样。

称取 0.2000g 粒度小于 0.085mm 的试样于 50mL 烧杯中，加 20mL 甲醇、1mL 溴，盖上表皿，置于电磁搅拌器上搅拌 1h。然后用铺有精制石棉的玻璃坩埚抽气过滤。先以甲醇洗去溴，再用水洗涤至无醇味。将试样连同石棉用水冲入 300mL 锥形瓶中，以下分析步骤见易溶矿亚铁的测定。

注意：溴剧毒，应在通风良好的地方使用。

精制石棉的方法：将普通石棉用水浸软，取出泡在盐酸中，在蒸汽浴上加热数小时。加入少量水，过滤，用热水洗去酸后，将石棉纤维移入烧杯中，再用硝酸（1 + 6）煮沸，以倾泻法用热水洗去酸，再用 250g/L 氢氧化钠溶液煮沸后用热水洗去碱。最后用酒石酸钾钠-氢氧化钾溶液浸泡数小时，然后用水洗去浸取液，加大量水剧烈震荡，待粗纤维沉降后，将细纤维滤出备用。

四、含锰铁矿中亚铁的测定

若铁矿石中含锰大于1%时，由于高价锰的存在，在溶矿过程中将亚铁氧化，使结果偏低。因此需加入亚硫酸以消除高价锰的干扰。

准确称取 0.3g 试样于 300mL 锥形瓶中，加碳酸氢钠 2~3g，氟化钠 1g 及 100g/L 亚硫酸钠 5mL，加入浓盐酸 25~30mL，加盖，置电炉上加热煮沸 10~30min，取下迅速加入含有 10mL 饱和硼酸的 150mL 新鲜蒸馏水，加盖橡皮塞。冷却后加 15mL 硫磷混酸，5 滴 5g/L 的二苯胺磺酸钠，用重铬酸钾标准溶液滴定至稳定的紫色，即为终点。

实验9-5　可溶铁的测定

可溶铁系指能溶解于盐酸的铁矿物，除磁铁矿、赤铁矿、褐铁矿等外，还包括可溶性硅酸铁，如绿泥石、黑云母、角闪石、绿帘石等。所以溶矿时，不得同时加入其他酸或预先将试样灼烧再溶解。参考全铁的测定，溶于盐酸的铁还原方式有氯化亚锡—氯化汞还原和三氯化钛还原，用重铬酸钾标准溶液滴定。本节仅介绍氯化亚锡—氯化汞还原—重铬酸钾滴定法测定可溶铁。

1. 原理

试样用盐酸在控制一定温度和时间的条件下溶解，随后按照氯化亚锡—氯化汞还原—重铬酸钾滴定法测定。

2. 试剂配制

重铬酸钾标准溶液：称取 1.7559g 预先在 150℃ 烘干 1h 的重铬酸钾（基准试剂）于 250mL 烧杯中，以少量水溶解后，移入 1L 容量瓶中，用水定容。1.00mL 此溶液相当于 0.0020g 铁。

硫磷混合酸（15 + 15 + 70）：将 150mL 浓硫酸缓缓倒入 700mL 水中，冷却后加入 150mL 磷酸，搅匀。

氯化亚锡溶液（100g/L）：称取 10g 氯化亚锡（$SnCl_2$）溶于 10mL 盐酸中，用水稀释至 100mL。

二氯化汞（$HgCl_2$）饱和溶液。

二苯胺磺酸钠（$C_6H_5NHC_6H_4SO_3Na$）溶液：5g/L。

3. 分析步骤

称取 0.2000g 试样于 250mL 锥形瓶中，用少许水润湿，加入 30mL 盐酸（1 + 1）摇匀。盖上瓷坩埚盖。置于低温电热板上，在近沸温度下，加热溶解约 40min，此时溶液体积浓缩为 10 ~ 15mL 左右。取下，用水冲洗瓶壁，趁热滴加氯化亚锡溶液到黄色消失，并过量 2 滴。流水冷却至室温后，加入 10mL 二氯化汞饱和溶液，摇动后放置 2 ~ 3min，加 15mL 硫磷混合酸，加水至 120mL 左右，加 5 滴 5g/L 二苯胺磺酸钠指示剂，用重铬酸钾标准溶液滴定至紫色。与试样分析的同时进行空白实验。

4. 计算结果

按下式计算可溶铁含量，以质量分数表示：

$$w_{可溶铁} = \frac{(V - V_0) \times 0.002000}{m} \times 100 = \frac{0.2(V - V_0)}{m} \tag{9-5}$$

式中　　V——滴定试液所需重铬酸钾标准溶液的体积，mL；

　　　　V_0——滴定空白所需重铬酸钾标准溶液的体积，mL；

　　　　m——称取试样的质量，g；

　0.002000——与 1.00mL 重铬酸钾标准溶液相当的以克表示的铁的质量。

5. 注意事项

（1）必须注意控制溶矿时的温度、时间及盐酸用量，使其保持一致条件，才能测得准确结果。

（2）如果不使用水浴加热，亦可将电热板调节到最低温度，只要溶液微沸即可。实验证明，采用这种方式溶矿和水浴上溶解所得结果一致。

（3）铜、钒等元素对测定有影响，滴定溶液中五氧化二钒大于 1mg 或铜大于 2mg 时，应预先分离。

实验 9-6　二氧化硅的测定

二氧化硅的测定主要有重量法和比色法。重量法有动物胶凝聚法、高氯酸硫酸脱水法、盐酸蒸干脱水法等，比色法主要是硅钼蓝光度法。

我国国家标准有：GB/T 6730.9—2006《铁矿石 硅含量的测定 硫酸亚铁铵还原-硅钼蓝分光光度法》，GB/T 6730.10—1986《铁矿石化学分析方法重量法测定硅量》。国际标准有：ISO 2598-1—1992《铁矿石硅含量测定—第 1 部分：重量分析法》，ISO 2598-2—1992《铁矿石硅含量测定—第 2 部分：还原钼酸硅分光光度法》。

一、动物胶凝聚法

1. 原理

试样经碱熔分解后，用盐酸酸化，并蒸发至湿盐状，在浓盐酸溶液中，加动物胶使硅胶凝聚，过滤，沉淀灼烧称量。此时为不纯之二氧化硅，然后用氢氟酸、硫酸处理，使硅呈四氟化硅逸去，灼烧称量，求其减量即为二氧化硅的含量。

2. 试剂配制

动物胶（10g/L）：称取 1g 动物胶于 100mL 沸水中搅拌至溶解。

3. 分析步骤

称取 0.5000g 试样置于预先熔有 4 ~ 6g 氢氧化钠的镍坩埚中，加入 1 ~ 2g 过氧化钠，于电炉上逐渐升高温度至 500 ~ 600℃熔融，注意摇动坩埚至熔融物红色透明并保持 1min，取下冷却，将坩埚放入 250mL 塑料烧杯中，加入 50mL 沸水，浸取熔融物，并用少量盐酸和热水洗净坩埚。在不断搅拌下缓慢加入盐酸至全部氢氧化物溶解，并过量 10mL，转入 400mL 烧杯中。将烧杯置于低温电炉上加热至盐类析出。然后移至水浴上蒸发至湿盐状，取下加入 15 ~ 20mL 盐酸，搅拌均匀，并加热至 60 ~ 70℃，加入 10mL 动物胶溶液，搅拌 3 ~ 5min，于 60 ~ 70℃保温 10min。用水吹洗杯壁后，用密滤纸过滤，用 5% 热盐酸溶液洗涤烧杯及沉淀至无铁（Ⅲ）黄色，再用热水洗涤至无氯离子（用 10g/L 硝酸银溶液检查），滤液收集于 250mL 容量瓶中。

将沉淀连同滤纸放入铂坩埚中，于低温处灰化后，在 950 ~ 1000℃的马弗炉内灼烧 1h。取出置于干燥器中冷却 15 ~ 20min，称至恒量。用水润湿二氧化硅沉淀，加入 10 滴硫酸（1 + 1）及氢氟酸 5 ~ 10mL，于电炉上加热至冒三氧化硫白烟（如硅含量高，则应在蒸至冒三氧化硫白烟时，取下冷却，再加 5 ~ 10mL 氢氟酸处理一次）。将铂坩埚置于 950 ~ 1000℃马弗炉内灼烧 30min，取出置于干燥器中冷却，称至恒量。与试样分析同时做空白实验。

残渣用 1 ~ 2g 焦硫酸钾，在喷灯上熔融后以水浸取，与二氧化硅滤液合并，用水定容。取其部分溶液作硅的光度法测定，以供结果的校正。

4. 计算结果

按下式计算 SiO_2 含量，以质量分数表示：

$$SiO_2(\%) = \frac{m_1 - m_2 + m_3}{m} \times 100 \qquad (9-6)$$

式中　m_1——未经氢氟酸和硫酸处理前的称量，g；

　　　m_2——用氢氟酸和硫酸处理后的称量，g；

　　　m_3——校正值（滤液和残渣中二氧化硅含量），g；

　　　m——称取试样量，g。

5. 注意事项

（1）当试样含硫高时，应先将试样焙烧后用酸处理，过滤，再用碱熔残渣，合并后进行测定。

（2）用动物胶凝聚硅酸必须注意以下条件：溶液的盐酸浓度应在 8mol/L 以上；加动物胶时溶液温度应控制在 60~70℃，高于 80℃ 时动物胶被破坏而降低凝聚作用。

（3）当灰化温度高或马弗炉中空气不足时，易生成难烧尽的黑色物质。这可能是碳化硅被包裹在二氧化硅沉淀里所致，从而影响了结果的准确性。

二、酸溶脱水重量法

1. 原理

试样以酸分解，用高氯酸、硫酸脱水，过滤，灼烧称量，然后用氢氟酸-硫酸处理，使硅呈四氟化硅逸出，用处理前后质量之差计算二氧化硅的含量。

2. 分析步骤

称取 0.5000~1.0000g 试样于 150mL 烧杯中，加入 15mL 盐酸、5mL 硝酸，加热至完全分解，取下稍冷，加入 10mL 硫酸（1+1），继续加热至冒三氧化硫白烟，取下冷却，加入 10mL 高氯酸，加热至冒高氯酸浓白烟 10~15min，取下冷却。加入 20mL 盐酸，100mL 热水，加热煮沸 3~5min，取下趁热用密定量滤纸过滤，用 5%（体积分数）热盐酸洗涤 3~5 次，再用热水洗涤至无氯离子（用 10g/L 硝酸银溶液检查）。

将沉淀连同滤纸放入铂坩埚中，置于低温灰化后于 950~1000℃ 马弗炉中灼烧 1h，并称至恒量。残渣用水润湿，加入 5~10 滴硫酸、10~15mL 氢氟酸，于电炉上加热蒸发至三氧化硫白烟冒尽。再放入 950~1000℃ 马弗炉中灼烧 20min，并称至恒量，用氢氟酸处理前后质量之差计算二氧化硅的含量。

3. 计算结果

按下式计算 SiO_2 含量，以质量分数表示：

$$SiO_2(\%) = \frac{m_1 - m_2}{m} \times 100 \qquad (9-7)$$

式中　m_1——未经氢氟酸和硫酸处理前的称量，g；

　　　m_2——用氢氟酸和硫酸处理后的称量，g；

　　　m——称取试样量，g。

4. 注意事项

（1）试样中钙、镁含量高时，由于用氢氟酸-硫酸处理造成前后组成发生变化，能导致结果偏低。

（2）对铌、钽含量高的试样，可用焦硫酸钾熔融，用 200g/L 酒石酸浸取，过滤，以下操作同分析步骤。

（3）若试样含钛，冒高氯酸烟后，加一定硫酸以防止钛水解。

（4）含钡试样可在脱水之后，加 40～50mL 盐酸（1+1），加热溶解盐类，沉淀用热盐酸（1+4）洗涤。

三、亚铁还原——钼蓝光度法

1. 原理

试样用混合熔剂熔融，稀盐酸浸取，使硅成硅酸状态。在弱酸性溶液中，硅酸与钼酸铵生成可溶性黄色硅钼杂多酸，此杂多酸能被硫酸亚铁铵还原成硅钼蓝，借此进行光度测定。其主要反应式如下：

$$H_4SiO_4 + 12H_2MoO_4 \longrightarrow H_8[Si(Mo_2O_7)_6] + 10H_2O$$

$$H_8[Si(Mo_2O_7)_6] + 4FeSO_4 + 2H_2SO_4 \longrightarrow H_8[SiMo_2O_5(Mo_2O_7)_5] + 2Fe_2(SO_4)_3 + 2H_2O$$

磷、砷干扰测定，它们与钼酸铵生成黄色铬合物也能被还原成蓝色，使测定结果偏高。加入草酸后磷、砷杂多酸迅速被分解，消除其干扰。铁量多时会降低灵敏度，但同时可提高颜色稳定性，故要有一定量铁存在。硫酸根无影响，大量氯根使钼蓝颜色加深，大量硝酸根使钼蓝颜色变浅。铝、铜、钛、镍、锰、镁等元素存在对测定无显著影响。

2. 试剂配制

混合熔剂，取 2 份无水碳酸钠与 1 份硼酸研细混匀。

盐酸：1+5。

草酸硫酸混合酸：32g 草酸溶于 1000mL（1+9）硫酸中。

钼酸铵溶液：60g/L。

硫酸亚铁铵溶液（60g/L）：称取 6g 硫酸亚铁铵 $[(NH_4)_2Fe(SO_4)_2 \cdot 6H_2O]$ 于 100mL 烧杯中，加 1mL 硫酸（1+1）润湿，加适量水搅拌溶解，用水稀释至 100mL，溶液过滤后使用，一周内有效。

二氧化硅储备液（0.20mg/mL）：称取预先在 1000℃ 灼烧 1h 的高纯二氧化硅 0.2000g，置于盛有 2.5g 混合熔剂的铂坩埚中，混匀，再覆盖 1.0g 混合熔剂，于 950℃ 熔融约 20min。冷却至室温，置于塑料杯中用沸水浸取，用水洗出坩埚，冷却至室温。移入 1000mL 容量瓶中，用水稀释至刻度，混匀，立即移入塑料瓶中保存。此溶液 1mL 含 0.20mg 二氧化硅。

二氧化硅标准溶液（20μg/mL）：移取 25.00mL 二氧化硅储备液于 250mL 容量瓶中，用水稀释至刻度，混匀，移入塑料瓶中保存。此溶液 1mL 含二氧化硅 20μg。

3. 分析步骤

（1）试样分解。称取 0.1000～0.5000g 试样（视硅含量高低而定），置于盛有 2.5g 混合熔剂的铂坩埚中，混匀，再覆盖 1.0g 混合熔剂。于 950℃ 熔融 15～20min，取出转动坩埚，冷却。将坩埚置于预先盛有 75mL 盐酸（1+5）的烧杯中，在搅拌下加热浸取熔融物至溶液清亮。用水洗出坩埚，冷却至室温。移入 250mL 容量瓶中，用水稀释至刻度，混匀。

（2）显色。分取20.00mL试液于100mL容量瓶中，用水稀释至50mL，加5mL钼酸铵溶液（60g/L），混匀，放置20min（室温低于20℃时放置20~30min）。加20mL草酸硫酸混合酸，混匀，20~30s后立即加5mL硫酸亚铁铵溶液（60g/L），混匀。用水稀释至刻度，混匀，放置10min。

（3）吸光度测量。分取部分试液于1cm吸收皿中，以随同试样的空白溶液为参比，在分光光度计上于波长810nm处测量吸光度。从工作曲线上查出相应的二氧化硅质量。与试样分析的同时作空白实验。

4. 计算结果

（1）工作曲线绘制。分取0.00mL、1.00mL、2.00mL、4.00mL、6.00mL、8.00mL和10.00mL二氧化硅标准溶液于100mL容量瓶中，分别加入20mL随同试样的空白溶液，用水稀释至50mL，以下按试样显色步骤显色。以未加二氧化硅标准溶液的为参比，用1cm吸收皿于810nm波长处测定吸光度。

以二氧化硅的质量为横坐标，吸光度为纵坐标绘制工作曲线。

（2）按下式计算二氧化硅含量，以质量分数表示：

$$SiO_2(\%) = \frac{m_1 \times V}{m \times V_1 \times 10^6} \times 100 \tag{9-8}$$

式中　m_1——由工作曲线查出的二氧化硅的质量，μg；

　　　V——试液的总体积，mL；

　　　V_1——分取试液的体积，mL；

　　　m——称取试样的质量，g。

实验9-7　五氧化二磷的测定

磷的测定方法有酸碱滴定法和光度法。光度法又可分为磷钼钒酸光度法和铋磷钼蓝光度法等。我国国家标准有：GB/T 6730.18—2006《铁矿石磷含量的测定钼蓝分光光度法》，GB/T 6730.19—1986《铁矿石化学分析方法铋磷钼蓝光度法测定磷量》，GB/T 6730.20—1986《铁矿石化学分析方法容量法测定磷量》。国际标准有：ISO 2599—2003《铁矿石磷含量的测定—滴定法》，ISO 4687-1—1992《铁矿石磷含量的测定—第1部分：钼蓝分光光度法》。

一、酸碱滴定法

1. 原理

在硝酸介质中，磷与钼酸铵生成磷钼酸铵黄色沉淀，过滤后用氢氧化钠标准溶液溶解，以酚酞作指示剂，用硝酸标准溶液回滴过量的氢氧化钠。

在酸溶解试样时，钛、锆形成磷酸盐沉淀，使结果偏低，碱熔后用水浸取可分离除去。钒能延迟磷钼酸盐沉淀，并会使沉淀不完全。钒（Ⅴ）与钼酸铵生成钒钼酸盐沉淀，但钒（Ⅳ）的磷钼酸盐沉淀只有在热溶液中才能产生。为消除钒的影响，应将钒还原成钒

（Ⅳ），并在室温下进行磷的沉淀。当沉淀温度不高于 45℃时，少量的砷不产生沉淀，含砷量高时，可在酸处理试样之际加入氢溴酸，使砷呈溴化砷挥发除去。硅酸能生成硅钼酸铵沉淀而影响测定，可在盐酸或硝酸中脱水过滤除去。氟存在时能减慢沉淀速度，少量氟可在沉淀前加入硼酸络合或蒸干除去。大量盐酸、硫酸及其盐类的存在能延迟沉淀和增加沉淀的溶解度，当量不高时，其作用不显著。

2. 试剂配制

硝酸钾溶液（20g/L）：将 20g 硝酸钾溶于 1L 煮沸过经冷却的水中，摇匀。

钼酸铵溶液：将 A 液（70g 钼酸铵溶于 53mL 氨水和 267mL 水中制成）慢慢地倾入 B 液（267mL 硝酸与 400mL 水混匀而成）中，冷却，静置过夜，过滤。

氢氧化钠标准溶液（$c(NaOH) = 0.1mol/L$）：称取 4g 氢氧化钠（优级纯）溶于煮沸并冷却的水中，以水定容 1L。

硝酸标准溶液（$c(HNO_3) = 0.1mol/L$）：量取 7mL 硝酸（优级纯）于 1L 容量瓶中，用煮沸并冷却的水定容。

酚酞溶液（10g/L）：溶解 0.1g 酚酞于 90mL 乙醇中，用水稀释至 100mL，混匀。

氢氧化钠标准溶液的标定：称取 0.5000g 预先在 105 ~ 110℃烘干 1h 的邻苯二甲酸氢钾（$KHC_8H_4O_4$），加 100mL 新煮沸冷却后的水，加 3 ~ 4 滴酚酞溶液，用氢氧化钠标准溶液滴定至浅红色。氢氧化钠标准溶液浓度（mol/L）计算：

$$c(NaOH) = m/0.2042V \qquad\qquad (9\text{-}9)$$

式中　　m——称取邻苯二甲酸氢钾的质量，g；

　　　　V——标定所消耗的氢氧化钠标准溶液体积，mL。

硝酸标准溶液的标定：取 20.00mL 氢氧化钠标准溶液，用新煮沸冷却后的水稀释成 100mL，加 3 ~ 4 滴酚酞溶液，以硝酸标准溶液滴定至无色，计算硝酸标准溶液的浓度。

3. 分析步骤

称取 0.2000 ~ 0.5000g 试样于 150mL 烧杯中，以少量水润湿，加入 15 ~ 20mL 盐酸，盖上表皿，于电热板上加热至试样完全分解。蒸发至近干，加入 5 ~ 10mL 硝酸，蒸发至 3 ~ 4mL，然后用少许水稀释，用中速滤纸过滤于 500mL 锥形瓶中。用热水洗涤烧杯 3 ~ 4 次，洗涤沉淀 8 ~ 10 次，这时应保持滤液体积在 100mL 左右。

滤液用氨水中和至有氢氧化物沉淀出现，再用硝酸中和至氢氧化物沉淀刚好消失，加入 5mL 过量的硝酸，一边摇动锥形瓶一边缓缓加入 60 ~ 100mL 钼酸铵溶液，振荡 2 ~ 3min，沉淀放置 4h 以上，使磷钼酸铵沉淀完全。

用密滤纸加入纸浆过滤，先用 2%（体积分数）硝酸洗液洗涤锥形瓶和沉淀 2 ~ 3 次，再用 20g/L 硝酸钾洗液将锥形瓶和沉淀均洗至中性。将沉淀和滤纸一起移入原锥形瓶中，加入 30mL 煮沸并冷却的水，小心摇荡锥形瓶，使滤纸碎成浆状，准确加入氢氧化钠标准溶液，充分摇动，使黄色沉淀溶解，加入 5 滴 10g/L 酚酞溶液，再加入 5 ~ 10mL 过量氢氧化钠标准溶液，稍停片刻，用 0.1mol/L HNO_3 标准溶液回滴，至溶液无色为终点。

与试样分析同时进行空白实验。

4. 计算结果

按下式计算五氧化二磷含量，以质量分数表示：

$$w_P(\%) = \frac{(c_1 V_1 - c_2 V_2) \times 0.001291}{m} \times 100 \qquad (9-10)$$

$$P_2O_5(\%) = P(\%) \times 2.292$$

式中　　c_1——标定后氢氧化钠标准溶液的浓度，mol/L；

　　　　c_2——标定后硝酸标准溶液的浓度，mol/L；

　　　　V_1——加入氢氧化钠标准溶液体积，mL；

　　　　V_2——消耗硝酸标准溶液体积，mL；

　　　　m——称取试样量，g；

　0.001291——1mL 氢氧化钠标准溶液 $c(NaOH) = 1.000mol/L$ 相当的磷的量，g。

5. 注意事项

（1）酸不溶试样可用过氧化钠、氢氧化钠熔融，浸取，过滤，滤液以硝酸酸化蒸至近干，脱水，过滤除硅，在滤液中沉淀磷，以下操作同分析步骤。

（2）用 20g/L 硝酸钾洗沉淀至中性必须检查，用试管接取 20 滴滤液，加 1 ~ 2 滴酚酞指示剂，滴入 1 滴氢氧化钠标准溶液应呈现红色。

（3）试样中含磷量较低时，溶液应加热至 40 ~ 50℃，再加钼酸铵溶液并振荡数分钟。

（4）如试样中有钒（Ⅴ）存在，可加入少量盐酸羟胺或硫酸亚铁将钒（Ⅴ）还原为钒（Ⅳ）。

二、铋磷钼蓝光度法

1. 原理

试样以盐酸、硝酸分解，氢氟酸除硅、高氯酸冒烟赶氟，磷被氧化成正磷酸。在硫酸（1%）介质中，磷与铋及钼酸铵形成黄色络合物，用抗坏血酸将铋磷钼黄还原为铋磷钼蓝，在分光光度计上于波长 810nm 处测量吸光度。

显色液中 50mg 铁、20mg 钴、12mg 钛、10mg 锰、铜、铈，5mg 锆、3mg 铬（Ⅵ）、镍，0.5mg 钒（Ⅳ）无干扰，大于此量的有色离子，可用含此离子的底液作参比抵消其干扰，试样中含铌小于 0.3% 无干扰，砷干扰严重，可在显色前加入少量硫代硫酸钠消除。

本方法显色条件范围较宽，易于掌握，有较高的灵敏度和准确度。适用于铁矿石、铁精矿、烧结矿及球团矿中 0.01% ~ 0.50% 磷含量的测定。

2. 试剂配制

盐酸硝酸混合酸：3 + 1。

硫酸：1 + 1。

硫代硫酸钠溶液（5g/L）：称取 0.5g 硫代硫酸钠（$Na_2S_2O_3 \cdot 5H_2O$）、1g 亚硫酸钠（Na_2SO_3），用水溶解，稀释至 100mL。

铋溶液（5g/L）：称取 5g 金属铋或 12g 硝酸铋 [$Bi(NO_3)_3 \cdot 5H_2O$] 于烧杯中，加 25mL 硝酸溶解，加 100mL 水，煮沸驱尽氮氧化物，移入 1000mL 容量瓶中，用水稀释至刻度，混匀。

钼酸铵溶液（30g/L）：配制后如显浑浊，应过滤后使用。

抗坏血酸溶液（20g/L）：当日配制。

磷储备液（100μg/mL）：称取 0.2196g 预先在 105～110℃ 烘至恒重的磷酸二氢钾（KH$_2$PO$_4$ 基准试剂）溶于适量水中，加 5mL 硫酸（1+1），冷却至室温，移入 500mL 容量瓶中，用水稀释至刻度，混匀。此溶液 1mL 含 100μg 磷。

磷标准溶液 A(10.0μg/mL)：分取 50.00mL 磷储备液于 500mL 容量瓶中，用水稀释至刻度，混匀。此溶液 1mL 含 10.0μg 磷。

磷标准溶液 B(5.0μg/mL)：分取 25.00mL 磷贮备液于 500mL 容量瓶中，用水稀释至刻度，混匀。此溶液 1mL 含 5.0μg 磷。

3. 分析步骤

（1）试样分解。称取 0.10～0.50g 试样（含磷小于 0.1% 时称取 0.50g），精确至 0.0001g。将试样置于聚四氟乙烯烧杯中，加 15mL 盐酸-硝酸混合酸，加热溶解，滴加 1～2mL 氢氟酸（视硅含量而定）。试样溶解后，加 5mL 高氯酸，加热蒸发至冒高氯酸白烟 3～4min，取下，用水吹洗杯壁，并继续蒸发至湿盐状。取下稍冷，加 20mL 硫酸（1+1）、20mL 水，加热溶解盐类，冷却至室温。移至 100mL 容量瓶中，用水稀释至刻度，混匀。

随同试样做空白实验。

（2）显色。分取 10.00mL 试样溶液 2 份，分别置于 50mL 容量瓶中。

显色液：于一份试液中，加 1mL 硫代硫酸钠溶液（5g/L）、2.0mL 铋溶液（5g/L）、5mL 钼酸铵溶液（30g/L），每加一种试剂必须立即混匀。用水吹洗瓶口及瓶壁，使体积约为 30mL，混匀。加 5mL 抗坏血酸溶液（20g/L），用水稀释至刻度，混匀。

参比溶液：于另一份试液中，除不加钼酸铵溶液（30g/L）外，其余同显色液操作步骤。用水稀释至刻度，混匀。

放置 5～10min（室温 15℃ 左右放置 10min）。

（3）吸光度测量。在分光光度计上，用 2cm 吸收皿于波长 810nm 处，以参比溶液为参比，测量吸光度，减去空白实验溶液的吸光度，从工作曲线上查出相应磷的质量。

4. 计算结果

（1）工作曲线的绘制。分取 0.00mL、0.50mL、1.00mL、2.00mL、3.00mL、4.00mL 和 5.00mL 磷标准溶液［含磷量小于 0.05%（质量分数）的试样为磷标准溶液 B（5.0μg/mL），含磷量大于 0.05%（质量分数）的试样为磷标准溶液 A（10.0μg/mL）］分别置于 50mL 容量瓶中，加 2mL 硫酸（1+1）、2.0mL 硝酸铋溶液（5g/L）、5mL 钼酸铵溶液（30g/L），每加一种试剂必须立即混匀。用水吹洗瓶口及瓶壁，使体积约为 30mL，混匀。加 5mL 抗坏血酸溶液（20g/L），用水稀释至刻度，混匀。

放置 5～10min（室温 15℃ 左右放置 10min）后，用 2cm 比色皿，以水为参比，于波长 810nm 处，测量其吸光度，减去未加磷标准溶液的吸光度。以磷的质量为横坐标，吸光度为纵坐标，绘制工作曲线。

（2）按下式计算磷含量，以质量分数表示：

$$w_P(\%) = \frac{m_1 \times V}{m \times V_1 \times 10^6} \times 100 \tag{9-11}$$

$$P_2O_5(\%) = P(\%) \times 2.292$$

式中　V_1——分取试液的体积，mL；

　　　V——试液总体积，mL；

　　　m_1——由工作曲线查出磷的质量，μg；

　　　m——称取试样的质量，μg；

2.292——P 换算成 P_2O_5 的系数。

实验 9-8　硫的测定

铁矿石中硫的检测方法主要有硫酸钡重量法及红外吸收法。红外吸收法能够同时检测碳、硫含量。我国国家标准有：GB/T 6730.16—1986《铁矿石化学分析方法硫酸钡重量法测定硫量》，GB/T 6730.17—1986《铁矿石化学分析方法燃烧碘量法测定硫量》。国际标准有：ISO 4690—1986《铁矿石硫含量的测定——燃烧法》，ISO 4689—1986《铁矿石硫含量的测定——硅酸钡重量法》，ISO 4689-2—2004《铁矿石硫含量的测定—第 2 部分：燃烧/滴定法》，ISO 4689-3—2004《铁矿石硫含量的测定—第 3 部分：燃烧/红外法》。

一、高频感应炉燃烧红外吸收法

1. 原理

在助熔剂存在下，向高频感应炉内通入氧气流，使试样在高温下燃烧，硫生成二氧化硫气体，由氧气输送进入红外吸收池，仪器可自动测量其对红外能的吸收，然后计算和显示结果。本方法适用于金属或矿石中大于 0.001% ~2.00% 硫的测定。

2. 仪器及试剂

高频红外气体分析仪。

助熔剂：低碳低硫钨粒、锡粒、纯铁。

净化剂和催化剂：无水过氯酸镁、烧碱石棉、玻璃棉、脱脂棉、镀铂硅胶。

载气[氧气≥99.5%（体积分数）]。

陶瓷坩埚：直径为24mm×24mm，使用前应在高于1100℃氧气流中灼烧 1~1.5h，取出，置于备有烧碱石棉的干燥器内冷却备用。

标准钢样（或矿石标样）：选择硫含量大于被测试样的合格的标准钢样或矿石标样。

标准钢样（或纯铁标样）：选择硫含量约0.002%的合格的标准钢样或纯铁标样。

3. 操作步骤

（1）准备工作。按上述条件及仪器说明书的要求，通氧送电准备调试仪器待用。

（2）稳定仪器。通过燃烧几个与被测试样类似的试料来调整和稳定仪器，让仪器通入氧气循环几次，再将空白调至零。

（3）校准仪器。选择合适的硫标准钢样或矿石标样（硫含量大于被测试样）。称取适量（通常是 0.100~0.200g）标样于已预烧过的坩埚中，加入一定数量的助熔剂，将坩埚放到炉子的支座上并升到燃烧位置，按仪器说明书"自动"校正步骤进行操作，反复操作 2~3 个标样，通过"自动"校准步骤，直至标准样品中硫的结果稳定在误差范围内为止。

（4）空白校正。称取 1.000g 低硫（约 0.002%）标样于已预烧过的坩埚中，加入一定数量的助熔剂，将坩埚放到炉子的支座上并升至燃烧位置，按仪器说明书中"自动"校正空白步骤进行操作，重复操作 3～5 次，可测出一个重现性较好的平均结果，通过"自动"校正空白的方式，扣除标准钢样或纯铁标样中硫含量后，将测出的空白值贮存于计算机内（当试样硫含量大于 0.001% 时，空白值应小于 0.001%）。

空白值确定后，按校准仪器步骤再重复一次标准钢样或矿石标样的测定，测定结果应稳定在误差范围内，再选择一个与被测试样硫含量相当的标样进行复验。

（5）试样测定。称取 0.100～0.200g 试样置于已预烧过的坩埚中，加入与做标准样品和空白时相当的助熔剂（通常为 1g 纯铁、2g 钨粒），将坩埚放到炉子的支座上并升到燃烧位置，按仪器说明书中"自动"分析步骤操作，仪器自动扣除空白值后显示并打印硫的含量。

4. 注意事项

（1）当试样中硫含量大于 0.01% 时，不必考虑空白值，"校正空白"步骤可省略。

（2）要经常清扫燃烧区，勤换石英管，否则结果不稳。

（3）使用电子天平应注意校准，应经常注意系统常数和监视器常数的变化，以判断仪器是否处在正常工作状态。

（4）净化气体用的试剂要及时更换。

（5）一般的铜、铅、锌矿石试样应加 2g 钨（或 2g 钨 + 0.2g 锡）作助熔剂；对焦炭、石墨等非金属试样应加 2g 钨和 0.5g 铁作助熔剂；特殊试样应选择合适的助熔剂。

二、硫酸钡重量法

（一）碳酸钠-氧化锌熔样

1. 原理

本法基于用碳酸钠-氧化锌半熔，将试样中的全部硫转化成可溶性硫酸盐，然后在微酸性溶液中与氯化钡作用生成硫酸钡沉淀，灼烧，称量。

铅、锑、铋、锡、硅、钛等元素在稀盐酸溶液中易水解而夹杂在硫酸钡沉淀中，或生成硫酸盐沉淀干扰测定。高价铁盐易与硫酸钡形成共沉淀。锰含量高时，亦会因共沉淀造成误差。以上元素均能在碳酸钠-氧化锌半熔后，浸取过滤除去。

锰可以在熔样浸取后加入过氧化氢（或乙醇）使其还原成含水二氧化锰沉淀，过滤除去。铬（Ⅲ）能与硫酸钡共沉淀，使硫酸钡沉淀被沾污。因此试样中含铬时，应经碳酸钠-氧化锌半熔浸取，过滤后的碱性滤液蒸发至 50～70mL，加入 30mL 冰乙酸和 30mL 甲醛，煮沸 15～20min，使铬还原和生成乙酸络合物。当钨、钼含量高时，一部分钨将呈钨酸析出，而钼水解，在沉淀时常夹在硫酸钡沉淀中。钨可在酸化时，增大酸度，或采取小体积沉淀，尽量使钨酸析出来，过滤后用水稀释再调节酸度进行沉淀。钨的干扰也可在酸化前加入柠檬酸或酒石酸予以掩蔽。钼可加入少许过氧化氢使其形成结合物，以抑制其进入硫酸钡沉淀中。经上述处理后，在硫酸钡沉淀中仍难免有钨酸析出和钼的水解产物，应采用氨水洗涤硫酸钡沉淀除去钨、钼。

氟离子、硝酸盐、氯酸盐均能在沉淀硫酸钡时形成共沉淀，导致结果偏高，因此必须避免引入，或在沉淀前除去。氟离子可在沉淀前加入 1g 硼酸或 10～15mL 100g/L 三氯化铝溶液，使其生成络合物以抑制共沉淀作用。硝酸盐和氯酸盐可加盐酸使其分解蒸干除去。

本法适用于1%~50%硫的测定。

2. 试剂配制

碳酸钠-氧化锌混合物：将无水碳酸钠与氧化锌（3+2）混合，于研钵中研细混匀。

3. 分析步骤

称取0.2000~0.5000g试样于瓷坩埚中，加入5~8g碳酸钠-氧化锌混合物仔细混匀，转入另一底部铺有一层1~2mm厚碳酸钠-氧化锌混合物的瓷坩埚中，其上覆盖3~4mm厚的一层碳酸钠-氧化锌混合物，将坩埚先放在马弗炉边缘上数分钟，以除去水分，然后于750~800℃半熔1~1.5h。取出冷却后，将坩埚移入300mL烧杯中，加100~150mL水，在不断搅拌下煮沸5~10min，以浸取熔块。用热水洗净坩埚，若呈现绿色时，加入3mL乙醇，煮沸使锰还原，用倾泻法过滤，以2%热碳酸钠溶液洗涤12~15次。

滤液收集于500mL烧杯中，向滤液内加入1~2滴1g/L甲基橙指示剂，用盐酸（1+1）中和至指示剂变红后再过量5mL，用水稀释至300mL，煮沸1~2min，在不断搅拌下滴入煮沸的氯化钡溶液（将15~20mL 100g/L氯化钡溶液用水稀释至50mL），保温30min后，再静置4h或过夜，用密滤纸过滤，用热水洗涤沉淀至无氯离子反应（用10g/L硝酸银溶液检验）。将滤纸连同沉淀放入已恒重的瓷坩埚内，灰化后，于750~800℃灼烧30min，取出，置于干燥器中冷却后称至恒重。

试样分析的同时进行空白实验。

4. 计算结果

按下式计算硫含量，以质量分数表示：

$$w_S(\%) = \frac{m_0 \times 0.1374}{m} \times 100 \qquad (9\text{-}12)$$

式中　　m_0——硫酸钡沉淀质量，g；

　　　　m——称取试样量，g；

0.1374——硫酸钡换算成硫的系数。

5. 注意事项

（1）半熔温度不宜过高，因为大于800℃时熔块不易浸取。

（2）1mL 100g/L氯化钡溶液可沉淀约0.016g硫。

（3）硫含量低时，硫酸钡沉淀必须静置过夜。

（4）在灰化时应防止滤纸着火，并要保持空气流通，否则将会使部分硫酸钡还原导致结果偏低，同时沉淀带黑色或灰色。遇此情况可加入几滴硫酸润湿沉淀，小心加热驱除硫酸，然后重新灼烧。

（5）灼烧的温度不应高于850℃，否则将导致硫酸钡分解。

（二）过氧化钠-碳酸钠熔样

1. 原理

试样以过氧化钠-碳酸钠混合溶剂熔融，水浸取，过滤除去氢氧化物、碳酸盐等沉淀。在稀盐酸溶液中，加入氯化钡，使硫酸根定量生成硫酸钡沉淀。灼烧，称量。

铬、锡和磷的干扰，分别用过氧化氢、柠檬酸和碳酸钙消除。

本法适用于铁矿石、铁精矿、烧结矿和球团矿中0.300%~5.00%硫量的测定。

2. 试剂配制

过氧化钠-碳酸钠混合熔剂：三份过氧化钠与一份无水碳酸钠混匀。

氯化钡溶液（100g/L）：称取 100g 氯化钡溶于适量水中，过滤后用水稀释至 1000mL，混匀。

氯化钡-盐酸洗液：称取 1g 氯化钡，用适量盐酸（1+99）溶解，过滤后用盐酸（1+99）稀释至 1000mL，混匀。

柠檬酸溶液：500g/L。

碳酸钠溶液：20g/L。

硝酸银溶液：10g/L。

氢氧化钠溶液：250g/L。

甲基橙溶液：1g/L。

3. 分析步骤

称样：按表 9-1 称取试样。

表 9-1　称取试样

硫含量/%	试样量/g	混合熔剂量/g
0.300~2.00	1.0000	8.0
>2.00~4.00	0.5000	4.0
>4.00~5.00	0.2500	4.0

熔样：将称取的试样置于 30mL 刚玉坩埚中，按表 9-1 加入混合熔剂和 0.4g 碳酸钙，混匀，再覆盖 2g 混合熔剂。先低温再在 700~750℃熔融 10~15min，取出摇动，冷却，置于 400mL 烧杯中。从杯嘴加入 100mL 热水浸取，待反应停止后，用热水和少量盐酸（1+1）洗出坩埚。

分离：溶液（如呈绿色或紫色时，可加少许无水乙醇）煮沸 3~4min，取下，静置。待大部分沉淀沉降后，趁热用中速滤纸过滤，沉淀尽可能留在原烧杯中，滤液收集于 600mL 烧杯中，加入 50mL 热碳酸钠溶液，煮沸，用原滤纸过滤，用热碳酸钠溶液洗涤烧杯 4~5 次，洗涤沉淀 7~8 次。

沉淀：向滤液中加入 4mL 柠檬酸溶液，滴加 2 滴甲基橙溶液，用浓盐酸迅速中和至溶液呈红色，再依次用氢氧化钠溶液和盐酸（1+1）调至溶液恰呈红色。加入 4mL 盐酸（1+1），用水稀释至约 300mL，滴加 5 滴过氧化氢，将溶液煮沸至无大气泡，取下。用水洗杯壁，在不断搅拌下，滴加 10mL 热氯化钡溶液，溶液在低温电热板上保温 2h，取下，放置过夜。用密滤纸过滤，沉淀用氯化钡-盐酸洗液倾洗 2 次，并将沉淀洗至滤纸上，用擦棒擦净烧杯，用热水洗至无氯离子（用 10g/L 硝酸银溶液检验）。

称量：将沉淀连同滤纸放入已恒量的铂坩埚中，灰化，于 800℃灼烧 10~20min，冷却，加入 4 滴硫酸（1+1），2mL 氢氟酸，低温蒸发至冒尽硫酸烟，再于 800℃灼烧 30min，取出，置于干燥器中，冷却后称至恒重。

试样分析的同时进行空白实验。

4. 计算结果

按下式计算硫含量，以质量分数表示：

$$w_S(\%) = \frac{[(m_1 - m_2) - (m_3 - m_4)] \times 0.1374}{m} \times 100 \qquad (9\text{-}13)$$

式中　m_1——铂坩埚和试液中硫酸钡沉淀的质量，g；

　　　m_2——铂坩埚的质量，g；

　　　m_3——铂坩埚和随同试样空白溶液中硫酸钡沉淀的质量，g；

　　　m_4——空白实验用铂坩埚的质量，g；

　　　m——称取试样量，g；

　0.1374——硫酸钡换算成硫的系数。

实验9-9　多元素同时测定

目前，在铁矿石的多元素同时测定中，X射线荧光光谱技术和ICP发射光谱技术应用得比较广泛。多元素同时快速检测方法的应用大大缩短了检测周期。

一、X射线荧光光谱法

X射线荧光光谱法是波长色散X射线荧光光谱法的简称，利用X射线荧光光谱仪，可以准确方便地测定铁矿石中十几种元素。我国国家标准有：SN/T 0832—1999《进出口铁矿石中铁、硅、钙、锰、铝、钛、镁和磷的测定——波长色散X射线荧光光谱法》。国际标准有：ISO 9516—1992《铁矿石硅、钙、锰、铝、钛、镁、磷、硫和钾的测定——波长色散X射线荧光光谱法》，ISO 9516-1—2003《铁矿石用X射线荧光光谱法测定各种元素—第1部分：综合规程》，该标准可测元素为铁、硅、锰、磷、硫、钛、铝、钙、镁、铜、铬、钒、钾、锡、钴、镍、锌、砷、铅、钡。

按试样制备方式有熔片法和压片法。本节以熔片法为例，介绍X射线荧光光谱技术的应用。

1. 原理

将粉末试样熔制成玻璃片，用原级X射线照射，从试样中产生待分析元素的荧光光谱，经衍射晶体分光后测量其强度，根据用标准样品制作的工作曲线求出试样中分析组分的含量。

2. 试剂材料及仪器

所用试剂均为分析纯以上，水为二次去离子水。

四硼酸锂（$Li_2B_4O_7$），光谱纯，550℃烘烧4h。

波长色散X射线荧光光谱仪，符合计量规范要求。

3. 实验步骤

（1）核对实验。随同试料分析与试料同类型的未参加曲线回归校正的标准物质。

（2）试料片的制备。

1）烧失量的计算。用盐酸（1+1）和水洗净坩埚，烘干，于1050～1100℃灼烧至恒重，冷却备用。在坩埚中称取1～2g试料，准确至0.0001g，放入1050～1100℃的马弗炉中灼烧至恒重。按下式计算烧失量：

$$LOI = (m_1 - m_2) \times 100/m \qquad (9\text{-}14)$$

式中　LOI——试料的烧失量,%；

　　　m_1——试料和坩埚灼烧前的质量，g；

　　　m_2——试料和坩埚灼烧后的质量，g；

　　　m——试料质量，g。

2）试料片的制备。用盐酸（1 + 1）和水洗净铂坩埚，烘干，准确称取(0.8000 ± 0.0001)g 105℃烘干的灼烧后试料，(8.000 ± 0.0001)g 四硼酸锂于铂坩埚中，搅拌均匀，放入马弗炉中，于 1050 ~ 1100℃保持 10min，中间取出摇匀挂壁几次，停止摇动约 1min 后，将熔液倒入已预灼烧的模具中，取出冷却成型。如果不好脱模，可加入溴化锂、碘化铵做脱模剂。如果样品未经过灼烧，则应加入硝酸钾或硝酸铵，并在熔融前在 700℃灼烧 10min 预氧化。

3）试料片的检查和保存。移动试料片时，只能用手轻拿其边缘，其测试面不要碰触其他物体以免污染。试料片做好后要目视检查，有结晶、气泡、不熔物等缺陷的要废弃重做。试料片要放入干燥器中保存。

4）标准化试料片的制备。选择含量合适的标样按上述程序制备试料片，如果没有合适的标准物质，可以用基准物质或高纯试剂添加或人工合成。

5）漂移监控样品片的制备。选用各待测元素含量适中的样品，按相同制备条件制成一试料片，用来校正仪器漂移。

（3）光谱分析。

1）建立方法。按说明书的要求建立分析方法，输入标准化试料片的含量（经烧失量校正后）、试料片的制备方法、选择分析线及其分析时间、优化方式等属性；扫描一试料片，逐一确定各元素分析线及空白线的位置、分光晶体、准直器、计数器、X 射线发生器的电压、电流值以及脉冲高度等条件。

2）制备标准曲线。按建立的方法逐一测定标准化试料片，获得的计数强度扣除空白和经重叠峰校正后与浓度值回归计算，采用 α 系数法校正，由实验确定曲线回归分析偏差的最小化模式及曲线方次。

3）漂移监控样品片的测定。在测定标准化试料片的同时，测定漂移监控样品片以取得初始化数据。

4）核对实验试料片的测定。测定核对实验试料片，如果该结果不能和标准值相符，则必须重新制备核对实验试料片或标准化试料片。

5）未知样试料片的测定。核对实验试料片测完并符合后测定未知样试料片，仪器将自动计算出结果。

4. 计算结果

仪器计算出的结果是灼烧后样品中的含量，按下式计算为样品中的结果：

$$c_i = c_{i0} \times (100 - LOI)/100 \qquad (9\text{-}15)$$

式中　c_i——干基下的元素或相应化合物的浓度,%；

　　　c_{i0}——灼烧后试料中元素或相应化合物的浓度,%；

LOI——烧失量,%。

5. 压片法

压片法的测量过程和熔片法一致,其不同之处在于试料制备方式上。试料经一定压力后成为密实的、具有一定强度的片用于测量,必要时要加衬材如铝盒、塑料环等或黏结剂如硼酸、固体有机酸等。成片后应尽快测量,以免再次吸潮。测量时一般应设置为非真空状态,以免由于水分的散失造成片破裂。标准化试料应选择和待测试料的结构一致、粒度分布基本一致并形成一定浓度梯度的已知含量的一系列铁矿石样品。由于压片法具有难以消除的晶体和粒度效应,因此,选择合适的标准化试料是压片法准确测量的关键之处。

压片法也具有熔片法所不具备的优点。其一就是样品不经过稀释或稀释程度很小,这样就提高了测量下限和灵敏度;其二是样品不经高温处理,没有损失,可以测量在灼烧时可能损失的元素如硫,全硫含量用熔片法很难准确测量。

压制而成的片由于强度和表面磨损等原因,很难长期保存。因此,标准化试料和漂移校正用试料必须充分均匀化。压片法比较适合于矿山采用,因为容易制备结构一致、粒度分布基本一致并形成一定浓度梯度的已知含量的一系列铁矿石样品。

上机测量程序和熔片法一致,但不需烧失量校正。

二、ICP 发射光谱法

ICP 发射光谱法是电感耦合等离子体原子发射光谱法的简写。ISO 11535—1998《铁矿石—各种元素的测定——感应耦合等离子体原子发射光谱法》中采用碱熔法,测定铁矿石中铝、钙、磷、镁、锰、硅、钛元素含量。

1. 原理

试样用碳酸钠和(或)四硼酸钠助熔剂熔融,用盐酸溶解冷却后的熔块,使之分解。稀释到规定容积,在 ICP 光谱仪上测量,从用标准溶液绘制的校准曲线上读出最终结果。

2. 仪器

ICP 光谱仪:可以使用任何传统 ICP 光谱分析仪,只要在测定之前,按制造商的说明进行过初始设定,并符合进行的性能实验。然后选用合适的仪器条件和参数进行样品测试。

3. 实验步骤

(1)实验样的分解。试样粒度小于 $100\mu m$,化合水或易氧化物含量高的试样要求粒度小于 $160\mu m$。每次操作都应随带同类型矿石认证标样和一个空白样,应使用与试样相同量的纯氧化铁。

将 0.8g 碳酸钠放入铂金坩埚中,准确称取 0.5g 试样于坩埚中,并使用铂金或不锈钢棒充分混匀。加入 0.4g 四硼酸钠使用金属棒再次混匀,预熔混合物使之变均匀。预熔后,将坩埚放入 1020℃的马弗炉中 15min。然后移开坩埚,轻轻转动坩埚以使熔融物凝固。冷却,将 PTFE-涂层搅拌棒放入坩埚中,并将坩埚置于 250mL 低壁烧杯中。向坩埚中直接加入 40mL 盐酸,加 30mL 水至烧杯,在磁搅拌器-电热板上边加热边搅拌,直至熔融物完全溶解。冷却溶液并立即移入 200mL 单刻度容量瓶中,用水稀释至刻度并混匀。

吸入校正溶液后,立即开始进行实验溶液的操作,然后是认证标样(CRM)。继续交替地吸入实验溶液和 CRMS,每次测定之间吸入水。该程序至少应重复进行两次。

（2）绘制从校正溶液得出的强度值对其浓度的工作曲线图。

（3）读出实验溶液的强度值，并从校正曲线图中分别得出其浓度值。

实验 9-10　铁矿石物相分析

一、铁矿石化学物相分析的常测项目及意义

物相分析是指测定试样中，由同一元素所组成的不同化合物的质量分数。物相分析的项目，应根据选矿工艺的要求和矿石组成的特点而定。对一般铁矿石而言，通常包括磁性铁、碳酸铁、硅酸铁、硫化铁、赤（褐）铁矿等五相。

1. 磁性铁

磁性铁（MFe）是指具有强磁性的铁的氧化矿物，如磁铁矿、半假象磁铁矿等。测定磁性铁具有极大的意义，它能为铁矿石的储量计算及选矿实验等提供科学依据。1981 年 4 月，地质部和冶金工业部共同颁发的《铁矿地质勘探规范》中规定，"采用物相分析确定的磁性铁（MFe）对全铁（TFe）的占有率作为划分矿石类型的依据"。当 MFe 大于 85% 时，属单一弱磁选铁矿石；小于 65% 时，属联合流程选矿的铁矿石；在 65% ~ 85% 之间时，划属上两类中之一。

2. 碳酸铁

碳酸铁（CFe）是指菱铁矿、铁白云石以及其他一些含铁碳酸盐。测定碳酸铁，对于寻找原生矿和指导选矿工艺都具有实际意义。

3. 硅酸铁

硅酸铁（SiFe）是指含铁的硅酸盐矿物。测定硅酸铁，对于计算铁储量，指导铁矿具有较大意义。在《铁矿地质勘探规范》中，把硅酸铁列为脉石矿物，其含量决定尾矿中铁的品位和铁的回收率。

4. 铁的硫化物

铁的硫化物（SFe）是指磁黄铁矿、黄铁矿、黄铜矿、砷黄铁矿、镍黄铁矿等。测定铁的硫化物，对确定矿石品位和指导工艺加工流程具有较大意义。

5. 赤（褐）铁矿

测定赤（褐）铁矿（OFe），对找矿地球化学具有重要作用，无论是沉积型铁矿、沉积变质铁矿或是风化型铁矿，都含有褐铁矿。其含量对铁矿床的评价和对研究铁矿床的成分环境等也都具有重要意义。

二、铁矿石化学物相分析

物相分析的方法是使溶剂与试样发生作用，其中某个化合物优先溶解，而与其他各化合物分离，因此选择不同的特效溶剂，以定量地分离试样中各种化合物。溶剂的选择是以各化合物在溶剂中的溶度积、氧化还原电位以及络合物的形成条件不同等为依据，使一种化合物溶解，而其他化合物不溶解以达到分离的目的。

矿样粒度、溶剂的浓度及温度、浸取时的搅拌强度以及试样中共存的杂质等对浸出率

均有影响，选择条件时应予以考虑。

铁矿石的化学物相分析可采用单项物相分析，也可采用系统物相分析。所谓单项物相分析，是指在一份称样中，只完成一"相"（或一个项目）的测定。所谓系统物相分析，是指在一份称样中，利用多种溶剂多次连续浸取，完成多个"相"（或多个项目）的测定。系统物相分析和单项物相分析相比较，有两方面缺陷：（1）由于溶剂多次浸取，矿物"串相"所造成的误差一直往后积累，使误差越来越大。（2）由于矿物组成的复杂性和某些矿物的相似性，在系统分析中几乎不能分别连续测定它们。所以系统物相分析仅运用于简单矿石。对于复杂矿石，普遍采用单项物相分析。

（一）单项物相分析

1. 磁性铁的测定

磁性铁系指比磁化系数大于 $3000 \times 10^{-8} cm^3/g$ 的含铁矿物中的铁。用磁选法分离磁性铁与非磁性铁，测定磁性部分的全铁来确定磁性铁的含量，规定磁选用的磁块有效场强为 900T±100T。由于矿样粒度与矿物单体解离度密切相关，它将直接影响分析结果，因此规定分析试样的粒度为 -74μm。在规定磁场强度和矿样粒度的前提下，一般在样品分析中，不再考虑连生体的影响。

分析步骤：称取试样 0.2000g，置于培养皿或烧杯中，加入约 20mL 水润湿，然后用带有铜套的永久磁铁（隔套测得磁场强度为 900T±100T），把磁性矿物吸出，用洗瓶淋洗磁铁，把吸附在上面的非磁性矿物冲掉。借抽出磁铁，把磁性矿物放在另一培养皿或烧杯中。反复数次，直至把试样中的磁性矿物全部选出为止。必要时，对磁性矿物部分再反复磁选，尽可能除尽被夹带的非磁性矿物。将磁选所得到的磁性矿物转入锥形瓶中，加热浓缩至小体积，按测定全铁的方法测定铁，即为磁性铁中的铁。

磁选时要注意，把磁性矿物吸住后，勿用水直接冲洗，以免磁性铁被冲失。对严重氧化的磁铁矿石，磁选操作应十分仔细。以防被选上来的矿物损失。

2. 硅酸铁的测定

盐酸-亚锡冷浸法：在室温下，当存在氯化亚锡和氯化钠时，浓盐酸能很快地溶解氧化铁矿物，而含铁硅酸盐矿物溶解不多，被保留在残渣中。

对含碳酸盐较低的试样，称取试样 0.1000 ~ 0.2000g 于 250mL 烧杯中，加入 25mL 盐酸、0.5g 氯化亚锡、2g 氯化钠。在不时摇动下浸取 30min，然后加入 30mL 水稀释之，用中速滤纸（加纸浆）过滤，用 1% 盐酸洗净烧杯和滤纸。残渣置于刚玉坩埚中灰化后，按常法测定全铁，即为硅酸铁。

铬铁矿、黄铁矿不溶解于此溶剂中。碳酸铁和钛铁矿不定量溶解。易溶硅酸盐如绿泥石、铁橄榄石、蛇纹石等溶解率较大，降低温度至 5 ~ 10℃ 能降低共溶解率。

对含碳酸铁较高的矿样，可先用氯化铵-邻菲罗啉混合溶液浸出碳酸铁后，残渣连同滤纸烘干，仍按上述手续进行分析，但盐酸应加 30mL。

3. 碳酸铁的测定

碱溶化法：称取试样 0.2000g 于干燥的锥形瓶中，准确加入 10mL 10% 氢氧化钾溶液，摇匀，加盖表皿，置电炉上加热至微沸，并保持 4 ~ 5min。取下，冷却至室温，加入 40mL 水，40mL 1mol/L 盐酸，摇匀，加入硫磷混酸和二苯胺磺酸钠指示剂，用重铬酸钾溶液滴定亚铁，即为碳酸铁。本方法特别适用于菱铁矿高而铁白云石低的矿石，铁白云石在此条件下几乎不分解。

三氯化铝（$AlCl_3$）法：称取试样 0.1000g 于 250mL 烧杯中，加入 100mL 10% 三氯化铝溶液、0.5g 碳酸氢钠，加盖表皿，置于沸水浴中，在不时摇动下浸取 1h，取出，流水冷却（如发现严重混浊则用中速滤纸加纸浆过滤）。加入硫磷混酸和二苯胺磺酸钠指示剂，用重铬酸钾溶液滴定亚铁，即为碳酸铁。

含磁黄铁矿较多时，可预先用磁选法分离。试样含有高价锰矿物时，可预先用微酸性的亚硫酸钠溶液，在室温下浸取 20min 以溶解高价锰的氧化物，过滤，残渣再用来测定碳酸铁。

4. 黄铁矿的测定

分析步骤（盐酸-亚锡法）：称取试样 0.2000g 于 250mL 烧杯中，加入 0.5g 氯化亚锡、1g 氟化铵、40mL 盐酸（1+1），置电炉上加热至沸，并保持微沸 30min。取下，用中速滤纸过滤，用盐酸酸化的水洗涤烧杯和滤纸至无铁离子；残渣连同滤纸返回原烧杯，加入 40mL10% 硝酸，盖上表皿，微沸 20~25min，用快速滤纸滤入 100mL 容量瓶中，用磺基水杨酸法测定铁，即为黄铁矿中铁。

本法对测定黄铁矿中铁有较好的效果。磁黄铁矿存在时，在第一步处理时被溶解；黄铜矿将部分保留而与黄铁矿一起被测定。可同时测定硝酸溶液中的铜，按黄铜矿（$CuFeS_2$）的组成校正，每 1% 铜相当于 0.88% 铁。

5. 赤褐铁的测定

差减法：　　　　　赤褐铁 = 全铁 −（磁性铁 + 碳酸铁 + 硅酸铁 + 硫化铁）

流程分析法：在系统流程分析中，在分离了碳酸铁、磁性铁以后，余下为硅酸铁、黄铁矿和赤褐铁。当用盐酸—亚锡冷浸法测定硅酸铁时，浸取液中的铁即为赤褐铁。

（二）系统物相分析

系统物相分析流程如图 9-1 所示。矿石经过磁选分为两部分，在磁性铁中测定磁铁矿及磁黄铁矿，非磁性部分以 2mol/L 乙酸处理，使菱铁矿溶解，残渣用含有 3% 氯化亚锡，

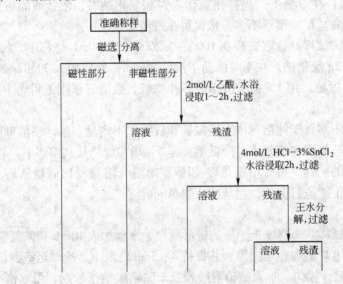

图 9-1　铁矿石系统物相分析流程

4mol/L 盐酸浸取赤铁矿，残渣用王水在水浴上浸取半小时，过滤，滤液测定黄铁矿，残渣为含铁部分的硅酸盐。

1. 磁铁矿、磁黄铁矿的测定

（1）手工磁选法。准确称取 0.5～1g 试样，置于 400mL 烧杯中，加 50～60mL 水，用包有铜套的条形磁铁在烧杯中来回移动，将磁铁上吸附的磁性矿物移入另一烧杯中（第二个烧杯），取下铜套，用水冲洗铜套上的磁性矿物于烧杯中。重复操作直至试样中的磁性矿物全部洗净为止。继而在盛有磁性矿物的第二个烧杯中进行磁选，将磁性矿物移入第三个烧杯中，直至第二个烧杯中的磁性矿物全部选净。合并第一、第二个烧杯中的非磁性矿物。将第三个烧杯中的磁性矿物和水，加热浓缩至小体积，加盐酸 15mL 在低温下分解试样，用氯化亚锡还原后，以重铬酸钾滴定法测定铁。

（2）应用 WFC-1 型物相分析磁选仪快速分离磁性铁。WFC-1 型磁选仪由框架、传动系统及淋洗装置等三大部分组成。框架上装有永久磁铁和磁选管，传动系统借助马达带动永久磁铁做垂向往复运动；淋洗装置用来洗涤矿粒。图 9-2 为磁选仪上的一个磁选管。

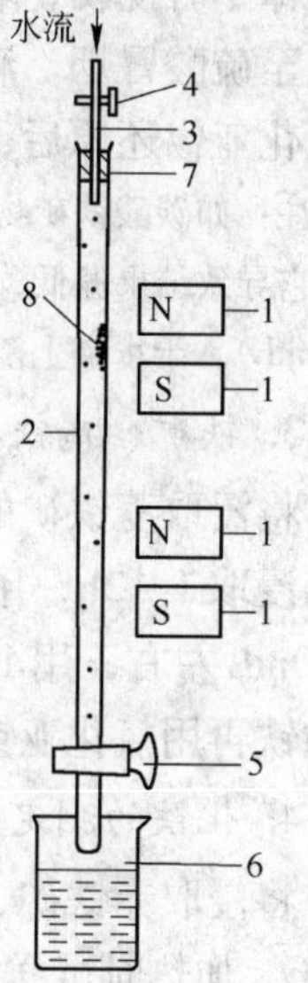

图 9-2　磁选示意图

1—永久磁铁；2—磁选管；
3—进水管；4—止水夹；
5—磁选管活塞；6—烧杯；
7—橡皮塞；8—磁性铁矿粒

当试样在磁选管中进行磁选时，磁力（或磁力的一个分力）垂直于重力。由于磁力的作用，使磁性铁矿粒偏离其垂直下落的轨迹，并被吸在磁极近处的磁选管管壁上，而非磁性铁矿粒靠重力和水流淋洗的作用下落。由于框架上永久磁铁的磁极按正负相反方向排列并能做垂向往复运动，从而使磁性铁矿粒所在位置的磁场方向交替变换，磁性铁矿粒随之成 180° 翻转，减少了磁性铁矿粒对非磁性铁矿粒的夹带。为获得最佳的分离条件，磁选管与极面间的距离、每组永久磁铁的极隙、框架运动的幅度及速率均可调节，淋洗水的流速恒定。为防止磁性较弱的矿粒漏选，在框架下部增设一组永久磁铁。磁选仪有 8 根磁选管，可同时进行工作。

磁选时，按照所需场强预先调整好磁选管与磁极的距离，然后启动马达，使永久磁铁作频率为 70 次/min 的垂向运动。向磁选管内注水至水面高于上部磁铁 2～3cm。

称取试样 0.1000～0.5000g 于小烧杯中，加少量水润湿，用洗瓶吹入磁选管内，此时磁性铁矿粒被吸引在磁极近处的管壁上。旋开活塞 5，使非磁性铁矿粒随水流到烧杯中。关闭活塞 5，将连接进水管 3 的橡皮塞 7 紧塞磁选管管口，打开橡胶管上的止水夹 4 及磁选管的活塞 5，借助磁性铁矿粒的磁翻转及水流的洗涤，使磁性铁与非磁性铁分离。待磁选管内的水清澈且不再有非磁性铁下落时，磁选结束，此时先关闭活塞及止水夹，拔掉橡皮塞，然后再开启活塞，放出磁选管中的水。取下磁选管使其远离永久磁铁，用洗瓶将管内的磁性铁吹入烧杯中，用盐酸溶解，即可测得磁性铁中铁的含量。

2. 菱铁矿

将非磁性部分试样移入 250mL 烧杯中，加 2mol/L 乙酸 100mL。在水浴上浸取 1～2h，用玻棒不时搅动，取下，过滤。用水洗 6 ~ 7 次，滤液中加硫酸(1 + 1)5mL，在电热板上蒸发至硫酸冒烟。滴加几滴过氧化氢除去有机物，加入盐酸 10mL，低温加热至盐类溶解。用氯化亚锡还原后，以重铬酸钾容量法测定铁。

注：如碳酸铁矿物主要不是菱铁矿物，而是菱镁铁矿或铁白云石等矿物时，不应用 2mol/L 乙酸浸取，它导致结果偏低，应改用 40% 乙酸和 15% 过氧化氢 100mL（40mL 冰乙酸，50mL 30% 过氧化氢，加水 10mL），于水浴上浸取 1h，如含硫化铁时，碳酸铁的结果必须校正。

3. 铁矿、褐铁矿的测定

将浸取菱铁矿的残渣移入原烧杯中，加入含 3g 氯化亚锡的 4mol/L 盐酸 100mL。在水浴上浸取 1 ~ 2h，用玻棒不时搅动，取下，过滤。用 5% 盐酸溶液洗涤 6 ~ 7 次，滤液浓缩至 50mL 左右，用 10% 高锰酸钾溶液氧化至出现粉红色。煮沸破坏过量的高锰酸根，氧化后的铁再用氯化亚锡还原，以重铬酸钾滴定法测定铁。

4. 化铁的测定

将浸取赤铁矿、褐铁矿后的不溶残渣放入瓷坩埚中灰化。沉淀移入原烧杯中，加王水 15mL，加热时试样完全分解，取下过滤。滤液用 100mL 容量瓶承接。分取部分溶液，用磺基水杨酸光度法测定铁。

5. 酸铁的测定

将浸取硫化铁后的不溶残渣连同滤纸放入刚玉坩埚中。灰化后，加入过氧化钠，在 700℃ 熔融，冷却。用水浸取，加 15mL 盐酸酸化。用氯化亚锡还原，以重铬酸钾滴定法测定铁。

实验 9-11　X 射线衍射物相分析

一、实验目的

（1）了解 X 射线衍射仪的结构原理及其使用；
（2）掌握采用 X 射线衍射仪进行物相分析的制样方法；
（3）熟悉使用 X 射线物相分析的基本方法；
（4）掌握使用相关软件进行物相定性分析的基本原则、过程和步骤。

二、实验原理

1. X 射线衍射仪的结构原理

X 射线衍射仪是由 X 射线发生器系统、测角仪系统、X 射线衍射强度测量记录系统、衍射仪控制与衍射数据采集分析系统四大部分所组成。

X 射线发生器是衍射仪的 X 光源，其配用衍射分析专用的 X 光管，具有一套自动调节和自动稳定 X 光管工作高压、管电流的电路和各种保护电路等。

测角仪系统是 X 射线衍射仪的核心，用来精确测量衍射角，其是由计算机控制的两个互相独立的步进电机驱动样品台轴（θ 轴）与检测器转臂旋转轴（2θ 轴），依预定的程序

进行扫描工作的，另外还配有光学狭缝系统、驱动
电源等电气部分，其光路布置如图 9-3 所示。

X 射线衍射强度测量记录系统是由 X 射线检测
器、脉冲幅度分析器、计数率计及 *X-Y* 函数记录仪
组成。

衍射仪控制与衍射数据采集分析系统是通过一
个配有"衍射仪操作系统"的计算机系统来完成的。

衍射仪在进行正常工作之前，要进行一系列的
调整工作，选好 X 光管，做好测角仪的校正和选好
X 射线强度记录系统的工作条件，这些确定好的仪
器条件，在以后日常工作时一般不再改变。

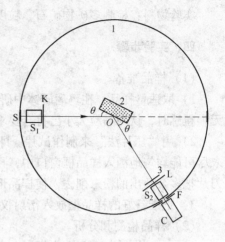

图 9-3　测角仪光路布置简图
1—测角仪圆；2—样品；3—滤波片
S—光源；S_1，S_2—梭拉狭缝；K—发散狭缝；
L—防散射狭缝；F—接收狭缝；C—计数管

2. X 射线物相分析的基本原理

每一种结晶物质都具有各自独特的晶体结构和
化学组成，因其具有其特定的原子种类、原子排列
方式和点阵参数及晶胞大小等。在一定波长的 X 射
线照射下，晶体中不同晶面发生各自的衍射，进而
对应其特定的衍射图样。如果实验中存在两种或两种以上的晶体物质时，每种晶体物质的
衍射图样不变，各衍射图样互不干扰、相互独立，仅是试样中所含的晶体物质的衍射花样
机械地叠加，不仅如此，衍射图样也可表明物相中元素的化学结合态。

晶体的不同特征可用各个反射晶面的间距 *d* 和反射线的相对强度 I/I_0 来表征，其中面
网间距 *d* 可由衍射花样中各衍射线的位置 2θ 来决定，如式（9-16）所示。面网间距与晶
胞的性状和大小有关，而相对强度与质点的种类及其在晶胞中的位置有关。由此可知，任
何一种结晶物质的衍射数据 *d* 和 I/I_1 是其晶体结构的必然反映，因而，可根据其来鉴定结
晶物质的物相，*d*~*I* 数据组就是最基本的判据。

$$d = \frac{\lambda}{2\sin\theta} \tag{9-16}$$

3. 利用 PDF 衍射卡片进行物相分析

每种物质都有反映该物质的衍射图谱，即衍射图谱具有一定的 *d* 值和相对强度 I/I_1。
当未知样品为多相混合物时，每相都具有特定的一组衍射峰，其相互叠加形成混合物的衍
射图谱。因此当样品中含有一定量的某种相分时，则其衍射图中的某些 *d* 值与相对强度，
必定与这种相分所特有的一组 *d* 值与相对强度全部或至少仍有的强峰相符合。因此描述每
张衍射图的 *d* 值和相对强度 I/I_1 值，可鉴定出混合物中存在的各个物相。

单相物质的衍射图谱中的 *d* 值和相对强度 I/I_1 制成 PDF 数据卡片。将测得的样品衍射
图的 *d* 值和相对强度 I/I_1 与 PDF 卡片一一比较，若某种物质的 *d* 值和 I/I_1 与某一卡片全部
都能对上，则可初步确定该样品中含有此种物质（或相分），之后再将样品中余下的线条
与别的卡片对比，这样便可逐次地鉴定样品中所含的各种相分。

三、仪器设备及物料

仪器设备：X 射线衍射仪，玛瑙研钵，牛角匙，玻璃片，薄刀片，刷子等。

实验物料：检测多矿物矿石，粒度范围 0 ~ 0.1mm。

四、实验步骤

（1）样品准备。

1）取适量样品，在玛瑙研钵中研磨和过筛，当物料粒度为 - 0.074mm 时，即当手摸无颗粒感时，认为晶粒大小已符合要求。

2）用"压片法"来制作试片。即先将样品框固定在平滑的玻璃片上，然后把样品粉末尽可能均匀地洒入样品框窗口中，再用小抹刀的刀口轻轻摊匀堆好、轻轻压紧，最后用刀片把多余凸出的粉末削去，使样品形成一个十分平整的平面试片。

3）把准备好的样品框放入衍射仪的测试架上，并关好衍射仪的保护门。

（2）样品检测和分析。

1）开启冷却水和 XRD 电源。

2）启动计算机，在 XRD 稳定 2min 左右后，进入 X'pert Data Collector 系统。

3）设置测量参数，如扫描模式、初始角度、终止角度、步长、扫描速度等。

4）点击 X'pert Data Collector 软件菜单中的 measure→program 开始对试样进行 XRD 测试和数据存储。

5）使用 X'pert Automatic Processing Program 对所测 XRD 曲线进行分析和数据处理（2θ、d 值、半峰宽、强度数据等），并将结果储存于文档中。

6）操作完成后，退出 X'pert Automatic Processing Program 系统，并关闭计算机。

（3）关闭 XRD 电源，同时，冷却水应继续工作 20min 后方可关闭。关闭所有电源，做好运行记录。

五、数据处理

（1）进行误差进行分析，并对被测物质的分析结果作出结论。

（2）结合实验内容和结论，将存于文档的实验数据进行整理，并提取实验数据绘制衍射图谱，同时根据检测分析结果对代表混合物各物质的衍射峰进行标注，并附注说明。

（3）根据实验结果完成实验报告。

六、思考题

1. X 射线衍射仪的应用范围是什么？
2. X 射线衍射物相分析的核心原理是什么？

实验 9-12　　红外光谱测试

一、实验目的

（1）了解红外光谱的基本原理；

（2）掌握红外光谱测定的基本步骤；

（3）熟悉傅里叶红外光谱仪的使用方法；

（4）初步学会红外光谱图的解析方法。

二、实验原理

通常把电磁波谱中，波长为 $0.76 \sim 3\mu m$ 的波段称做红外光谱区，其短波方面与可见光谱区相接，长波方面与微波相合。红外光谱区主要涉及晶格振动光谱、自由载流子吸收和杂质吸收等。

红外吸收光谱分析是鉴别化合物和确定物质分子结构的常用方法之一。当一定频率的红外光照射某物质分子时，若分子中某基团的振动频率与它相同，则此物质就能吸收这种红外光，光的能量通过分子偶极矩的变化而传递给分子，使分子的振动能级发生跃迁。因此，如果连续地用不同频率的红外光照射某一物质，该物质就会根据自身的组成和结构对各种频率的红外光进行选择性吸收，用仪器将物质的分子吸收红外光的情况记录下来，即可得到红外吸收光谱图。

红外吸收光谱图横坐标是以波长（pm）或波数（cm^{-1}）表示。波数是每 cm 长度红外光波的数目。波数（cm^{-1}）=1/波长（cm）。红外吸收光谱图对应的纵坐标多以百分透光率 $T\%$ 表示。纵坐标自下而上由 0% ~ 100% 标度。随吸收强度降低，曲线向上移动，无吸收部分的曲线在图的上部。因此，红外吸收光谱的所谓吸收"峰"实际上是向下的"谷"。红外吸收光谱分析法主要用于检验有机化合物中存在的基团，鉴定有机化合物，推断化合物结构，并进行定量分析。

红外吸收光谱是物质分子结构的客观反映，谱图中吸收峰都对应着分子中各基因的振动形式，其位置和形状也是分子结构的特征性数据。因此，根据红外吸收光谱中各吸收峰的位置、强度、形状及数目的多少，可以判断物质中可能存在的某些官能团，进而对未知物的结构进行鉴定。即首先对红外吸收光谱进行谱图解析，然后推断未知物的结构。最后还需将未知物的红外吸收光谱通过与未知物相同测定条件下得到的标准样品的谱图或标准谱图集中的标准光谱进行对照，以进一步证实其分析结果。据此，可以将待鉴定未知物的红外吸收光谱与仪器计算机所储存的谱图库中的标准红外光谱进行检索、比对，进而推断未知物可能的结构式和成分。

傅里叶红外光谱仪主要由红外光源、试样池、分光系统、检测系统四部分组成。其工作原理如图 9-4 所示。

红外光谱仪常用的光源有硅碳棒和奈恩斯特灯两种。当它们被加热至 $1200 \sim 1800℃$

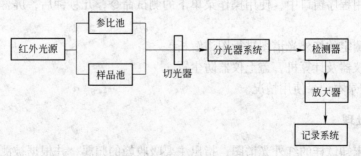

图 9-4　红外光谱仪原理图

时，发射出红外光。由光源发出的光分成两束能量相同的光，分别照射并透过样品池和参比池，经切光器后进入分光器系统，经色散后射向检测器，微弱信号经放大，由记录器得到红外吸收光谱图。分光系统有棱镜和光栅两种。棱镜材料多用碱金属的卤化物，如氯化钠、溴化钾制成，极易潮解，此类仪器应严格去湿防潮。检测器部分常用热电偶、热敏电阻、高雷池、硫化铅光导管等。

三、实验仪器和物料

仪器设备：尼高力 AVATAR360 型红外光谱仪，压片装置，玛瑙研钵，牛角匙，刷子。

药剂：溴化钾（光谱纯或分析纯，于 130℃ 下干燥 24h，存于干燥器中备用）。

实验物料：实验试样。

四、实验步骤

1. 样品制备

（1）称取 0.5~2mg 样品，于玛瑙研钵中研细。

（2）于研钵中加入 100~200mg 事先研细至 2μm 左右、于 110~150℃ 烘箱充分烘干（约需 48h）的溴化钾粉末，把样品与 KBr 粉末充分研磨均匀。

（3）把上述混合均匀的混合物置于一定的模具中，在真空下，用压片机将样品压成直径为 5mm 或 13mm 的半透明片子（注意压力不能太高）备用。

2. 样品检测

（1）开机前检查实验室电源、温度和湿度等环境条件，当电压稳定，室温为 21℃ ± 5℃ 左右，湿度不大于 65% 才能开机。

（2）打开红外光谱仪的电源开关，稳定 0.5h，使得仪器能量达到最佳状态。

（3）开启计算机，并打开红外光谱仪操作平台软件，与仪器相连的计算机中的应用程序自动对仪器系统进行诊断，当诊断完毕，电源指示灯亮。保持系统稳定 15min。

（4）在应用程序窗口中点击菜单或工具栏选择实验参数，如分辨率、扫描时间（次数）及软件选用等。

（5）以与样品相同的实验条件做背景实验，将所采集的一张背景光谱储存在计算机中，以便用来抵消样品光谱中属于仪器及环境的吸收，从而准确地进行样品检测。

（6）打开红外光谱仪的样品仓盖，把样品置于样品架上，然后盖好仓盖。

（7）在应用程序窗口中，使用操作菜单下的测试命令，几秒钟后，屏幕上出现样品的红外光谱图。

（8）对所测定的红外光谱图进行图谱解析。

（9）关闭仪器及计算机，盖上仪器防尘罩。

（10）在记录本记录使用情况。

五、数据处理

（1）解析未知试样的红外光谱图，指出主要吸收峰的归属，并根据被测化合物的红外特性吸收谱带的出现来确定该基团的存在。

（2）然后查找该类化合物的标准红外谱图，待测化合物的红外光谱与标准化合物的红外光谱一致，即两者光谱吸收峰位置和相对强度基本一致时，则可判定待测化合物是该化合物或近似的同系物。

（3）将未知试样的红外光谱图与所测得的各标准物红外光谱图进行对照，物质的组成和结构。即待测化合物的红外光谱与该化合物的红外光谱相对照，两者光谱完全一致，则待测化合物是该已知化合物。

（4）编写实验检测报告。

六、思考题

测定固态试样的红外光谱，除了用压片法还可以用哪些制样方法？

实验 9-13　原子吸收光谱测试

一、实验目的

（1）了解原子吸收光谱仪的结构原理及其使用；

（2）熟悉原子吸收光谱测定溶液金属离子的基本方法。

二、实验原理

在通常的情况下，原子处于基态。当特征辐射通过原子蒸气时，基态原子就从入射辐射中吸收能量由基态跃迁到激发态，通常是第一激发态，发生共振吸收，产生原子吸收光谱。原子能级的能量是量子化的，原子吸收光谱的波长 λ 由产生该原子吸收谱线的能级之间的能量差 ΔE 决定

$$\Delta E = \frac{hc}{\lambda} \tag{9-17}$$

式中　c——光速。

原子吸收的程度（吸光度 A）取决于吸收光程内基态原子的浓度 N_0

$$A = \lg \frac{I_0}{I} = kN_0L \tag{9-18}$$

式中　I_0——入射辐射的强度；

　　　I——透射辐射的强度；

　　　L——光程长度；

　　　k——与原子吸收光谱的波长 λ 和原子的特性有关的常数。

在通常的火焰原子化温度条件下，处于激发态的原子数 N_1 与基态原子的浓度 N_0 相比，可以忽略不计，实际上可将基态原子的浓度 N_0 看做等于总原子数 N_0 在确定的条件下，蒸气相中的总原子数 N 与试样中被测元素的含量 c 成正比

$$N = \beta c \tag{9-19}$$

式中　β——与实验条件和被测元素化合物性质有关的系数。

将式（9-18）代人式（9-19），得到

$$A = KcL \qquad\qquad (9\text{-}20)$$

式中，$K = k\beta$。式（9-20）是原子吸收分光光度定量分析的基本关系式。

三、仪器设备及物料

仪器设备：铜元素空心阴极灯，容量瓶（50mL、500mL、1000mL），吸量管（5mL），移液管（25mL），AAA岛津原子吸收光谱仪（参考条件：灯电流 3～6mL、波长 324.8nm、光谱通带 0.5nm、空气流量 9L/min、乙炔流量 2L/min、灯头高度 6mm、氘灯背景校正）。

试剂：铜标准溶液（100.0μg/mL），稀硝酸（1∶100；1∶200）。

四、实验步骤

1. 标准溶液配制

（1）分别吸取 25.00mL 待测水样 5 份于 5 个 50mL 容量瓶中，各加入浓度为 100.0 μg/mL 的铜标准溶液 0mL，1.00mL，2.00mL，3.00mL，4.00mL。

（2）1 号容量瓶用 1∶100 稀硝酸稀释至刻度；2～5 号容量瓶用 1∶200 稀硝酸稀释至刻度。

2. 待测溶液配制

（1）吸取 0.5mL、1.5mL、2.5mL、3.5mL 铜标准使用液分别置于 50mL 容量瓶中，用 1∶200 稀硝酸稀释至刻度。

（2）以铜标准溶液含量和对应吸光度绘制标准曲线或计算直线回归方程，测定样品吸收值。

3. 仪器操作

（1）打开排风系统、稳压电源、空气压缩机（先拧松底部的放水阀进行放水）、乙炔钢瓶总阀门，调整分压阀，使压力在 0.1MPa 处。

（2）打开仪器电源开关，并打开电脑，开启工作软件，系统自动自检并初始化，待各个组件都自检通过后，方可进行下一步操作。

（3）点击打开一个工作界面，此时电脑屏幕上同时出现 4 个操作窗口，分别用于点火操作和火焰控制、显示标准曲线、用于控制空白、标准曲线和样品的测定、显示测定结果，包括吸光度值和浓度。

（4）新建一个测试方法，选择待测元素，在 Method Editor 卡上的 Method Description 中填上操作者名称和标准曲线浓度范围，在选定标准曲线浓度的单位和各点的值、在进样器上的位置、测试重复次数、标准曲线类型及限制条件等参数。设置完毕，命名并保存该方法，以便下次测定时直接调用。

（5）新建样品信息列表：点击快捷键，在 Sample Information Editor 卡上填上待测样品相关信息。设置完毕保存样品信息列表。

（6）在灯架上插入待测元素的空心阴极灯，点击快捷键 Lamps，弹出 Lamp Setup 设置

卡，将绿色光标移至相应灯位置，并输入该元素的名称，设定灯电流（参照灯的标签上的推荐使用电流值），点击 Setup 设置并打开该灯，1min 后可正常使用。

（7）在 Flame Control 窗内点火。当 Safety Interlocks 为绿色时，先点击 Bleed Gases 排空残留的气体，再点击 ON 点火。把吸液毛细管用纸擦干净，放入去离子水中，此时火焰为蓝紫色，即表示正常，火焰发黄则说明管路中盐类物质较多，要反复冲洗。

（8）在 Manual Analysis Control 窗内按照设置的顺序进行测定。先测定空白，再测定标准曲线，之后用水洗管路至火焰呈蓝紫色，插入样品中进行样品测定。若样品中盐含量很高（表现为火焰很黄），则每测完一个样品就要用 1% 的硝酸和水冲洗管路，使火焰呈蓝紫色后方可进行下一个样品测试。注意填上保存样品信息和测试结果的文件名。标准曲线可在 Calibration Display 窗口内看到，测试结果可在 Results 窗口内显示。

（9）分析结束后，用 1% 的硝酸和水冲洗管路，使火焰呈蓝紫色后，先关闭乙炔，再关闭空气压缩机，关火焰，拿开吸液毛细管，点击 Bleed Gases 排空管路残留的气体。

（10）记录测试结果，退出程序，关闭仪器电源和电脑，关闭稳压电源，排掉空气压缩机内的水分，关闭通风设备。

五、数据处理

（1）按式（9-21）计算样品中铜含量：

$$w_{Cu} = \frac{(A_1 - A_0) \times V_1 \times 1000}{m \times 1000} \tag{9-21}$$

式中 w_{Cu}——样品中铜的含量，mg/kg（或 mg/L）；

A_1——测定用样品中铜的含量，μg/mL；

A_0——试剂空白液中铜的含量，μg/mL；

V_1——样品溶液总体积，mL；

m——样品质量（或体积），g（或 mL）。

（2）将实验测试结果记录于表 9-2 中。

表 9-2 实验结果记录表

容量瓶标号	1	2	3	4	5
测定值					

（3）根据实验结果完成实验报告。

六、思考题

1. 火焰原子吸收光谱法测铜应注意什么问题？
2. 原子吸收分光光度法的应用范围是什么？

实验 9-14 X 射线光电子能谱检测

一、实验目的

（1）了解 X 射线光电子能谱仪的主要结构和使用方法；

（2）掌握 X 射线光谱谱图的分析方法。

二、实验原理

X 射线光电子能谱实际上是一种光电效应。具有一定能量的入射光子与样品中的原子相互作用时，单个光子把它的全部能量交给原子中某壳层上一个受束缚的电子，后者把一部分能量用来克服电子的结合能，余下的能量就作为电子的动能而发射出去，成为光电子。物质受光作用而激发出光电子的现象称为光电效应。

因为 X 射线光电子能谱以 X 射线作为激发源，其能量较高，可以激发内层电子。激发 K 层电子脱离原子成为光电子，这种光电子称为 1s 电子。激发出 L 层的电子为 2s、2p 光电子。K、L、M、N…的电子被激发出原子后，分别成为 s、p、d、f…光电子。

在 XPS 谱分析中，用相应光电离后的原子终态能级（$1s$，$2s$，$2p_{1/2}$，$2p_{3/2}$…）标定所激发的光电子。

根据爱因斯坦光电效应理论，光电子的动能 E'_k：

$$E'_k = h\nu - E_b - \varphi_s \tag{9-22}$$

式中，φ_s 为样品的功函数；E_b 为原子某一能级结合能，对于固体来说，结合能都是以费米能级为参考零点，当样品与仪器相连时，它们的费米能级是相同的；φ_{sp} 为仪器功函数；E_k 为仪器测量到的光电子动能；$h\nu$ 为激发光子能量，多采用镁靶 K_α 线和铝 K_α 线，其能量分别为 1253.6eV 和 1486.6eV。

即有：

$$E_k + \varphi_{sp} = E'_k + \varphi_s \tag{9-23}$$

代入式（9-22）可得：

$$E_b = h\nu - E_k - \varphi_{sp} \tag{9-24}$$

式中，$h\nu$ 为已知量，φ_{sp} 一般为几个电子伏特，可预先测出，也为已知量。通过仪器测出光电子动能 E_k，可完全确定光电子结合能 E_b。由此可知，结合能 E_b 的测定只与仪器功函数有关，而与样品的功函数无关，所以只需对仪器本身功函数作一次校正，当更换样品时无需再进行功函数校正。因此，式（9-24）是 XPS 测量元素结合能的基本公式。

这些光电子带有样品表面的信息，并具有特征能量，收集这些电子并研究它们的能量分布，这就是光电子能谱。

原子中的电子被束缚在各种不同的量子化能级上，因此，一旦 X 射线将原子的束缚光电子电离成自由电子，由 XPS 测出的结合能，对于原子来说是特征的，因此通过测量结合能的大小可指认谱峰对应的元素及其能级。

在 XPS 实验研究过程中，人们不仅可以确定样品中元素及其化学状态，还能测出它们各自的含量。XPS 元素定量分析的关键就是找出所观测到的信号强度与元素含量之间这一关系，并对谱线强度作出定量分析。较常用的方法是元素灵敏度因子法，该法利用特定元素谱线强度作参照标准，测得其他元素相对含量。它是一种半经验性的相对定量方法。一般以相对峰面积大小作为基础，不考虑背散射校正。

单位时间内某一原子壳层被激发出来的光电子数，即与之相对应的光电子的谱线强度（谱峰积分面积），可以用下面的公式来表示：

$$n = \frac{I}{f\sigma\theta y\lambda AT} = \frac{I}{S} \tag{9-25}$$

式中　n——每立方厘米样品中含有此种元素的原子数；

　　f——入射到样品的 X 射线通量，$\mathrm{cm}^{-2} \cdot \mathrm{s}^{-1}$；

　　σ——光电子发射截面，cm^2；

　　θ——仪器的角分布效率因子，依赖于入射光子路径和被检测的光电子之间的夹角；

　　y——光电发射中产生的无损失能量的正常光电子效率；

　　λ——光电子的非弹性散射平均自由程；

　　A——样品被分析部分的面积；

　　T——光电子的检测效率；

　　S——原子灵敏度因子，$S = f\sigma\theta y\lambda AT$。

样品中某元素 x 的相对质量分数为：

$$w_x = \frac{n_x}{\sum\limits_{1} n_1} = \frac{I_x/S_x}{\sum\limits_{1} I_1/S_1} \tag{9-26}$$

灵敏度因子同被测样品的性质、所用的测量仪器特性、工作条件等有关，要精确测定灵敏度因子较困难。通常是在同一实验条件下测定各元素 XPS 峰的强度，假定 F15 峰的灵敏度因子为 1，求出其他元素的相对灵敏度因子 $2s_1$ 供以后使用。用元素的相对灵敏度因子代入式（9-26）中，求出原子浓度，该法就称做相对灵敏度因子法。这种方法简单易行，是目前应用较多的方法，但测定误差较大约为 10% ~ 20%，因为该方法中忽略了样品基体效应、背散射等影响。要精确测定元素含量，必须对该法进行改进，或选用其他方法。需要指出的是，XPS 测出的是样品表面浓度，并不是体浓度，其探测深度强烈地依赖于光电子的动能。

三、仪器设备及物料

仪器设备：ESCAIAB MK Ⅱ 多功能电子能谱仪，压片机，玛瑙研钵、刷子、牛角匙等。

四、实验步骤

（1）取 0.1g 待测样品，用丙酮或三氯甲烷溶液（分析纯）清洗样品表面以确保样品分析面不受污染，将粉末样品压片（直径小于 8mm）。

（2）开启 XPS 数据采集系统单元，预减速透镜及其相关的控制单元预热 30min 左右。

（3）根据实验需要选择 Mg 靶或 Al 靶，开启 X 光枪高压电源单元和灯丝电源稳发射单元。设置 X 光枪高压和灯丝发射电流值。

（4）打开计算机运行 ESCA（即 XPS）软件包，根据需要设置好实验参数，准备采谱。

（5）将要分析的样品放在分析室中央的样品架上。

（6）设置电子倍增管电压。

（7）启动采谱程序录谱。

1）记录样品的 XPS 全谱（0~1200eV 结合能），标定 XPS 谱图上各峰名称。

2）选择特征峰，缩小扫描范围，提高分辨率，增加扫描次数以提高信噪比，测出各峰的峰值，判定化学位移量。

3）运用 ESCA 专用软件包对收录的 XPS 峰进行分析（分峰拟合、扣除背底、平滑等）。

五、数据处理

（1）记录分析检测结果。

（2）在所测谱图上标出各峰名称。

（3）根据所测结果完成实验报告。

六、思考题

1. 原子所处的化学环境不同，如何影响 XPS 的光电子峰位？

2. 光电子能谱的对元素探测灵敏度是多少？

实验 9-15　扫描电镜测试

一、实验目的

（1）了解扫描电镜的工作原理和结构；

（2）掌握扫描电镜的基本操作；

（3）掌握扫描电镜样品的制备方法。

二、实验原理

扫描电子显微镜主要由镜体和操纵台两部分构成，如图 9-5 所示。镜体包括电子枪、两组电磁透镜，一组偏转线圈和一组电磁透镜，以及样品室和真空系统等部分。操纵台是由图像信息处理（检验器、光电倍增管等）组成。

从电子枪灯丝发射出密度很高的强电子束，通过两组电磁透镜，将电子束聚集成电子细束，再经偏转线圈将电子束由直线运动变成兼有 x 和 y 方向的光栅扫描运动，又经电磁物镜作进一步聚焦，成为电子束斑点，向样品表层轰击，使样品表层发出次级电子，由于样品表层的结构有高低、纹理的不同，扫描电子束在样品上轰击的角度不同，使激发出的两次电子的强度和方向也不同，这些不同信号的次级电子，次级电子由探测体收集，并在那里被闪烁器转变为光信号，经光电倍增管放大，再经过信号处理和放大系统，接到显像管的栅极上，以控制显像管的亮度，显示出与电子束同步的扫描图像。为了使标本表面发射出次级电子，标本在固定、脱水后，要喷涂上一层重金属微粒，重金属在电子束的轰击下发出次级电子信号。

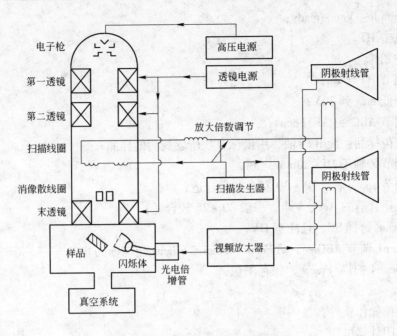

图 9-5　扫描电镜结构示意图

三、仪器设备及物料

仪器设备：SEM6360LV 扫描电镜，JFC-1100 离子溅射仪，玛瑙研钵、刷子、牛角匙、干燥器等。

实验物料：粉末状碳酸钙试样若干克。

四、实验步骤

1. 试样准备

（1）取待测试样于玛瑙研钵中研细；

（2）研磨后粉末放入干燥器中备用；

（3）干燥的粉末试样均匀地撒于导电胶电镜专用的样品台上；

（4）制好样品即可进行镀膜处理。

2. 开机

（1）打开冷却水箱开关；

（2）打开主机的稳压电源；

（3）打开计算机，打开检测软件（桌面上）；

（4）打开 HT，观察时按第三步进行聚焦、放大、缩小、照相、保存。

3. 放置样品

（1）关掉 HT；

（2）点击 sample→vent；

（3）平稳拉开样品室，抽出样品台，放置待测样品；

（4）推进关闭样品室；

（5）Sample→Vac→ready；

（6）点击 HT。

4. 调节图像

（1）调节 HT 于 on；

（2）降低 mag 到 30X；

（3）调节 ABC→(AF)Focus；

（4）定位样品：旋 R 转轴，用鼠标寻找所要观测的样品；

（5）调节 Z 轴于 10～20mm 之间；

（6）调节 spotsize 于 20～30 左右较为合适；

（7）选择合适的 Acc、Volt，一般 20～25 较合适；

（8）Signal 选择 SE，且注意 HV；

（9）Scan1 调节 ABC→手动 Focus→stigmx. Stigmx 至清晰为止；

（10）Scan4 扫描/Freeze，保存图像。

5. 关机

（1）关掉操作软件；

（2）关闭计算机；

（4）关掉主控开关；

（5）关掉稳压电源；

（6）20min 后关掉水箱；

（7）关掉水箱及主机空开开关。

五、数据处理

（1）简要描述扫描电镜的工作原理。

（2）对扫描电镜照片进行处理和分析。

（3）根据测试和分析结果，完成相应实验报告。

六、思考题

1. 扫描电镜主要应用在哪些领域？

2. 针对不导电粉末材料进行扫描电镜分析检测时，为什么进行喷金处理？

3. 为什么扫描电镜的分辨率和信号的种类有关？试比较各种信号的分辨率高低。

实验 9-16　透射电镜测试

一、实验目的

（1）了解透射电镜的基本构造和成像原理；

（2）熟悉样品装入、图像观察、摄像等操作过程。

二、实验原理

透射电子显微镜中像的形成可理解为光学透镜成像，具有一定波长（nm）的电子束入射到晶面间距为 d 的晶体时，在满足布拉格条件：$2d \times \sin\theta = n\lambda$ 的特定角度（2θ）处产生衍射波。这个衍射波在物镜的后焦面上会聚成一点，形成衍射点。在电子显微镜中，后焦面上形成的规则的花样经其后的电子透镜在荧光屏上显现出来，这就得到了电子衍射图谱（电子衍射图）。透射电镜的结构原理如图 9-6 所示。

在后焦面上的衍射波继续向前运动时，衍射波合成，在像平面上形成放大的像。通常，将生成衍射花样的后焦面上的空间称为倒易空间（倒易晶格空间），将试样位置或成像平面称为实空间。从试样到后焦面的电子衍射，即是从实空间到倒易空间的变化，在数学上用傅里叶变换来表示。

在透射电子显微镜中，调节电子透镜的焦距时，就能够很容易观察到电子显微像（实空间的信息）和衍射花样（倒易空间的信息），这样，利用这两种观察

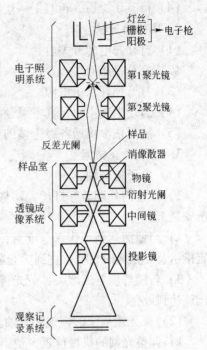

图 9-6　透射电镜结构原理

模式就能很好获取这两类信息。对于电子衍射图谱的观察，先观察电子显微像（放大像），插入光阑（选区光阑）到感兴趣的区域，调节电子透镜，就能得到只有这个区域产生的衍射图谱。这种观察模式叫选区电子衍射方法。利用选区电子衍射方法能获得细微组织各个区域的衍射图谱，从而能够得知各个区域的晶体结构和它们的晶体取向关系。另一方面，观察电子显微像时，先观察衍射图谱，将光阑插入物镜的后焦面，在电子衍射图谱中选择感兴趣的衍射波，调节透镜就能得到电子显微像。这样，就能有效识别夹杂物和观察品格缺陷。用物镜光阑选择透射波、观察电子显微像的情况称为明场方法，观察到的像称为明场像。另外，用物镜光阑选择一个衍射波观察时称为暗场方法，观察到的像称为暗场像。

三、仪器设备及物料

仪器设备：FEI TECNAI 20 透射电镜，SH 超声波分散机，干燥器，电镜铜网、烧杯 50mL、吸管等。

试剂：无水乙醇。

实验物料：待测纳米级粉末（如碳酸钙）。

四、实验步骤

1. 无机非金属材料的制样

（1）将粉末样品浸泡于无水乙醇中。

（2）用超声波分散器将粉末在无水乙醇中的分散成悬浮液。

（3）滴几滴悬浮液在电镜铜网上，并进行干燥处理。

（4）待其干燥后，再蒸上一层碳膜，以备透射电镜使用。

2. TEM 的开机

（1）打开总电源开关。

（2）打开稳压器。

（3）打开循环水机电源。

（4）启动电镜主机，真空泵预抽真空 30min。

（5）随后依次接通各级透镜的工作电流，调整电镜的工作状态。

3. TEM 的合轴调整

（1）电子枪合轴。

1）在镜筒外调节好灯丝尖端与栅极帽小孔的对中并将它们的组合件装到电子枪的高压瓷瓶上。

2）当镜筒达到工作真空度后，加上所需电压，逐渐加大灯丝电流，同时注意电子束流指示及荧光屏的亮度，直到荧光屏的亮度和指示的束流不增加时为止。

3）若随灯丝电流增大，荧光屏反而变暗，则应调节电子枪对中装置，使荧光屏上的光斑达到最亮。

（2）聚光镜系统的调整和合轴。

1）调整光阑的机械位置，使第二聚光镜在焦点两边改变时，光斑中心始终保持不变，只在荧光屏中心均匀地扩大或缩小。

2）调节第二聚光镜电流，使在焦点前后变化，同时调节聚光镜消像散器，使光斑变圆，即可消除像散。校正时先将幅度钮调到最大，再调节方位，使光斑拉长的方向与原方向相垂直，再减小幅度直到光斑呈圆形，并使第二聚光镜聚集，得到一个最小的照明圆斑。

（3）成像系统的调整。

1）镜偏位补偿校正是装入观察样品，使物镜聚焦，并将光斑缩小至直径为 10～20mm，移至荧光屏中央。改变物镜为欠焦像时，若光斑偏离荧光屏中心，可用合轴平移钮，将光斑调至荧光屏中。再改变物镜电流使图像聚焦，用物镜偏位校正钮把光斑调至荧光屏中央。如上反复调节，直到在改变物镜电流时，光斑始终停留在荧光屏中央。

2）透镜电流反相法调节物镜合轴即是调节投影镜轴与物镜轴一致。

3）中间镜的合轴是在照相距离改变时（如 120cm 和 15cm），分别调整中间镜和投影镜，使衍射斑点移到荧光屏中心，反复操作即可完成。分别调整中间镜和投影镜，使衍射斑点移到荧光屏中心。

4）物镜消除像散的方法是选择标本上界限清楚的颗粒调节物镜电流在焦点附近来回作小幅度变动，观察颗粒是否变成椭圆形，且在互相垂直的方向上变化，若颗粒呈椭圆形，表示有像散，如果颗粒较为密集，在物镜欠焦或过焦时这些椭圆形相连，好像存在一些模糊的线条，这就是像散线。用消散器校正到物镜在欠焦和过焦时无像散线，或者使这些颗粒清晰又不会变形。

5）物镜光阑的合轴调整必须肯定电子枪与聚光镜已经合轴，然后调节聚光镜在焦点两边变动，光斑不能有漂移的现象。调节光阑机械位置，使衍射斑点位于光阑孔中心，即可对中。此外在低放大倍数时，通过限制视场的观察范围也可迅速地使光阑对中。

（4）照明系统的倾斜调整时，只要在变化物镜电流或加速电压的情况下，调节电子束的倾斜角度，使电流中心或电压中心与荧光屏中心重合即可。

4. 镜筒抽真空

开动机械泵，调整程序，使镜筒的真空度达到 10^{-7} Pa。

5. 置换样品

（1）用样品传递装置将样品杯送入样品更换室（过渡室）。

（2）而后将样品更换室抽低真空，使其达到真空度的要求。

（3）打开样品更换室与样品间的空气锁紧阀门，调节样品传递装置，把样品杯放入样品台中心孔内。

6. 图像的观察和记录

已调整好电压对中、电流对中、亮度对小。消除像散等各项指标，使物镜光阑孔与中心透射斑点同心，把主要的观察对象放在荧光屏中心，对感兴趣的部位拍照记录。

（1）尽可能在低倍下寻找视野，选择最佳的研究图像。一般选样 200 倍左右可以看到铜网的大部分，以便选择优良切片或检查负染色的质量，在低倍下能获得优于光镜的大视野图像。

（2）根据研究需要选择放大倍数，注意研究图像的完整性。

（3）观察 15000 倍以下采用图像摇摆聚焦。电镜的图像摇摆器是由两对偏转线圈组成，在偏转器上加交流电，使照明束以物像平面上的一点为中心来回倾斜摇摆，改变聚焦电流，使图像无重影，即可达到正焦。

7. 图像拍照或保存

研究视野确定后，可用低倍双目镜对图像聚焦，选择亮度均匀的区域作为拍摄对象，尽可能使图像充满拍摄区域，再观察图像是否稳定，有无漂移，而后确定曝光时间（通常选择 1~4s），注意所要拍摄的图像在底片范围内，最后保存（或拍照）图像。

8. 关机

（1）电镜使用完毕，先降低放大倍率，再依次关闭灯丝加热电流和高压电流，使束流回零。

（2）关闭各级透镜工作电源以及取出样品。

（3）待冷却水机再工作 15~20min 后，关闭电镜和冷却水机电源。

五、数据处理

（1）对透射电镜照片进行分析处理。

（2）简要描述透射电镜的工作原理。

（3）根据以上的分析结果完成实验报告。

六、思考题

1. 简述电子光学系统组成及各组成部分的作用。

2. 透射电镜（TEM）在无机非金属材料中有何应用？

3. 陶瓷粉末样品在透射电镜中进行观察时应注意哪些问题？

第十章　实验数据的处理和实验设计

在矿物加工研究中，经常需要测定矿物的某些特性（如密度、表面积、硬度等），并对测定结果进行分析研究，从中获得科学的结论。在选矿厂实际生产中，也要对某些工艺参数（如温度、品位、粒度等）进行测量，根据所得的测量值，可以间接（或直接）地控制产品的产量与质量。测量数据是否准确、数据处理方法是否科学，直接影响研究与生产。因此，对测量误差与数据处理方法进行研究是十分必要的。

实验数据处理和实验设计是一专门的学问。到目前为止，已经经过了 80 多年的研究和实践，已成为广大技术人员与科学工作者必备的基本理论知识。实践表明，该学科与实际的结合，在工、农业生产中产生了巨大的社会效益和经济效益。20 世纪 20 年代，英国生物统计学家及数学家费希尔（R. A. Fisher）首先提出了方差分析，并将其应用于农业、生物学、遗传学等方面，取得了巨大的成功，在实验设计和统计分析方面做出了一系列先驱工作，开创了一门新的应用技术学科，从此实验设计成为统计科学的一个分支。20 世纪 50 年代，日本统计学家田口玄一将实验设计中应用最广的正交设计表格化，在方法解说方面深入浅出，为实验设计更广泛的使用做出了巨大的贡献。

矿物加工工程专业的研究者要做实验，在很多的情况下，要想把实验做好仅靠专业知识是不够的，还需要事先设计实验、分析实验数据。实验设计就是解决这个问题的。本章简要介绍数据处理和实验设计的一些基本内容以及相关概念。

10.1　实验数据处理和实验设计的意义

在矿物加工生产中，经常需要通过实验来确定工艺参数和选别的工艺流程，矿物的作用机理等，并通过对规律的研究达到各种实用的目的，如提高产率、降低药剂消耗、提高回收率等，特别是新设备和新药剂实验，未知的东西很多，要通过大量的实验来摸索工艺流程条件或药剂用量。

工程技术中所进行的实验，是一种有计划的实践，只有科学的实验设计，才能用较少的实验次数，在较短的时间内达到预期的实验目标；反之，往往会浪费大量的人力、物力和财力，甚至劳而无功。另外，随着实验进行，必然会得到大量的实验数据，只有对实验数据进行合理的分析和处理，才能获得研究对象的变化规律，达到指导生产和科研的目的。可见，最优实验方案的获得，必须兼顾实验设计方法和数据处理两方面，两者是相辅相成、互相依赖、缺一不可的。

在实验设计之前，实验者首先应对所研究的问题要有一个深入的认识，如实验目的，影响实验结果的因素，每个因素的变化范围等，然后才能选择合理的实验设计方法，达到科学安排实验的目的。在科学实验中，实验设计一方面可以减少实验过程的盲目性，使实验过程更有计划；另一方面还可以从众多的实验方案中，按一定规律挑选出少数实验。

合理的实验设计只是实验成功的充分条件，如果没有实验数据的分析计算，就不能对所研究的问题有一个明确的认识，也不可能从实验数据中寻找到规律性的信息，所以实验设计都是与一定的数据处理方法相对应的。实验数据处理在实验中的作用主要体现在如下几个方面：

（1）通过误差分析，可以评判实验数据的可靠性；

（2）确定影响实验结果的因素主次，从而可以抓住主要矛盾，提高实验效率；

（3）可以确定实验因素与实验结果之间存在的近似函数关系，并能对实验结果进行预测和优化；

（4）实验因素对实验结果的影响规律，为控制实验提供思路；

（5）确定最优实验方案或药剂制度。

实验设计与数据处理虽然归于数理统计的范畴，但它也属于应用技术学科，具有很强的适用性。一般意义上的数理统计的方法主要用于分析已经获得的数据，对所关心的问题做出尽可能精确的判断，而对如何安排实验方案的设计没有过多的要求。实验设计与数据处理则是研究如何合理地安排实验，有效地获得实验数据，然后对实验数据进行综合的科学分析，以求尽快达到优化实验的目的。所以完整意义上的实验设计实质上是实验的最优化设计。

10.2   实验数据的精准度

误差的大小可以反映实验结果的好坏，误差可能是由于随机误差或系统误差单独造成的，还可能是两者的叠加。为了说明这一问题，引出了精密度、正确度和准确度这三个表示误差性质的术语。

10.2.1   精密度

精密度反映了随机误差大小的程度，是指在一定的实验条件下，多次实验值的彼此符合程度。精密度的概念与重复实验时单次实验值的变动性有关，如果实验数据分散程度较小，则说明是精密的。例如，甲、乙两人对同一个量进行测量，得到两组实验值：

甲：11.45，11.46，11.45，11.44

乙：11.39，11.45，11.48，11.50

很显然，甲组数据的彼此符合程度好于乙组，故甲组数据的精密度较高。

实验数据的精密度是建立在数据用途基础之上的，对某种用途可能认为是很精密的数据，但对另一用途可能显得不精密。

由于精密度表示了随机误差的大小，因此对于无系统误差的实验，可以通过增加实验次数而达到提高数据精密度的目的。如果实验过程足够精密，则只需少量几次实验就能满足要求。

10.2.2   正确度

正确度反映系统误差的大小，是指在一定的实验条件下，所有系统误差的综合。

由于随机误差和系统误差是两种不同性质的误差，因此对于某一组实验数据而言，精密度高并不意味着正确度也高；反之，精密度不好，但当实验次数相当多时，有时也会得到好的正确度。精密度和正确度的区别和联系，可通过图 10-1 得到说明。

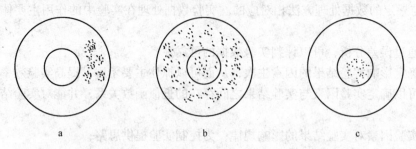

图 10-1　精密度和正确度的关系
a—精密度好，正确度不好；b—精密度不好，正确度好；c—精密度好，正确度好

10.2.3　准确度

准确度反映了系统误差和随机误差的综合，表示了实验结果与真值的一致程度。如图 10-2 所示，假设 A、B、C 三个实验都无系统误差，实验数据服从正态分布，而且对应着同一个真值，则可以看出 A、B、C 的精密度依次降低；由于无系统误差，三组数的极限平均值（实验次数无穷多时的算术平均值）均接近真值，即它们的正确度是相当的；如果将精密度和正确度综合起来，则三组数据的准确度从高到低依次为 A、B、C。

又如图 10-3 所示，假设 A′、B′、C′ 三个实验都有系统误差，实验数据服从正态分布，而且对应着同一个真值，则可以看出 A′、B′、C′ 的精密度依次降低，由于都有系统误差，三组数的极限平均值均与真值不符，所以它们是不准确的。但是，如果考虑到精密度因素则图 10-3 中 A′ 的大部分实验值可能比图 10-2 中 B 和 C 的实验值要准确。

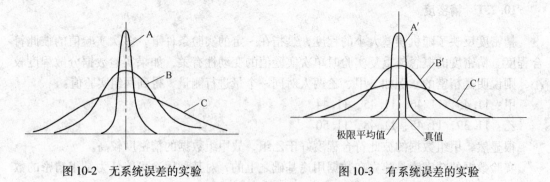

图 10-2　无系统误差的实验　　　　　图 10-3　有系统误差的实验

10.3　有效数字和实验结果的表示

10.3.1　有效数字的概念

能够代表一定物理量的数字，称为有效数字。实验数据总是以一定位数的数字来表

示，这些数字都是有效数字，其末位数往往是估计出来的，具有一定的误差。例如，用分析天平测得某样品的质量是 1.5687，共有 5 位有效数字，其中 1.568 是所加砝码标值直接读得的，它们都是准确的，但最后一位数字"7"是估计出来的，是可疑的或欠准确的。

有效数字的位数可反映实验的精度或表示所用实验仪表的精度，所以不能随便多写或少写。不正确地多写一位数字，则该数据不真实，也不可靠；少写一位数字，则损失了实验精度，实质上是对测量该数据所用高精密度仪表的耗费，也是一种时间浪费。

例如，某选矿厂根据每天处理的矿石的计量结果，得到全年的矿石处理量为 520.3417 万吨。这时，作为报表或研究用数据时，该选矿厂的实际年处理量可能有四个选择：520.3417 万吨、520.342 万吨、520.34 万吨、520.3 万吨。很显然，这些数据都是可靠的。我们到底选择哪一个数据更合适？简单一看，似乎小数点后的位数越多，结果就越精确，越真实，但这种做法未必就合适。因为，对于一个年设计处理量为 500 万吨的选矿厂来说，实际总的矿石处理量增加或减少 0.34 万吨对选矿厂的效益、成本和工时都没有太多的实质影响，况且，对于这样大规模的选矿厂，它的计量可能是比较粗糙的，因此，选择 520 万吨或 520.3 万吨作为实际统计结果就足够了，而选择 520.34 万吨、520.342 万吨或者 520.3417 万吨则没有必要。在这种情况下，有效数字的内涵更加体现为有意义的数字。

数据中小数点的位置不影响有效数字的位数。例如，50mm，0.050m，$5.0 \times 10^{-4} \mu m$，这三个数据的准确度是相同的，它们的有效数字位数都为 2，所以常用科学记数法表示较大或较小的数据，而不影响有效数字的位数。

数字 0 是否是有效数字，取决于它在数据中的位置。一般第一个非 0 数前的数字都不是有效数字，而第一个非 0 数后的数字都是有效数字。例如：0.0105 仅有三位有效数字，其中前两个"0"只起定位作用，因为将该数据放大 100 倍（如将以米为单位的数据变成以厘米为单位的数据），就变成了 1.05。数据 29mm 和 29.00mm 并不等价，前者有效数字是二位，后者是四位有效数字，它们是用不同精度的仪器测得的。所以在实验数据的记录过程中，不能随便省略末尾的 0。需要指出的是，有些为指定的标准值，末尾的 0 可以根据需要增减，例如，相对原子质量的相对标准是"C"，它的相对原子质量为 12，它的有效数字可以视计算需要设定。

因此，有效数字的含义应考虑两个方面：一个是反映测量的精确程度，或者说由测量精确程度决定的有效数字的数位；另一个是由实际需要决定的有效数字。也就是说，有效数字反映了工作的精密程度或实际的需要程度。

10.3.2 有效数字的运算

有效数字的确定就是确定有效数字的位数。对于仪器测量的数据，只要测到可疑数字位为止，它的有效数字就是确定的。但是，实验研究中，除了直接测量的数据外，还有许多情况需要对数据的有效数字进行确定和运算。

（1）加、减运算。在加、减运算中，加、减结果的位数应与其中小数点后位数最少的相同，也可以理解为结果的精度只能取决于精度最差的测量结果，而不是精度最好的测量结果。例如，11.96 + 10.2 + 0.003 的结果是 22.2，而不是 22.163 或 22.16。具体计算方法是先不考虑小数点的位数，直接计算结果，再将结果处理成小数点的位数与原始数据中小数点后位数最少的相同。

（2）乘、除运算。在乘、除运算中，乘积和商的有效位数，应以各乘、除数中有效数字位数最少的为准。例如，$12.6 \times 9.81 \times 0.050$ 中 0.050 的有效数字位数最少，所以有 $12.6 \times 9.81 \times 0.050 = 6.2$。

（3）乘方、开方运算。乘方、开方后的结果的有效数字位数应与其底数的相同。例如，$\sqrt{2.4} = 1.5$，$3.6^2 = 13$。

（4）对数运算。对数的有效数字位数与其真数的相同。例如，$\lg 0.00004 = -4$；$\ln 6.84 = 1.92$。而 pH、pK_a 等数据的有效数字取决于小数部分的位数，整数部分只是 10 的方次。例如，$pH = 6.12$，$pK_a = 4.74$ 都只有两位有效数字，其真数值的有效数字位数应与此一致，分别为 $[H^+] = 7.6 \times 10^{-7} \text{mol/L}$，$[pK_a] = 1.8 \times 10^{-5}$。由此可见，pH、$pK_a$ 的值写成小数点后一位并不合适。

（5）在 4 个以上数的平均值计算中，平均值的有效数字可增加一位，可理解为平均值结果使精度增加。

（6）所有取自手册上的数据，其有效数字位数按实际需要选取，但原始数据如有限制，则应服从原始数据。

（7）一些常用数据的有效数字的位数可以认为是无限制的，例如，圆周率、重力加速度 g、$\sqrt{2}$、$1/3$ 等，可以根据需要确定有效数字位数。

（8）一般在工程计算中，取两至三位有效数字就足够精确了，只有在少数情况下，需要取到四位有效数字。

从有效数字的运算可以看出，每一个中间数据对实验结果精度的影响程度是不一样的，其中精度低的数据影响相对较大。所以在实验过程中，应尽可能采用精度一致的仪器或仪表，只采用一两个高精度的仪器或仪表无助于整个实验结果精度的提高。

10.3.3　有效数字的修约规则

数值修约就是去掉数据中多余的位，也叫"化整"或"舍入"。在有效数字的运算过程中，当有效数字的位数确定后，需要舍去多余的数字。其中最常用的修约规则是"四舍五入"，但这种方法的缺点是容易使所得数据结果偏大，而且无法消除，为了提高精度，这种方法常用在精度要求不高的场合。可以采用"四舍六入尾留双"或称为"四舍六入五凑偶"的修约规则。"四舍六入尾留双"规则规定，4 和 4 以下的数字舍去，6 和 6 以上的数字进位；若是 5 这个数字，则要看它前面的一个数，如果是奇数就入，是偶数就舍，这样数据的末位都为偶数。值得注意的是，如果有多位数字要舍去，不能从最后一位数字开始连续进位进行取舍，而是直接用准备舍去数位中的最左边的数字进行修约。如，将 3.13456 修约为保留小数点后三位，则直接从小数点后第四位入手进行"舍入"处理，因小数点后第四位为 5，而它前面的数字 4 是偶数，根据"四舍六入五凑偶"的修约规则，修约结果是 3.134。相反，如果从最后一位开始，则需修约两次，第一次修约为 3.1346，第二次修约为 3.135，最后的修约结果就变成了 3.135，这种做法是错误的。又如，将数据 26.7548 修约为保留小数点后两位，则修约结果是 26.75，而不是 26.76。

10.3.4 实验结果的表示方法

实验数据经误差分析和数据处理之后，就可考虑结果的表述形式。实验结果的表述不是简单地罗列原始测量数据，需要科学地表述，既要清晰，又要简洁。推理要合理，结论要正确。实验结果的表示有列表法、图解法和数学方程（函数）法，分别简要介绍如下。

10.3.4.1 列表法

列表法用表格的形式表达实验结果，是实验数据和结果表示的主要方法之一，它通常是整理数据的第一步，是绘制曲线图或建立数学模型的基础。具体做法是：将已知数据、直接测量数据及通过公式计算得出的（间接测量）数据，按主变量 x 与应变量 y 的关系，一个一个地对应列入表中。这种表达方法的优点是：数据一目了然，从表格上可以清楚而迅速地看出二者间的关系，便于阅读、理解和查询；数据集中，便于对不同条件下的实验数据进行比较与校核。

在做表格时，应注意下述几点：

（1）表格的设计表格的形式要规范，排列要科学，重点要突出。每一表格均应有一完全又简明的名称。一般将每个表格分成若干行和若干列，每一变量应占表格中一行或一列。

（2）表格中的单位与符号在表格中，每一行的第一列（或每一列的第一行）是变量的名称及量纲。使用的物理量单位和符号要标准化、通用化。

（3）表格中的数据处理同一项目（每一行或列）所记的数据，应注意其有效数字的位数尽量一致，并将小数点对齐，以便查对数据。如果用指数来表示数据中小数点的位置，为简便起见，可将指数放在行名旁，但此时指数上的正负号应易号。

此外，表格中不应留有空格，失误或漏做的内容要以"／"记号划去。

实验数据表可分为两大类：记录表和结果表示表。记录表是用来记录原始数据、中间和最终结果的表格，应在实验正式开始之前列出，这样可以使实验数据的记录更有计划性，而且也不容易遗漏数据，例如表 10-1 为磁化焙烧实验数据记录表。实验结果表示表表达的是变量之间的相关关系，以得到实验结论。结果表示表应该简明扼要，只需包括所研究变量关系的数据，并能从中反映出关于研究结果的完整概念，例如表 10-2 是浮选实验数据结果表。

表 10-1 磁化焙烧实验数据记录表

序 号	温 度	时 间	矿样焙烧前质量/g	矿样焙烧后的质量/g	还原剂（煤）的用量/g
1					
2					
⋮					

附：矿样的细度_____；还原剂（煤）的细度_____。

表 10-2 浮选实验数据结果表

序 号	pH 值	精矿质量/g	精矿产率/%	精矿品位/%	精矿回收率/%
1					
2					
⋮					

10. 3. 4. 2　图解法

图解法利用实验测得的原始数据，通过正确的作图方法画出合适的直线或曲线，以图的形式表达实验结果。该法的优点是使实验测得的各数据间的相互关系表现得更为直观，能清楚地显示出所研究对象的变化规律，如极大值或极小值、转折点、周期性和变化速度等。从图上也易于找出所需的数据，有时还可用作图外推法或内插法求得实验难于直接获得的物理量。

图解法的缺点是存在作图误差，所得的实验结果不太精确。因此，为了得到理想的实验结果，必须提高作图技术。随着计算机技术的快速发展，目前几乎所有的图形绘制都可以用计算机软件来完成，对于一些常用的图形直接采用 Microsoft Word 文字处理软件从菜单"插入图表"就可以绘出所需要的图形。计算机绘制图形不仅极大地减少了绘图人员的劳动量，而且绘制的图形更加美观，容易修改，目前绘图工具常采用 Excel 或 origin 等。

A　图形种类的选择

用图示法表示实验数据和结果，首先必须选择的就是采用什么类型的图形。选择图形类型总的原则是所选择的图形要能够简单清楚地表达绘图者想表达和想研究的信息。具体来说，应考虑下面几个方面：

（1）变量和指标的个数。类似函数的自变量和因变量个数决定了图形是二维图还是三维图，以及图形坐标轴的数量。由于大部分图形都要在纸张上打印出来，所以一般多使用二维图。对于两个自变量或两个指标的数量关系，有时需要采用双横坐标或双纵坐标。

（2）变量的类别。一般指标是数值化的，可以直接比较大小。而自变量则不完全这样，有些自变量是数值化的，有些自变量是不能数值化的，而是代表了不同类别，因此，图形的坐标轴有分类轴和数值轴之分。因此，应根据变量类别来选择图形种类。如比较几种方案，不同方案可作为分类轴列在条形图上比较，比较用量大小与指标的关系可用 XY 散点图，等等。

在实验研究中，XY 散点图和折线图应用很广泛，且容易被混淆，需要特别注意。从形式看，折线图与 XY 散点图十分相似，但两者有本质的区别。XY 散点图的两个坐标轴都是数值轴，各个实验点的横坐标是可以比较大小的，而折线图就不一样，它的横轴是分类轴，不是数值轴，横轴上的各点代表了不同的类别，而不是不同的大小。分类轴的坐标数字应标在刻度线的中间，而数值轴的坐标应标在刻度线的正下方。

在绘制图形时还应注意以下几点：

（1）在绘制线图时，要求曲线光滑。可以利用曲线板等工具将各离散点连接成光滑曲线，并使曲线尽可能通过较多的实验点，或者使曲线以外的点尽可能位于曲线附近，并使曲线两侧的点数大致相等。

（2）定量的坐标轴，其分度不一定自零起，可用低于最小实验值的某一整数做起点，高于最大实验值的某一整数做终点。

（3）定量绘制的坐标图，其坐标轴上必须标明该坐标所代表的变量名称、符号及所用的单位，一般横轴代表变量。

（4）图必须有图号和图题（图名），以便于引用，必要时还应有图注。

B　坐标系的选择

相同的实验数据放在不同的坐标系中得到的图形不一样，信息的显现程度也不相同，因此，在作图前，应该对实验数据的变化规律有一个初步的判断，以选择合适的坐标系。可以选用的坐标系有笛卡儿坐标系（又称普通坐标系）、半对数坐标系、双对数坐标系、极坐标系、三角坐标系等。其中最常用的坐标系有笛卡儿坐标系、半对数坐标系和双对数坐标系。

选用坐标系的基本原则如下：

（1）根据数据间的函数关系，所选用的坐标系最好使图形近似为一直线。如对线性函数 $y = a + bx$，宜选用普通直角坐标系；对幂函数 $y = ax^b$，因为 $\lg y = \lg a + b \lg x$，宜选用双对数坐标系使图形线性化；对于指数函数 $y = ab^x$，因 $\lg y$ 与 x 呈直线关系，故可采用半对数坐标系。

（2）根据数据的变化情况，使图形轮廓和各个数据点都能清楚地显现出来。如实验数据的两个变量的变化幅度都不大，可选用普通直角坐标系；若所研究的两个变量中，有一个变量的最小值与最大值之间数量级相差太大时，可以选用半对数坐标系；如果所研究的两个变量在数值上均变化了几个数量级，可选用双对数坐标系；在自变量由零开始逐渐增大的初始阶段，当自变量的少许变化引起因变量极大变化时，此时采用半对数坐标系或双对数坐标系，可使图形轮廓清楚。

C 坐标比例尺的确定

坐标比例尺是指每条坐标轴所能代表的物理量的大小，即指坐标轴的分度。在相同的坐标系中，不同的坐标比例尺容易给出不同的图形信息。坐标分度的确定可以采取如下方法：

（1）当变量 x 和 y 的误差 Δx，Δy 已知时，比例尺的取法应使实验"点"的边长为 $2\Delta x$，$2\Delta y$，而且使 $2\Delta x = 2y = 1 \sim 2\mathrm{mm}$。其道理是，在坐标系中以实验点 (x, y) 为中心作一正方形，正方形内各点的横坐标均在 $(x - \Delta x, x + \Delta x)$ 内，纵坐标均在 $(y - \Delta y, y + \Delta y)$ 内，因为变量的误差为 Δx，Δy，所以，可以认为这个正方形内的任一点都可以代表实验点。若 $2\Delta y = 2\mathrm{mm}$，则 y 轴的比例尺 M_y，应为：

$$M_y = \frac{2\mathrm{mm}}{2\Delta y} = \frac{1}{\Delta y}$$

例如，已知质量的测量误差 $\Delta m = 0.1\mathrm{g}$，若在坐标轴上取 $2\Delta m = 2\mathrm{mm}$，则

$$M_m = \frac{2\mathrm{mm}}{0.2\mathrm{g}} = \frac{1\mathrm{mm}}{0.1\mathrm{mg}} = 10$$

即坐标轴 10mm 代表 1g。

（2）如果变量 x 和 y 的误差 Δx 和 Δy 未知，坐标轴的分度应与实验数据的有效数字位数相匹配，即坐标读数的有效数字位数与实验数据的位数相同。

（3）推荐坐标轴的比例常数 $M = (1, 2, 5) \times 10^{\pm n}$（$n$ 为正整数），而 3，6，7，8 等的比例常数绝不可用。

（4）纵横坐标之间的比例不一定取得一致，应根据具体情况选择，使曲线的坡度介于 $30° \sim 60°$ 之间，这样的曲线，坐标读数准确度较高。

10.3.4.3 函数表示法

用一定的数学方法将实验数据进行处理，可得出实验参数的函数关系式，这种关系式

也称经验公式，对研究材料性能的变化规律很有意义，所以被普遍应用。

当通过实验得出一组数据之后，可用该组数据在坐标纸上粗略地描述一下，看其变化趋势是接近直线或是曲线。如果接近直线，则可认为其函数关系是线性的，就可用线性函数关系公式进行拟合，用最小二乘法求出线性函数关系的系数。手工拟合十分麻烦，若将拟合方法编成计算程序，将实验数据输入计算机，就可迅速得到实验结果。

对于非线性关系的数据，可将粗描的曲线与标准图形对照，再确定用何种曲线的关系式进行拟合。当然，曲线拟合要复杂得多。为了简化，在可能的条件下，可通过数学处理将数据转化为线性关系。例如，在处理测量玻璃软化点温度的数据时，将实验数据在直角坐标纸上描绘时是明显的非线性关系，但在半对数坐标纸上描绘时则成为线性关系，可以用最小二乘法方便地进行处理，用计算机进行快速计算。

用函数形式表达实验结果，不仅给微分、积分、外推或内插等运算带来极大的方便，而且便于进行科学讨论和科技交流。随着计算机的普及，用函数形式来表达实验结果将会得到更普遍的应用。

10.4　实验结果的计算和评价

10.4.1　实验结果的计算

分批操作的小型单元实验，全部产品均可计重，其主要选别指标一般按下列方法计算。

直接测试得到的原始数据是各个产品的质量和化验结果，即 G_i 和 β_i，i 代表产品编号，$i = 1, 2, 3, \cdots, n$，n 代表产品总数，需要计算的是产品的产率 γ_i 和回收率 ε_i。

产品产率（质量分数）：

$$\gamma_i = \frac{G_i}{\sum\limits_{i=1}^{n} G_i} \times 100(\%) \tag{10-1}$$

式中，$\sum\limits_{i=1}^{n} G_i$ 为全部产品的累计质量，而不是给矿的原始质量。例如，若该实验单元的给矿的原始质量为 500g，得精矿 45g，尾矿 450g，共重 495g，这 495g 就是累计质量，或称做"计算原矿质量"。计算选矿指标时，就应该使用这个"计算原矿质量"作为计算的基准。换句话说，精矿的产率应为 $\frac{45}{495} \times 100 = 9.1\%$，而不是 $\frac{45}{500} \times 100 = 9.0\%$。

在选矿实验中，全部产品的累计质量与给矿原始质量的差值不得超过 1% ~ 3%（流程短时取低限，流程长时取高限），超过时表明实验操作不仔细，实验指标将不可靠，因而应返工重做。超差的具体原因可以是：操作损失、称量误差、试样没烘干，甚至是由于过多地加入了某些药剂等。

金属回收率（金属分布率）：

$$\varepsilon_i = \frac{G_i\beta_i}{\sum_{i=1}^{n} G_i\beta_i} \times 100 = \frac{\gamma_i\beta_i}{\sum_{i=1}^{n} \gamma_i\beta_i} \times 100(\%) \tag{10-2}$$

$\dfrac{\sum_{i=1}^{n} \gamma_i\beta_i}{100}$ 可称做 "计算原矿品位"。计算原矿品位与实验给矿化验品位亦不应相差太大。有人提出，其差值应不超过化验允许误差，这并不确切。因为计算原矿品位是根据各个产品的产率和品位累计出来的，其误差也应是各个产品的质量误差和化验误差的综合反映（操作上产品截取量的波动并不会影响计算原矿品位的数值）。按误差传递理论，多项相加时，和的相对误差不会大于各单项的相对误差中的最大者；乘、除运算时，积或商的相对误差是各个单项的相对误差之和。因而计算原矿品位的相对误差，应大致地等于质量误差与化验误差的和。例如，若允许质量误差为 ±2%，化验误差为：±3%，计算原矿品位的误差就可能达到 ±5%，而不能保证也小于 ±3%。当然，这里讲的只是一个限度，若质量误差和化验误差均未达到上限数值，计算原矿品位的误差也可达到不超过允许化验误差，但不能作为标准来要求。只有当化验误差显著地大于质量误差时，才能近似地按化验允许误差确定计算原矿品位的允许误差。

10.4.2 实验结果的评价

选矿工艺上，实验结果的评价通常用以判断选别过程（以及筛分、分级等其他分离过程）效率来评价，这些指标有回收率、品位、产率、金属量、富矿比和选矿比等。这些指标都不能同时从数量和质量两个方面反映选矿过程的效率。例如，回收率和金属量是数量指标，品位和富矿比是质量指标，产率和选矿比若不同其他指标联用则根本不能说明问题。因而在实际工作中通常是成对地联用其中两个指标，即一个数量指标和一个质量指标。

为了比较不同的选矿方案（方法、流程、条件），只要原矿品位相近，一般都是用品位和回收率这一对指标作判据；若原矿品位相差很远，就要考虑用富矿比代替精矿品位作质量指标；选煤工业上还常用产率作数量指标，其前提是各种原煤 "含煤量" 均相差不大，对精煤质量要求也大体相同，因而产率高就意味着损失少。至于其他判据，如金属量主要用于现场生产核算，选矿实验时有时用来代替回收率作为数量指标；选矿比则是辅助指标，选矿实验中不常使用。

用一对指标作判据，常会出现不易分辨的情况。例如，两个实验，一个品位较高而回收率较低，另一个品位较低而回收率较高，就不易判断究竟是哪一个实验的结果较好。因而长期以来，有不少人致力于寻找一个综合指标来代替用一对指标作判据的方法，为此提出了效率公式。可惜在选矿工艺上碰到的各种具体情况，对分离效率的数量方面和质量方面的要求的侧重程度往往不同，实际上无法找到一个公式能 "灵活地" 反映这种不同要求。因而尽管不少作者在推荐自己提出的公式时，可以利用一些看来似乎有利的数据证明该公式的合理性和通用性，其他作者却可提出另一些数据证明该公式的缺陷，说明实际上无法找到一个通用的综合指标，来完全代替现有的用一对指标作判据的方法，而只能是在不同情况下选择不同的判据，并在利用综合指标作为主要判据的时候，同时利用各个单独的质量指标和数量指标作辅助判据。

10.4.2.1　分离效率的计算

我们用分离效率这个名词，是为了把筛分效率、分级效率、选矿效率等分离过程的效率，统一在一起进行讨论。

筛分和分级，是按矿粒粒度分离的过程；选矿则是按矿物分离的过程。分离效率，应反映分离的完全程度。

最常用的指标，回收率和品位（对筛分和分级过程，则为某指定粒级的含量、下同）。这一对指标的优点是，物理意义最清晰，直接回答了生产上最关心的两个问题，即资源的利用程度和产品质量。缺点是不易进行综合比较，特别是不适于用来比较不同性质原矿的选矿效率，这不仅是由于不论回收率或品位都不能同时反映效率的数量方面和质量方面，因而不易作出综合判断，而且是因为即使是仅从数量效率或质量效率一个方面来说，回收率和品位也并不总是一个很理想的相对判据。例如，两个厂矿，若一个原矿品位很高，而另一个原矿品位很低，即使它们的金属回收率和精矿品位指标完全相同，也不能认为这两个厂矿的选矿效率是相等的，因而回收率和品位这两个指标即使作为单纯的数量指标和质量指标，也必须要给以某种修正，才能作为比较通用的相对判据。

A　质效率

最基本的质效率指标是 β。对筛分、分级过程而言，β 一般是指细产品中小于分离粒度的细粒级的含量。显然，对于筛分过程，若筛网完好无缺，筛下产品中原则上不应含有粗粒级，因而一般可认为 β 总能等于100%。换句话说，对于筛分过程，质效率一般是不必考虑的。而对于分级过程，溢流中不可能不混入粗粒，β 也就不会等于100%，因而在评价分级过程的效率时，不仅要从数量上考虑，而且必须同时从质量上考虑。在实践中筛分和分级同属分粒过程，所用的效率公式却不同，其原因就在这里。

对选矿过程，习惯上 β 是指精矿中有用元素（如铜、铅、铁、锡等）或化合物（如 CaF_2 等）的含量。但按选矿本身的定义（按矿物分离），应该是指精矿中有用矿物的含量。若按习惯仍用 β 表示精矿中有用元素或化合物的含量，则应根据对效率指标的第一项基本要求进行一些修正。例如，一个黄铜矿石，理论上可达到的最高精矿品位是纯黄铜矿含铜量，即 $\beta_{max} = 34.5\%\,Cu$，若实际精矿品位达到 $25\%\,Cu$，已比较满意，而辉铜矿矿石，理论最高品位应是辉铜矿纯矿物的含铜量，即 $\beta_{max} = 79.8\%\,Cu$，若实际精矿也只有 25% Cu，选矿效率就太低了，表明在此情况下用 β 作为度量分离过程质效率的判据，是不理想的，因而有人建议用实际精矿品位同理论最高品位的比值 $\dfrac{\beta}{\beta_{max}} \times 100\%$ 作为质效率指标。显然，这个比值就是精矿中有用矿物的含量。

现在考虑对效率指标的第二项基本要求。若原矿品位为 α，则即使是一个简单的分样过程，毫无分选作用，精矿品位 β 也不会等于0，而是等于 α，但这显然不能看做是选矿的效率，因而有人建议以 $\beta - \alpha$ 代替 β 度量分离过程的质效率。这时，对于分样过程，$\beta = \alpha$，$\beta - \alpha = 0$。也就是说，若以 $\beta - \alpha$ 作质效率指标，就能达到使分样过程的效率指标值为0，从而满足前述第二项基本要求。

若兼顾第一和第二项基本要求，则质效率公式应写成：

$$\frac{\beta - \alpha}{\beta_{max} - \alpha} \times 100\%$$

B 量效率

最常用的量效率指标就是回收率 $\varepsilon(\%)$，其计算公式如下：

$$\varepsilon = \frac{\beta(\alpha - \vartheta)}{\alpha(\beta - \vartheta)} \times 100\% \tag{10-3}$$

式中，α、β、ϑ 分别代表选矿过程中的原矿、精矿、尾矿的品位。

C 综合效率

几十年来，不断地有人提出不同的分离效率公式，也不断地有人对已提出的众多公式进行分类和评述，对此大家可自行参看有关的专门著作，此处仅介绍几个最常用的公式，即以汉考克公式为代表的第一类综合效率公式，及以弗来敏或斯蒂芬斯公式和道格拉斯公式为代表的第二类综合效率公式。

a 第一类综合效率公式

推导此类综合效率公式的基本指导思想为，若能综合考虑不同成分在不同产品中的分布率，例如，不仅考虑有用成分在精矿中的回收率，而且考虑无用成分在精矿中的混杂率，设法从"有效回收率"中扣除"无效回收率"的影响，即可使所得综合算式既反映过程的量效率，又反映过程的质效率 $E(\%)$。

$$E = \varepsilon - \gamma \tag{10-4}$$

这是我国锡矿工业中曾经采用过的一个选矿效率公式。其基本思想是，在用回收率指标评价选矿效率时，应从中扣除分样过程带来的那部分回收率，因为即使是毫无分选作用的缩分过程，其回收率也不会等于 0，而是等于 γ，显然不能将这部分回收率看做选矿的效果。

汉考克-卢伊肯公式用 $\varepsilon - \gamma$ 代替 ε，仅仅是满足了对分离效率指标的第二项基本要求，若再考虑第一项要求，则应改写成下列形式：

$$E_{汉} = \frac{\varepsilon - \gamma}{\varepsilon_{max} - \gamma_{opt}} \times 100\% \tag{10-5}$$

式中 ε_{max}——理论最高回收率，$\varepsilon_{max} = 100\%$；

γ_{opt}——理论最佳精矿产率。

因而 $E_{汉}$ 看做是实际分离效果与理论最好分离效果的比值，是一个可用于比较不同性质原矿分离效果的相对指标。

b 第二类综合效率公式

第二类综合效率计算公式，是将质效率同量效率的乘积作为综合效率，常见的有：

弗来敏-斯蒂芬斯公式

$$E = \varepsilon \times \frac{\beta - \alpha}{\beta_{max} - \alpha} \times 100\% \tag{10-6}$$

或写成：

$$E = \frac{100\beta(\alpha - \vartheta)(\beta - \alpha)}{\alpha(\beta - \vartheta)(\beta_{max} - \alpha)} \times 100\% \tag{10-7}$$

道格拉斯公式

$$E = \frac{\varepsilon - \gamma}{100 - \gamma} \times \frac{\beta - \alpha}{\beta_{\max} - \alpha} \times 100\% \tag{10-8}$$

或写成：

$$E = \frac{(\alpha - \vartheta)(\beta - \alpha)}{\alpha(\beta - \vartheta)\left(1 - \dfrac{\alpha}{\beta_{\max}}\right)} \times \frac{\beta - \alpha}{\beta_{\max} - \alpha} \times 100\% \tag{10-9}$$

对于单一有用矿物的矿石，$\beta_{\max} = \beta_m$，此处 $\beta_{\max}$ 为理论最高精矿品位，β_m 为纯矿物品位。

D　选择性指数

分离 1、2 两种成分时，希望精矿中成分 1 的回收率尽可能高，成分 2 的回收率尽可能低，故可用相对回收率 $\varepsilon_{精相} = \dfrac{\varepsilon_{1精}}{\varepsilon_{2精}}$ 作判据。同样，对尾矿也可得出类似的指标 $\varepsilon_{尾相} = \dfrac{\varepsilon_{2尾}}{\varepsilon_{1尾}}$。

高登（A. M. Gaudin）就用这个相对回收率的几何平均值作为分离判据，并习惯上称为选择性指数，通常用字母 S 代表：

$$S = \sqrt{\varepsilon_{精相} \varepsilon_{尾相}} = \sqrt{\frac{\varepsilon_{1精} \varepsilon_{2尾}}{\varepsilon_{2精} \varepsilon_{1尾}}} \tag{10-10}$$

此式在两种金属分离（铜铅分离、铅锌分离、钨锡分离）时应用颇广。由此还派生了一系列其他效率公式，但思路是类似的，就是用多个组分或产品的指标（回收率、浮选速率、浮选概率等）的几何平均值作综合效率判据。

10. 4. 2. 2　图解法

用图解法评价分离效率的一个重要实例，是分配曲线法。此法主要用于重选（比重组分的分配），但也可以用于磁选（磁性组分的分配）、分级（粒度组分的分配）等。该法的主要优点是，最终判据是单一数据，容易得出明确结论，但仅适用于产品能用简单物理方法分离（重液分离、磁析、筛析、水析等）的场合。

在一般场合下，可利用下列方法作图评价分离效率。首先可将每个待比方案，均按分批截取精矿的方法进行实验，然后分别绘制 $\varepsilon = f(\gamma)$、$\varepsilon = f(\beta)$、$P = f(\gamma)$ 等关系曲线（图 10-4、图 10-5）。此时哪一个方案的曲线位置较高，其分离效率必然是较优的，因为在 $\varepsilon = f(\gamma)$ 图上，曲线位置较高，即意味着在相同精矿产率下 ε 较高，既然 γ 相同，ε 较高

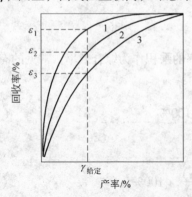

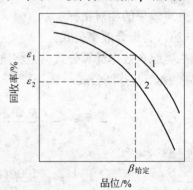

图 10-4　$\varepsilon = f(\gamma)$ 图　　　　　　　　图 10-5　$\varepsilon = f(\beta)$ 图

则 β 也必然较高；而在 $\varepsilon = f(\beta)$ 图中，曲线位置较高表明 β 相同时 ε 较高。

$P = f(\gamma)$ 曲线，纵坐标是 $\gamma\beta$ 或 $G\beta$，横坐标是 γ 或 G，因而斜率就是 β。此曲线的另一个优点是，在小型实验时所需利用的原始数据仅为精矿重量和精矿品位，而不涉及尾矿或原矿品位，因而误差较小，规律性较好。有人对此类分离曲线的数学形式进行过研究，认为它属于二次曲线，主要是双曲线，其方程可用最小二乘法或作图法求出。有人则近似的将其看成两段直线（相当于双曲线的两根渐近线），然后用较简单的线性回归方法，算出回归系数，作为分离效率判据。

10.5 实验数据的误差分析

实验的成果最初往往是以数据的形式表达的，如果要得到更深入的结果，就必须对实验数据做进一步的整理工作。为了保证最终结果的准确性，应该首先对原始数据的可靠性进行客观的评定，也就是需对实验数据进行误差分析。

在实验过程中由于实验仪器精度的限制，实验方法的不完善，科研人员认识能力的不足和科学水平的限制等方面的原因，在实验中获得的实验值与它的客观真实值并不一致，这种矛盾在数值上表现为误差。可见，误差是与准确相反的一个概念，可以用误差来说明实验数据的准确程度。实验结果都具有误差，误差自始至终存在于一切科学实验过程中。随着科学水平的提高和人们经验、技巧、专门知识的丰富，误差可以被控制得越来越小，但是不能完全消除。

10.5.1 真值与平均值

10.5.1.1 真值

真值（true value）是指在某一时刻和某一状态下，某量的客观值或实际值。真值一般是未知的，但从相对的意义上来说，真值又是已知的。根据真值是否已知，可将真值分为两种，即理论真值和约定真值。其中，理论真值是通过理论可以证明是确定和已知的真值；约定真值是无法通过理论证明直接得到，但通过人们公认的约定方法所获得的真值最佳估计值。例如，平面三角形三个内角之和恒为 $180°$；高精度仪器所测之值和多次实验值的平均值等。

10.5.1.2 平均值

在科学实验中，虽然实验误差在所难免，但平均值可综合反映实验值在一定条件下的一般水平，所以在科学实验中，经常将多次实验值的平均值作为真值的近似值。平均值的种类很多，在处理实验结果时常用的平均值见表10-3。

表 10-3 平均值的主要计算方法及作为约定真值的适应条件

平均值类别	计 算 公 式	使用平均值的条件
算术平均值	$\bar{x} = \dfrac{1}{n}(x_1 + x_2 + x_3 + \cdots + x_n) = \dfrac{1}{n}\sum_{i=1}^{n} x_i$	重复实验中各实验值服从正态分布，则算术平均值是这组等精度实验值中的最佳值或最可信赖值

平均值类别	计 算 公 式	使用平均值的条件
加权平均值	$$\bar{x}_w = \frac{w_1 x_1 + w_2 x_2 + w_3 x_3 + \cdots + w_n x_n}{w_1 + w_2 + w_3 + \cdots + w_n} = \frac{\sum\limits_{i=1}^{1} w_i x_i}{\sum\limits_{i=1}^{1} w_i}$$	如果某组实验值是用不同的方法获得的，或由不同的实验人员得到的，则这组数据中不同值的精度或可靠性不一致，为了突出可靠性高的数值，则可采用加权平均值
对数平均值	$$\bar{x}_L = \frac{x_1 - x_2}{\ln x_1 - \ln x_2} = \frac{x_1 - x_2}{\ln \dfrac{x_1}{x_2}}$$	如果实验数据的分布曲线具有对数特性，则宜使用对数平均值
几何平均值	$$\bar{x}_G = \sqrt[n]{x_1 x_2 x_3 \cdots x_n} = (x_1, x_2, x_3, \cdots, x_n)^{\frac{1}{n}}$$	当一组实验值取对数后所得数据的分布曲线更加对称时，宜采用几何平均值。即各实验值取对数后服从正态分布
调和平均值	$$H = \frac{n}{\dfrac{1}{x_1} + \dfrac{1}{x_2} + \dfrac{1}{x_3} + \cdots + \dfrac{1}{x_n}} = \frac{n}{\sum\limits_{i=1}^{n} \dfrac{1}{x_i}}$$	调和平均值是实验值倒数的算术平均值的倒数，它常用在涉及与一些量的倒数有关的场合

注：1. 式中，x_i 表示单个实验值；

　　2. 式中，w_1，w_2，w_3，$\cdots$，w_n 代表单个实验值对应的权。

如果某值精度较高，则可给以较大的权数，加重它在平均值中的分量。例如，如果认为某一个数比另一个数可靠两倍，则两者的权的比是 2∶1 或 1∶0.5。显然，加权平均值的可靠性在很大程度上取决于科研人员的经验。

实验值的权是相对值，因此可以是整数，也可以是分数或小数。权不是任意给定的，除了依据实验者的经验之外，还可以按如下方法给予：

（1）当实验次数很多时，可以将权理解为实验值 x_i。在很大的测量总数中出现的频率。

（2）如果实验值是在同样的实验条件下获得的，但来源于不同的组，这时加权平均值计算式中的 x_i 代表各组的平均值，而称为 w_i 代表每组实验次数，见例 10-1。若认为各组实验值的可靠程度与其出现的次数成正比，则加权平均值即为总算术平均值。

（3）根据权与绝对误差的平方成反比来确定权数，见例 10-2。

例 10-1　在实验室称量某样品时，不同的人得 4 组称量结果见表 10-4，如果认为各测量结果的可靠程度仅与测量次数成正比，试求其加权平均值。

表 10-4　例 10-1 数据表

组	测 量 值	平 均 值
1	100.357, 100.343, 100.351	100.350
2	100.360, 100.348	100.354
3	100.350, 100.344, 100.336, 100.340, 100.345	100.343
4	100.339, 100.350, 100.340	100.343

解：由于各测量结果的可靠程度仅与测量次数成正比，所以每组实验平均值的权值即

为对应的实验次数，即 $w_1 = 3$，$w_2 = 2$，$w_3 = 5$，$w_4 = 3$，所以加权平均值为：

$$\bar{x}_w = \frac{w_1 x_1 + w_2 x_2 + w_3 x_3 + \cdots + w_n x_n}{w_1 + w_2 + w_3 + \cdots + w_n} = 100.346$$

例 10-2　在测定溶液 pH 值时，得到两组实验数据，其平均值为：$\bar{x}_1 = 8.5 \pm 0.1$；$\bar{x}_2 = 8.53 \pm 0.02$，试求它们的加权平均值。

解：

$$w_1 : w_2 = \frac{1}{0.1^2} : \frac{1}{0.02^2} = 100 : 2500 = 1 : 25$$

$$\overline{pH} = \frac{8.5 \times 1 + 8.53 \times 25}{1 + 25} = 8.53$$

注意：两数的对数平均值总小于或等于它们的算术平均值。如果 $\frac{1}{2} \leq x_1 \leq 2$ 时，可用算术平均值代替对数平均值，而且误差不大（$\leq 4.4\%$）。

（4）一组实验值的几何平均值常小于它们的算术平均值。

（5）调和平均值一般小于对应的几何平均值和算术平均值。

综上所述，不同的平均值都有各自适用场合，选择哪种求平均值的方法取决于实验数据本身的特点，如分布类型、可靠性程度等。

10.5.2　误差的基本概念和表示方法

误差是实验值与真值不一致的数值表现。对单次实验而言，误差大小可分别用绝对误差和相对误差表示；对多次重复实验，一般采用算术平均误差和标准误差来反映一组数据的误差大小。

10.5.2.1　绝对误差

实验值与真值之差称为绝对误差，即：

绝对误差 = 实验值 - 真值

绝对误差反映了实验值偏离真值的大小，这个偏差可正可负。通常所说的误差一般是指绝对误差。由于真值一般是未知的，所以绝对误差也就无法准确计算出来。虽然绝对误差的准确值通常不能求出，但是可以根据具体情况，估计出它的大小范围。

如果用 x，x_t，δ 分别表示实验值、真值和绝对误差，则有

$$\delta = x - x_t \tag{10-11}$$

根据实验值和绝对误差可估计真值范围为

$$x - |\delta| \leq x_t \leq x + |\delta| \tag{10-12}$$

一般情况下，真值是未知的，因此，无法计算绝对误差。但是，实验研究过程中可以通过某些方法控制绝对误差的大小，即让绝对误差控制在某一范围内，这时，可引入最大绝对误差 $|\delta|_{max}$，则有

$$|\delta| = |x - x_t| \leq |\delta|_{max} \tag{10-13}$$

所以

$$x - |\delta| \leq x_t \leq x + |\delta|_{max} \tag{10-14}$$

　　在测量中，如果对某物理量只进行一次测量，常常可依据测量仪器上注明的精度等级或仪器最小刻度作为单次测量误差的计算依据。一般可取最小刻度值作为最大绝对误差，而取其最小刻度值的一半作为绝对误差的计算值。

　　例如，某天平的最小刻度为 0.1mg，则表明该天平有把握的最小称量质量是 0.1mg，所以它的最大绝对误差为 0.1mg。可见，对于同一真值的多个测量值，可以通过比较绝对误差限的大小，来判断它们精度的大小。

10.5.2.2　相对误差

　　相对误差是指绝对误差与真值的比值。如果用 E_r，表示相对误差，则有

$$E_r = \frac{\delta}{x_t} = \frac{x - x_t}{x_t} \tag{10-15}$$

所以

$$\delta = E_r x_t \tag{10-16}$$

$$x_t = x \pm |\delta| = x\left(1 \pm \left|\frac{\delta}{x}\right|\right) \approx x\left(1 \pm \left|\frac{\delta}{x_t}\right|\right) = x(1 \pm |E_r|) \tag{10-17}$$

即

$$x_t \approx x(1 \pm |E_r|) \tag{10-18}$$

同计算绝对误差一样，也可采用最大相对误差来估计相对误差的范围，即

$$E_r = \left|\frac{\delta}{x_t}\right| \le |E_r|_{max} \tag{10-19}$$

　　这里 $|E_r|_{max}$ 称为实验值 x 的最大相对误差或称为相对误差限和相对误差上界。在实际计算中，由于真值为未知数，所以常将绝对误差与实验值或平均值之比作为相对误差，即

$$E_r = \frac{\delta}{x} \tag{10-20}$$

或

$$E_r = \frac{\delta}{\bar{x}} \tag{10-21}$$

相对误差常常表示为百分数（%）。

　　需要指出的是，在科学实验中，由于绝对误差和相对误差一般都无法知道，所以通常将最大绝对误差和最大相对误差分别看做是绝对误差和相对误差，在表示符号上也可以不加区分。

　　例 10-3　已知某样品质量的称量结果为：58.7g ± 0.2g，试求其相对误差。

　　解： 依题意，称量的绝对误差为 0.2g，所以相对误差为

$$E_r = \left|\frac{\delta}{x_t}\right| = \frac{0.2}{58.7} = 0.3\%$$

10.5.2.3　算术平均误差

算术平均误差定义式为

$$\bar{\delta} = \frac{\sum\limits_{i=1}^{n} |x_i - \bar{x}|}{n} \tag{10-22}$$

显然，算术平均误差可以反映一组实验数据的误差大小，但是无法表达出各实验值间的彼此符合程度。

10.5.2.4 标准误差

标准误差也称均方根误差、标准偏差，简称标准偏差。当实验次数 n 无穷大时，称为总体标准差，其定义为

$$\sigma = \sqrt{\frac{\sum\limits_{i=1}^{n} (x_i - \bar{x})^2}{n}} = \sqrt{\frac{\sum\limits_{i=1}^{n} x_i^2 - (\sum\limits_{i=1}^{n} x_i)^2/n}{n}} \tag{10-23}$$

对于有限次实验，使用样本（sample）标准差，其定义式为

$$s = \hat{\sigma} = \sqrt{\frac{\sum\limits_{i=1}^{n} (x_i - \bar{x})^2}{n-1}} = \sqrt{\frac{\sum\limits_{i=1}^{n} x_i^2 - (\sum\limits_{i=1}^{n} x_i)^2/n}{n-1}} \tag{10-24}$$

根据国家标准，总体标准差和样本标准差要求用不同的符号表示，分别为 σ 和 S，本章为了方便起见，当两者不同时出现时，也用 σ 表示样本标准差。可见，标准差是由全部实验值计算出来的，而且个别较大或较小的实验值都可能导致标准差显著增大或减小，因此，标准差能明显地反映出较大的个别误差。它常用来表示实验值的精密度，标准差越小，则实验数据精密度越好。在计算实验数据一些常用的统计量时，如算术平均值 $\bar{x}$、样本标准差 S、总体标准差 σ 等，如果按它们的基本定义式计算，计算量很大，尤其是对于实验次数很多时，这时可以使用计算器上的统计功能（可以参考计算器的说明书），或者借助一些计算机软件，如 Excel 等。

10.5.3 实验数据误差的来源及消除

误差根据其性质或产生的原因，可分为随机误差、系统误差和过失误差。

10.5.3.1 随机误差

随机误差是指在一定实验条件下，以不可预知的规律变化着的误差，多次实验值的绝对误差时正时负，绝对误差的绝对值时大时小。随机误差的出现一般具有统计规律，大多服从正态分布，即绝对值小的误差比绝对值大的误差出现机会多，而且绝对值相等的正、负误差出现的次数近似相等，因此当实验次数足够多时，由于正负误差的相互抵消，误差的平均值趋向于零。所以多次实验值的平均值的随机误差比单个实验值的随机误差小，可以通过增加实验次数减小随机误差。

随机误差是由于实验过程中一系列偶然因素造成的，例如气温的微小变动、仪器的轻微振动、电压的微小波动等。这些偶然因素是实验者无法严格控制的，所以随机误差一般是不可完全避免。

10.5.3.2 系统误差

系统误差是指在一定实验条件下，由某个或某些因素按照某一确定的规律起作用而形

成的误差。系统误差的大小及其符号在同一实验中是恒定的，或在实验条件改变时按照某一确定的规律变化。当实验条件一旦确定，系统误差就是一个客观上的恒定值，它不能通过多次实验被发现，也不能通过取多次实验值的平均值而减小。

产生系统误差的原因是多方面的，可来自仪器（如砝码不准或刻度不均匀等），可来自操作不当，可来自个人的主观因素（如观察滴定终点或读取刻度的习惯），也可来自实验方法本身的不完善等。因此要发现系统误差是哪种误差引起的不太容易，而要完全消除系统误差则是更加困难的。

A　系统误差的检出

在一般情况下，用实验对比法可以发现测量仪器的系统误差的大小并加以校正。实验对比法是用几台仪器对同一试样的同一物理量进行测量，比较其测量结果；或用标准样品、被校准的样品进行测量，检查仪器的工作状况是否正常，然后对被测样品的测量值加以修正。

根据误差理论，误差 $x - x_0$ 是测不到的，能测得的只是剩余误差。剩余误差 v_i 定义为：

$$v_i = x_i - \bar{x} \tag{10-25}$$

式中　$\bar{x}$——一组测量数据（数列）的算术平均值；
　　　x_i——任一测量值。

用剩余误差观察法可以检出变质系统误差。如果剩余误差大体是正负相间，而且无明显变化规律时，则不考虑有系统误差。如果剩余误差有规律地变化时，则可认为有变质系统误差。

用标准误差也可以判断是否存在系统误差。不存在明显系统误差的判据定义为：

$$\overline{M}_i - \overline{M}_j \leqslant 2\sqrt{\frac{\sigma_i^2}{n_i} - \frac{\sigma_j^2}{n_j}}$$

式中　$\overline{M}$——被测物理量的算术平均值；
　　　σ——测量标准差；
　　　n——测量次数；
　　　i, j——表示第 i 组和第 j 组测量。

当式中的不等号方向变为相反方向时，表示第 i 和第 j 次的测量结果之间存在系统误差。

B　系统误差的消除或减少

要完全消除系统误差比较困难，但降低系统误差则是可能的。降低系统误差的首选方法是用标准件校准仪器，做出校正曲线。最好是请计量部门或仪器制造厂家校准仪器。其次是实验时正确地使用仪器，如调准仪器的零点、选择适当的量程、正确地进行操作等。

10.5.3.3　过失误差

过失误差是一种显然与事实不符的误差，没有一定的规律，它主要是由于实验人员粗心大意造成的，如读数错误、记录错误或操作失误等。所以只要实验者加强工作责任心，过失误差是可以完全避免的。

过失误差是实验人员疏忽大意所造成的误差，这种误差无规律可循。在实验中是否出现过失误差，可用以下准则进行检测。

A 拉依达准则

在一般实验中，实验次数很少超过几十次，因此可以认为绝对值大于 3σ 的误差是不可能出现的，通常把这个误差称为单次实验的极限误差 $\delta_{\lim x}$，即

$$\delta_{\lim x} = \pm 3\sigma$$

随机误差落在 $-3\sigma \sim +3\sigma$ 对应的概率 $p = 99.73\%$。所以，拉依达准则规定：如果某个观测值的剩余误差 $v_i = x_i - \bar{x}$ 超过 $\pm 3\hat{\sigma}$，就有过失误差存在。因此，这个准则又称为 $\pm 3\hat{\sigma}$ 法则，有时也称极限误差法。

拉依达方法简单，无须查表，当测量次数较多或要求不高时，使用比较方便。

B 格鲁布斯准则

在一组测量数据中，按其从小到大的顺序排列，最大项 $x_{\max}$ 和最小项 $x_{\min}$ 最有可能包含过失性，它们是不是可疑数据，可由其剩余误差与临界值进行比较来确定，如果

$$v_i = x_i - \bar{x} > G_{0\hat{\sigma}}$$

则 x_i 是可疑数据。为此，先要计算出统计量

$$G_{\max} = \frac{|x_{\max} - \bar{x}|}{\hat{\sigma}} \quad \text{或} \quad G_{\min} = \frac{|x_{\min} - \bar{x}|}{\hat{\sigma}}$$

在 n 次测量中，若给定显著度 α，就可从表 10-5 中查出临界值 $G(n,\alpha)$。如果 $G_{\max} \geqslant G(n,\alpha)$ 或 $G_{\min} \geqslant G(n,\alpha)$，则有过失误差存在。

表 10-5 格鲁布斯准则 $G(n,\alpha)$ 数值表

n \ α	0.01	0.05	n \ α	0.01	0.05
3	1.16	1.15	17	2.78	2.48
4	1.49	1.46	18	2.82	2.50
5	1.75	1.67	19	2.85	2.53
6	1.94	1.82	20	2.88	2.56
7	2.10	1.94	21	2.91	2.58
8	2.22	2.03	22	2.94	2.60
9	2.32	2.11	23	2.96	2.62
10	2.41	2.18	24	2.99	2.64
11	2.48	2.23	25	3.01	2.66
12	2.55	2.28	30	3.10	2.74
13	2.61	2.33	35	3.18	2.81

在我国的一些产品标准或检验标准中，对准则的选择已有规定，数据处理时应按其规定进行操作。

消除过失误差的最好办法是提高测量人员对实验的认识，要细心操作，认真读、记实验数据，实验完后，要认真检查数据，发现问题，及时纠正。

10.5.4　误差的传递

许多实验数据是由几个直接测量值按照一定的函数关系计算得到的间接测量值，由于每个直接测量值都有误差，所以间接测量值也必然有误差。如何根据直接测量值的误差来计算间接测量值的误差，就是误差的传递问题。

10.5.4.1　误差传递基本公式

由于间接测量值与直接测量值之间存在函数关系，设：

$$y = f(x_1, x_2, \cdots, x_n) \tag{10-26}$$

式中　y——间接测量值；

　　x_n——直接测量值，$n = 1$，2，$\cdots$，n。

对式（10-26）进行微分可得：

$$dy = \frac{\partial f}{\partial x_1}dx_1 + \frac{\partial f}{\partial x_2}dx_2 + \cdots + \frac{\partial f}{\partial x_n}dx_n \tag{10-27}$$

如果用 Δy，Δx_1，Δx_2，$\cdots$，Δx_n 分别代替式（10-27）中的 dy，dx_1，dx_2，$\cdots$，dx_n，则有：

$$\Delta y = \frac{\partial f}{\partial x_1}\Delta x_1 + \frac{\partial f}{\partial x_2}\Delta x_2 + \cdots + \frac{\partial f}{\partial x_n}\Delta x_n \tag{10-28}$$

或

$$\Delta y = \sum_{i=1}^{n}\left(\frac{\partial f}{\partial x_i}\Delta x_i\right) \tag{10-29}$$

式（10-28）和式（10-29）即为绝对误差的传递公式。它表明间接测量或函数的误差是各直接测量值的各项分误差之和，而分误差的大小又取决于直接测量误差（Δx_i）和误差传递系数 $\dfrac{\partial f}{\partial x_i}$，所以函数或间接测量值的绝对误差为：

$$\Delta y = \sum_{i=1}^{n}\left|\frac{\partial f}{\partial x_i}\Delta x_i\right| \tag{10-30}$$

相对误差的计算公式为：

$$\frac{\Delta y}{y} = \sum_{i=1}^{n}\left|\frac{\partial f}{\partial x_i} \times \frac{\Delta x_i}{y}\right| \tag{10-31}$$

式中　$\dfrac{\partial f}{\partial x_i}$——误差传递系数；

　　Δx_i——直接测量值的绝对误差；

　　Δy——间接测量值的绝对误差或称函数的绝对误差。

从最保险的角度，不考虑误差实际上有抵消的可能，所以式（10-30）和式（10-31）中各分误差都取绝对值，此时函数的误差最大。

所以间接测量值或函数的真值 y_t，可以表示为：

$$y_t = y \pm \Delta y \tag{10-32}$$

或

$$y_t = y\left(1 \pm \frac{\Delta y}{y}\right) \tag{10-33}$$

根据标准误差的定义，可以得到函数标准误差传递公式为：

$$\sigma_y = \sqrt{\sum_{i=1}^{n}\left(\frac{\partial f}{\partial x_{\partial i}}\right)^2 \sigma_i^2} \tag{10-34}$$

由于直接测量次数一般是有限的，所以宜用下式表示间接测量或函数的标准误差。

$$S_y = \sqrt{\sum_{i=1}^{n}\left(\frac{\partial f}{\partial x_{\partial i}}\right)^2 S_i^2} \tag{10-35}$$

式（10-34）、式（10-35）中的 σ_i、S_i 为直接测量值 x_i 的标准误差，也可用于表示间接测量值的标准误差。

10. 5. 4. 2 常用函数的误差传递公式

一些常用函数的最大绝对误差和标准误差的传递公式列于表 10-6 中。

表 10-6 部分函数误差传递公式

函　数	最大绝对误差 Δy	标准误差 S_y	函　数	最大绝对误差 Δy	标准误差 S_y
$y = x_1 \pm x_2$	$\pm(\lvert\Delta x_1\rvert + \lvert\Delta x_2\rvert)$	$\sqrt{S_1^2 + S_2^2}$	$y = a\dfrac{x_1}{x_2}$	$\pm\dfrac{\lvert ax_2\Delta x_1\rvert + \lvert ax_1\Delta x_2\rvert}{x_2^2}$	$\dfrac{a\sqrt{x_2^2 S_1^2 + x_1^2 S_2^2}}{x_2^2}$
$y = ax_1 x_2$	$\pm(\lvert ax_2\Delta x_1\rvert + \lvert ax_1\Delta x_2\rvert)$	$a\sqrt{x_2^2 S_1^2 + x_1^2 S_2^2}$			
$y = a + bx^n$	$\pm(nbx^{n-1}\Delta x)$	$nbx^{n-1}S_x$	$y = a + b\ln x$	$\pm\left\lvert\dfrac{b}{x}\Delta x\right\rvert$	$\dfrac{b}{x}S_x$

注：1. 表中函数表达式中的 a，b，n 等量表示常数；

   2. 设各直接测量值之间相互独立；

   3. 只要将第三列中的 S 换成 ∂，就可得到标准误差 ∂_y 的计算式。

10. 5. 4. 3 误差传递公式的应用

在任何实验中，虽然误差是不可避免的，但希望将间接测量值或函数的误差控制在某一范围内，为此也可以根据误差传递的基本公式，反过来计算出直接测量值的误差限，然后根据这个误差限来选择合适的测量仪器或方法，以保证实验完成之后，实验结果的误差能满足实际任务的要求。

由误差传递公式可以看出，间接测量或函数的误差是各直接测量值的各项分误差之和，而分误差的大小又取决于直接测量误差（Δx_i 或 σ_x，S_x）和误差传递系数 $\left(\dfrac{\partial f}{\partial x_i}\right)$ 的乘积。所以，可以根据各分误差的大小，来判断间接测量或函数误差的主要来源，为实验者提高实验质量或改变实验方法提供依据。

例 10-4 一组等精度测量值 x_1，x_2，$\cdots$，x_n，它们的算术平均值为 $\bar{x}$，试推导出 $\bar{x}$ 标准误差的表达式。

解：由算术平均值的定义可知：

$$\bar{x} = \frac{x_1 + x_2 + \cdots + x_n}{n} \tag{10-36}$$

误差传递系数为：

$$\frac{\partial \bar{x}}{\partial x_i} = \frac{1}{n}, i = 1, 2, \cdots, n$$

则算术平均值的绝对误差为：

$$\Delta \bar{x} = \frac{\sum_{i=1}^{n} |\Delta x_i|}{n}$$

算术平均值的标准误差为：

$$\partial \bar{x} = \sqrt{\frac{\sum_{i=1}^{n} \sigma_i^2}{n^2}}$$

10.6　实验方案设计方法

10.6.1　实验设计概述

在进行具体的实验之前，要对实验的有关影响因素和环节做出全面的研究和安排，从而制订出行之有效的实验方案。实验设计，就是对实验进行科学合理的安排，以达到最好的实验效果。实验设计是实验过程的依据，是实验数据处理的前提，也是提高科研成果质量的一个重要保证。一个科学而完善的实验设计，能够合理地安排各种实验因素，严格地控制实验误差，并且能够有效地分析实验数据，从而用较少的人力、物力和时间，最大限度地获得丰富而可靠的资料。反之，如果实验设计存在缺点，就必然造成浪费，减损研究结果的价值。实验因素简称为因素或因子，是实验的设计者希望考察的实验条件。因素的具体取值称为水平。

10.6.1.1　实验设计的定义

按照因素的给定水平对实验对象所做的操作称为处理。接受处理的实验对象称为实验单元。

衡量实验结果好坏程度的指标称为实验指标，也称为响应变量。

从专业设计的角度看，实验设计的三个要素就是实验因素、实验单元和实验效应，其中实验效应可用实验指标反映。在前面已经介绍了这几个概念，下面再对有关问题做进一步的介绍。

一个完善的实验设计方案应该考虑到如下问题：人力、物力和时间满足要求；重要的观测因素和实验指标没有遗漏，并做了合理安排；重要的非实验因素都得到了有效的控制；实验中可能出现的各种意外情况都已考虑在内并有相应的对策；对实验的操作方法、实验数据的收集、整理、分析方式都已确定了科学合理的方法。从设计的统计要求来看，一个完善的实验设计方案应该符合三要素与四原则。在讲述实验设计的要素与原则之前，首先介绍实验设计的几个基本概念。

10.6.1.2 实验设计的三要素

A 实验因素

实验设计的一项重要工作就是确定可能影响实验指标的实验因素，并根据专业知识初步确定因素水平的范围。若在整个实验过程中影响实验指标的因素很多，就必须结合专业知识，对众多的因素做全面分析，区分哪些是重要的实验因素，哪些是非重要的实验因素，以便选用合适的实验设计方法妥善安排这些因素。因素水平选取得过于密集，实验次数就会增多，许多相邻的水平对结果的影响十分接近，将会浪费人力、物力和时间，降低实验的效率；反之，因素水平选取得过于稀少，因素的不同水平对实验指标的影响规律就不能真实地反映出来，就不能得到有用的结论。在缺乏经验的前提下，可以先做筛选实验，选取较为合适的因素和水平数目。

实验的因素应该尽量选择为数量因素，少用或不用品质因素。数量因素就是对其水平值能够用数值大小精确衡量的因素，例如温度、容积等；品质因素水平的取值是定性的，如药物的种类、设备的型号等。数量因素有利于对实验结果做深入的统计分析，例如回归分析等。

在确定实验因素和因素水平时要注意实验的安全性，某些因素水平组合的处理可能会损坏实验设备（例如高温、高压）、产生有害物质甚至发生爆炸。这需要参加实验设计的专业人员能够事先预见，排除这种危险性，处理或者做好预防工作。

B 实验单元

接受实验处理的对象或产品就是实验单元。在工程实验中，实验对象是材料和产品，只需要根据专业知识和统计学原理选用实验对象。

C 实验效应

实验效应是反映实验处理效果的标志，它通过具体的实验指标来体现。与对实验因素的要求一样，要尽量选用数量的实验指标，不用定性的实验指标。

10.6.1.3 实验设计的四原则

费希尔在实验设计的研究中提出了实验设计的三个原则，即随机化原则、重复原则和局部控制原则。半个多世纪以来，实验设计得到迅速的发展和完善，这三个原则仍然是指导实验设计的基本原则。同时，人们通过理论研究和实践经验对这三个原则也给予进一步的发展和完善，把局部控制原则分解为对照原则和区组原则，提出了实验设计的四个基本原则：分别是随机化原则（randomization）、重复原则（replication）、对照原则（contrast）和区组原则（block）。目前，这四大实验设计原则已经是被人们普遍接受的保证实验结果正确性的必要条件。同时，随着科学技术的发展，这四大原则也在不断发展完善之中。

A 随机化原则

随机化是指每个处理以概率均等的原则，随机地选择实验单元。

实验设计随机化原则的另外一个作用是有利于应用各种统计分析方法，因为统计学中的很多方法都是建立在独立样本的基础上的，用随机化原则设计和实施的实验就可以保证实验数据的独立性。本章后面的内容总是假定实验，是按照随机化原则设计和实施的，实验的数据满足统计学的独立性要求。那些事先加入主观因素，以致不同程度失真的资料，统计方法是不能弥补其先天不足的，往往是事倍而功半。

　　B　重复原则

　　由于实验的个体差异、操作差异以及其他影响因素的存在，同一处理对不同的实验单元所产生的效果也是有差异的。通过一定数量的重复实验，该处理的真实效应就会比较确定地显现出来，可以从统计学上对处理的效应给以肯定或予以否定。

　　从统计学的观点看，重复例数越多（样本量越大）实验结果的可信度就越高，但是这就需要花费更多的人力和物力。实验设计的核心内容就是用最少的样本例数保证实验结果具有一定的可信度，以节约人力、经费和时间。

　　在实验设计中，"重复"一词有以下两种不同的含义：

　　（1）独立重复实验。在相同的处理条件下对不同的实验单元做多次实验，这是人们通常意义下所指的重复实验，其目的是为了降低由样品差异而产生的实验误差，并正确估计这个实验误差。

　　（2）重复测量。在相同的处理条件下对同一个样品做多次重复实验，以排除操作方法产生的误差。遗憾的是，这种重复在很多场合是不可实现的。如果实验的样品是流体（包括气体、液体、粉末），可以把一份样品分成多份，对每份样品分别做实验，以排除操作方法产生的误差。

　　C　对照原则

　　俗话说有比较才有鉴别，对照是比较的基础，对照原则是实验的一个主要原则。除了因素的不同处理外，实验组与对照组中的其他条件应尽量相同。只有高度的可比性，才能对实验观察的项目做出科学结论。对照的种类有很多，可根据研究目的和内容加以选择。

　　D　区组原则

　　人为划分的时间、空间、设备等实验条件成为区组（block）。区组因素也是影响实验指标的因素，但并不是实验者所要考察的因素，也称为非处理因素。任何实验都是在一定的时间、空间范围内并使用一定的设备进行的，把这些实验条件都保持一致是最理想的，但是这在很多场合是办不到的。解决的办法是把这些区组因素也纳入实验中，在对实验做设计和数据分析中也都作为实验因素。

　　10.6.1.4　实验设计的类型

　　根据实验设计内容的不同，可以分为专业设计与统计设计。实验的统计设计使得实验数据具有良好的统计性质（例如随机性、正交性、均匀性等），由此可以对实验数据做所需要的统计分析。实验的设计和实验结果的统计分析是密切相关的，只有按照科学的统计设计方法得到的实验数据才能进行科学的统计分析，得到客观有效的分析结论。反之，一大堆不符合统计学原理的数据可能是毫无作用的，统计学家也会对它束手无策。因此对实验工作者而言，关键是用科学的方法设计好实验，获得符合统计学原理的科学有效的数据。至于对实验结果的统计分析，很多方法都可以借助统计软件由实验人员自己完成，必要时还可以请统计专业人员帮助完成。本节重点讲述实验的统计设计。

　　根据不同的实验目的，实验设计可以划分为四种类型。

　　A　演示实验

　　实验目的是演示一种科学现象，只要按照正确的实验条件和实验程序操作，实验的结果就必然是事先预定的结果。对演示实验的设计主要是专业设计，其目的是为了使实验的操作更简便易行，实验的结果更直观清晰。

B 验证实验

实验目的是验证一种科学推断的正确性，可以作为其他实验方法的补充实验。本节中讲述的很多实验设计方法都是对实验数据做统计分析的，通过统计方法推断出最优实验条件，然后对这些推断出来的最优实验条件做补充的验证实验给予验证。验证实验也可以是对已提出的科学现象的重复验证，检验已有实验结果的正确性。

C 比较实验

比较实验的实验目的是检验一种或几种处理的效果，例如对生产工艺改进效果的检验，对一种新药剂效果的检验，其实验的设计需要结合专业设计和统计设计两方面的知识，对实验结果的数据分析属于统计学中的假设检验问题。

D 优化实验

优化实验的实验目的是高效率地找出实验问题的最优实验条件，这种优化实验是一项尝试性的工作，有可能获得成功，也有可能不成功，所以常把优化实验称为实验，以优化为目的的实验设计则称为优化实验设计。例如目前流行的正交设计。

优化实验是一个十分广阔的领域，几乎无所不在。在科研、开发和生产中，可以达到提高质量、增加产量、降低成本以及保护环境的目的。随着科学技术的迅猛发展，市场竞争的日益激烈，优化实验将会越发显示其巨大的威力。

优化实验的内容十分丰富，可以划分为以下几种类型：

（1）按实验因素的数目不同可以划分为单因素优化实验和多因素优化实验。

（2）按实验目的的不同可以划分为指标水平优化和稳健性优化。指标水平优化的目的是优化实验指标的平均水平，例如增加产品的回收率、延长产品的使用寿命、降低产品的能耗。稳健性优化是减小产品指标的波动（标准差），使产品的性能更稳定。

（3）按实验的形式不同可以分为实物实验和计算实验。实物实验包括现场实验和实验室实验两种，都是主要的实验方式。计算实验是根据数学模型计算出实验指标，在物理学中有大量的应用。

现代的计算机运行速度很高，人们往往认为对已知数学模型的情况不必再做实验设计，只需要对所有可能情况全面计算，找出最优条件就可以了。实际上这种观点是一个误解，在因素和水平数目较多时，即使高速运行的大型计算机也无力承担所需的运行时间。例如，为了研究矿物表面原子结构，如 $Si(100)2 \times 1$ 的一个原胞中有 5 层共 10 个原子，每个原子的位置用三维坐标来描述，每个坐标取 3 个水平，全面计算需要 3^{30} 次，而每次计算都包括众多复杂的步骤和公式，需要几个小时才能完成，因此对这个问题的全面计算是不可能实现的。美国的 Bell 实验室和 IBM 实验室等几家最大的研究机构都投入了巨大的人力和物力进行了多年的研究工作，但是始终没有获得有效的进展。后来我国学者建议采用正交试验设计方法，并与美国学者合作，经过两轮 $L_{27}(3^{13})$ 与几轮 $L_9(3^4)$ 正交试验，仅做了几十次实验就找到 $Si(100)2 \times 1$ 表面原子结构模型的最优结果。原子位置准确到原子距的 2%，达到了当今这一课题所能达到的最高精度，得到了世界的公认。

（4）按实验的过程不同可以分为序贯实验设计和整体实验设计。序贯实验是从一个起点出发，根据前面实验的结果决定后面实验的位置，使实验指标不断优化，形象地称为"爬山法"。分数法、因素轮换法都属于爬山法。整体实验是在实验前就把所要做的实验的位置确定好，要求设计这些实验点能够均匀地分布在全部可能的实验点之中，然后根据实验结果选择最优的实验条件。正交设计和均匀设计都属于整体实验设计。

10.6.2　单因素优化实验设计

10.6.2.1　单因素实验的定义及其应用场合

单因素优选法是指在安排实验时，影响实验指标的因素只有一个。实验的任务是在一个可能包含最优点的实验范围 $[a, b]$ 内寻求这个因素最优的取值，以得到优化的实验目标值。在多数情况下，影响实验指标的因素不止一个，称为多因素实验设计。有时虽然影响实验指标的因素有多个，但是只考虑一个影响程度最大的因素，其余因素都固定在理论或经验上的最优水平保持不变，这种情况也属于单因素实验设计问题。

优选问题在实验研究、开发设计中经常碰到。例如在现有设备和原材料条件下，如何安排生产工艺，使产量最高、质量最好，在保证产品质量的前提下使产量高而成本低。为了实现以上目标就要做实验，优化实验设计就是关于如何科学安排实验并分析实验结果的方法。

单因素优化实验设计包括均分法、对分法等多种方法，统称为优选法。这些方法都是在生产过程中产生和发展起来的，从 20 世纪 60 年代起，我国著名数学家华罗庚教授在全国大力推广优选法，取得了巨大的成效。

单因素优化实验设计有多种方法，对一个实验应该使用哪一种方法与实验的目标、实验指标的函数形式、实验的成本费用有关。在单因素实验中，实验指标函数 $f(x)$ 是一元函数，它的几种常见形式如图 10-6 所示。这几种函数形式也不是截然分开的，在一定条件下可以相互转换。

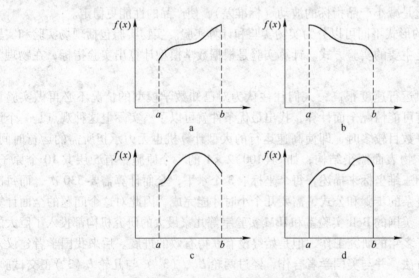

图 10-6　实验指标函数形式

a—单调上升函数；b—单调下降函数；c—单峰函数；d—多峰函数

10.6.2.2　均分法

均分法是单因素实验设计方法，它是在因素水平的实验范围 $[a, b]$ 内按等间隔安排实验点。在对目标函数没有先验认识的场合下，均分法可以作为了解目标函数的前期工作，同时可以确定有效的实验范围 $[a,b]$。

例 10-5 在磁选实验中，考察磨矿细度对磁铁矿品位的影响，仅从实验指标上看，在一定范围内磁铁矿细度越细，品位越高，品位是磨矿细度的单调增加函数。从表 10-7 看到，品位是细度的单调增加函数，先是随着磨矿细度的增加而迅速增加，但是当磨矿细度超过 -0.074mm 85% 后，品位的增加幅度变得缓慢。

表 10-7 不同磨矿细度下磁选管实验结果

-0.074mm 含量/%	精矿产率/%	精矿品位/%	精矿回收率/%
45	31.00	46.50	80.06
55	25.30	53.40	75.06
65	23.00	58.35	74.58
75	21.00	62.10	72.45
85	19.00	64.20	67.76
95	20.00	65.70	73.00

10.6.3 多因素优化实验设计

多因素实验设计在实验设计方法中占主导地位，具有丰富的内容。

10.6.3.1 多因素优化实验概述

在生产过程中影响实验指标的因素通常是很多的，首先需要从众多的影响因素中挑选出少数几个主要的影响因素，实现这个目标的途径有两个：第一是依靠专业知识，由专家决定因素的取舍；第二是做筛选实验，从众多的可能影响因素中找到真正的影响因素。

目前，多因素优化实验设计在很多领域都有广泛应用，取得了巨大的效益。在 20 世纪 60 年代，日本推广田口方法（即正交设计）应用正交表超过 100 万次，对于日本的工业发展起到了巨大的推进作用。实验设计技术已成为日本工程技术人员和企业管理人员必须掌握的技术，是工程师的共同语言。日本的数百家大公司每年运用正交设计完成数万个项目。丰田汽车公司对田口方法的评价是：在为公司产品质量改进做出贡献的各种方法中，田口方法的贡献占 50%。

A 实验因素的数目要适中

（1）实验因素不宜选得太多。如果实验因素选得太多（例如超过 10 个），这样不仅需要做较多的实验，而且会造成主次不分，丢了西瓜，捡了芝麻。如果仅从专业知识不能确定少数几个影响因素，就要借助筛选实验来完成这项工作。

（2）实验因素也不宜选得太少。若实验因素选得太少（例如只选定一两个因素），可能会遗漏重要的因素，使实验的结果达不到预期的目的。本章所论述的单因素优化实验设计虽然也是非常有效的方法，但是其适用的场合是有限的，有时是通过多因素实验确定出一个最主要的影响因素后，再用单因素实验设计方法优选这个因素的水平。

在多因素实验设计中，有时增加实验的因素并不需要增加实验次数，这时要尽可能多安排实验因素。某项实验方案中原计划只有三个因素，而利用实验设计的方法，可以在不增加实验次数的前提下，再增加一个因素，实验结果发现最后添加的这个因素是最重要的，从而发现了历史上最好的工艺条件。

B　实验因素的水平范围应该尽可能大

（1）实验因素的水平范围应当尽可能大一些。如果实验在实验室中进行，实验范围尽可能大的要求比较容易实现；如果实验直接在现场进行，则实验范围不宜太大，以防产生过多次品，或发生危险。实验范围太小的缺点是不易获得比已有条件有显著改善的结果，并且也会把对实验指标有显著影响的因素误认为没有显著影响。历史上有些重大的发明和发现，是由于"事故"而获得的，在这些事故中，实验因素的水平范围大大不同于已有经验的范围。

（2）因素的水平数要尽量多一些。如果实验范围允许大一些，则每一个因素的水平数要尽量多一些。水平数取得多会增加实验次数，如果实验因素和指标都是可以计量的，就可以使用均匀设计方法。用均匀设计安排实验，其实验次数就是因素的水平数，或者是水平数的 2 倍，最适合安排水平数较多的实验。

为了片面追求水平数多而使水平的间隔过小也是不可取的。水平的间隔大小和生产控制精度与测量精度是密切相关的。例如一项生产中对温度因素的控制只能做到 ±3℃，当设定温度控制在 85℃ 时，实际生产过程中温度将会在（85 ±3）℃，即在 82 ~ 88℃ 的范围内波动。假设根据专业知识，温度的实验范围应该在 60 ~ 90℃ 之间，如果为了追求尽量多的水平而设定温度取 7 个水平，分别为 60℃，65℃，70℃，75℃，80℃，85℃ 和 90℃，就太接近了，应当少设几个水平而加大间隔。例如只取 61℃，68℃，75℃，82℃ 和 89℃ 这 5 个水平。

C　实验指标要量化

在实验设计中实验指标要使用计量的测度，不要使用合格或不合格这样的属性测度，更不要把计量的测度转化为不合格品率，这样会丧失数据中的有用信息，甚至对实验产生误导。

10.6.3.2　因素轮换法

因素轮换法也称为单因素轮换法或一次一因素法，是解决多因素实验问题的一种非全面实验方法，是在实际工作中被工程技术人员所普遍采用的一种方法。这种方法的想法是：每次实验中只变化一个因素的水平，其他因素的水平保持固定不变，希望逐一地把每个因素对实验指标的影响摸清，分别找到每个因素的最优水平，最终找到全部因素的最优实验方案。

实际上这个想法是有缺陷的，它只适合于因素间没有交互作用的情况。当因素间存在交互作用时，每次变动一个因素的做法不能反映因素间交互作用的效果，实验的结果受起始点影响。如果起始点选得不好，就可能得不到好的实验结果，对这样的实验数据也难以做深入的统计分析，是一种低效的实验设计方法。

尽管因素轮换法有以上缺陷，但是由于其方法简单，并且也具有以下一些优点，因此目前仍然被实验人员广泛使用。

（1）从实验次数看因素轮换法是可取的，其总实验次数最多是各因素水平数之和。例如 5 个 3 水平的因素用因素轮换法做实验，其最多的实验次数是 15 次。而全面实验的次数是 3⁵ = 243 次。如果因素水平数较多，可以用单因素优化设计方法寻找该因素的最优实验条件。

（2）在实验指标不能量化时也可以使用。

（3）属于爬山实验法，每次定出一个因素的最优水平后就会使实验指标更提高一步，离最优实验目标（山顶）更接近一步。

（4）因素水平数可以不同。假设有 A、B、C 三个因素，水平数分别为 3、3、4，选择 A、B 两因素的 2 水平为起点，因素轮换法可以由图 10-7 表示。首先把 A、B 两因素固定在 2 水平，分别与 C 因素的 4 个水平搭配做实验，如果 C 因素取 2 水平时实验效果最好，就把 C 因素固定在 2 水平，如图 10-7a 所示。

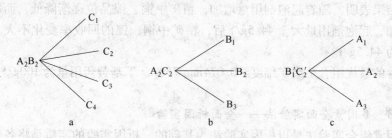

图 10-7 因素轮换法示意图

a—C_2 是好条件；b—B_3 是好条件；c—A_1 是好条件

然后再把 A、C 两因素固定在 2 水平，分别与 B 因素的 3 个水平搭配做实验（其中 B 因素的 2 水平实验已经做过，可以省略），如果 B 因素取 3 水平时实验效果最好，就把 B 因素固定在 3 水平，如图 10-7b 所示。

最后再把 B、C 两因素分别固定在 3 水平和 2 水平，分别与 A 因素的 3 个水平搭配做实验（其中 A 因素的 2 水平实验已经做过），如果 A 因素取 1 水平时实验效果最好，就得到最优实验条件是 $A_1B_3C_2$，如图 10-7c 所示。

例 10-6 考查某镍矿磨矿细度、捕收剂用量和起泡剂用量对精矿产品质量的影响。要求和实际经验初步确定各因素的水平范围是：

磨矿细度：$-0.074mm$ 占 55% ~95%

丁基黄药用量：25 ~200g/t

起泡剂用量：17.8 ~53.4g/t

使用因素轮换法寻找最优搭配，按下列步骤进行实验：

（1）暂采用如下药剂制度：丁黄药为 200g/t，2 号油 53.4g/t；确定磨矿细度最优水平值，这相当于单因素优化问题。磨矿细度：$-0.074mm$ 占 55% ~95%，理论上是取连续值的变量，分别在 $-0.074mm$ 占 55%、65%、75%、85%、95% 的磨矿细度下进行一次粗选浮选实验以确定适宜的磨矿细度。浮选浓度为 30%。实验结果表明，随着磨矿细度增加，精矿中铜的品位变化不大，铜的回收率在 $-0.074mm$ 占 75% 以后变化不大；随着磨矿细度增加，精矿中镍的品位在 $-0.074mm$ 在 55% ~85% 范围变化不大，磨矿细度 $-0.074mm$ 含量超过 85% 后镍的品位明显出现下降，镍的回收率在 $-0.074mm$ 占 75% 达到最大值，因此确定磨矿细度 $-0.074mm$ 含量为 75%。

（2）确定磨矿细度 $-0.074mm$ 含量为 75%，2 号油 53.4g/t；确定捕收剂用量的最优水平值。丁基黄药用量为 25～200g/t，理论上是取连续值的变量，分别在丁基黄药用量为 25g/t，50g/t，75g/t，100g/t，125g/t，150g/t，175g/t，200g/t 进行一次粗选浮选实验以确定适宜的丁基黄药用量。实验结果表明，捕收剂用量对精矿中的铜、镍品位影响不大。随着捕收剂用量增加，精矿中铜、镍的回收率逐渐增加，但考虑到药剂成本以及生产流程会采用扫选来提高回收率，因此确定丁基黄药用量为 100g/t。

（3）确定磨矿细度 −0.074mm75%，丁基黄药用量为 100g/t，进行不同起泡剂用量浮选实验，由于 2 号油在精选实验室实验时是用注射器添加的，本实验中注射器每滴的用量为 8.9g/t，因此进行起泡剂用量为 17.8g/t，26.7g/t，35.6g/t，44.5g/t，53.4g/t 的浮选实验。实验结果表明，随着起泡剂用量增加，精矿中铜、镍品位逐渐降低，而铜、镍的回收率逐渐增加，起泡剂用量大于 44.5g/t 后，精矿中铜、镍的回收率变化不大。因此确定起泡剂用量为 44.5g/t。

实验所得的最优组合是磨矿细度 −0.074mm 75%，丁基黄药用量为 100g/t，起泡剂用量为 44.5g/t。

10.6.3.3　多因素全面实验法——全面析因实验

大多数因素组合实验法是以析因实验法为基础的，析因实验的实质是将各个因素的不同水平相互排列组合而配成一套实验。常用的组合方式有两种：

（1）系统分组法（套设计）。例如，为了选择最适宜的磨矿细度和选别作业条件，可以安排两套实验。第一套在粗磨条件下进行，第二套在细磨条件下进行。这种分组法的特点是强调了因素的主次，在两套实验内选别作业条件可根据粗磨和细磨的不同要求而选择不同的实验范围。

（2）交叉分组法。即各因素处于完全平等的地位，不同因素的不同水平都会以相同的机会搭配，这是最常用的一种方法。

例 10-7　某铜锌硫化矿，用黄药作捕收剂，氰化物作抑制剂，分离铜、锌。设每个因素考查两个水平：黄药 50g/t 和 200g/t，氰化物用量 40g/t 和 160g/t，按交叉分组法分成 $2^2 = 4$ 个试点，E 代表这四个试点的实验结果。本例采用综合选矿效率（按道格拉斯）作基本判据，但实际工作中也可采用品位、回收率或其他效率判据，须根据具体情况而定。

若将这四个试点的条件和结果按一般实验记录表的习惯综合成一个表，即得表 10-8，只不过此处因素名称是用字母 A、B 代表，用量是用水平代码 1、2 表示，故该表左半部实验安排部分实际代表了二因素二水平析因实验安排的一般形式。这类实验安排表，可称为析因表或正交表。

表 10-8　2^2 析因实验安排与结果

试点号	因素 列号 水平	A （氰化物用量） 1	B （黄药用量） 2	AB 3	试 验 结 果 $\beta/\%$	$\varepsilon/\%$	$E/\%$
1		1 (50g/t)	1 (40g/t)	1	16	88	39
2		2 (200g/t)	1 (40g/t)	2	17	68	32
3		1 (50g/t)	2 (160g/t)	2	14	90	35
4		1 (200g/t)	2 (160g/t)	1	16	83	37

当氰化物的用量由低水平变至高水平时，选矿效率的平均变化幅度为第 2、4 两试点的平均指标与第 1、3 两试点的平均指标的差值，即

$$A = \frac{1}{2}(E_2 + E_4) - \frac{1}{2}(E_1 + E_3)$$

该值称为氰化物用量的主效应，可就用该因素的符号 A 表示，将本例数字代入得：

$$A = \frac{1}{2} \times (32 + 37) - \frac{1}{2} \times (39 + 35) = -2.5\%$$

类似地可算出黄药用量的主效应 B：

$$B = \frac{1}{2}(E_3 + E_4) - \frac{1}{2}(E_1 + E_2) = +0.5\%$$

若氰化物用量与黄药用量对选别指标的影响相互间无关联，则不论黄药用量是多少，氰化物用量对选别指标的影响均应大致相等，即 $(E_2 - E_1)$ 应与 $(E_4 - E_3)$ 大致相等。若二者差别很大，则说明二因素间存在着交互作用。现以 AB 代表 A、B 二因素间的交互效应，其大小可按下式计算：

$$AB = \frac{1}{2}(E_2 - E_1) - \frac{1}{2}(E_4 - E_3) = -4.5\%$$

计算结果表明，三项效应中以交互效应最显著，意味着决定选矿效率高低的关键是两种药剂用量的配比：氰化物多，黄药也要多，氯化物少，黄药用量也要少。由于氰化物的主效应 A 是负值，因此最优条件应是两种药剂均取低用量。

再回到正交表，可以看出，正交表不仅是安排实验的工具，也是计算实验结果的工具。若欲计算主效应 A，可直接按表找出 A 列中水平代码为 2 的试点，求出其平均指标。

若找出其水平代码为 1 的试点并求出其平均指标，二者的差值就是该因素的效应。类似地可求得 B。前面尚未交代的第 3 列，则是用来计算交互效应 AB 的。

(3) 析因实验同因素轮换法（单因素轮换法或一次一因素法）的比较。

例 10-7 若采用一次一因素实验法，则可能出现下列两种情况：

(1) 先固定黄药用量为 50g/t，变动氰化物用量为 40g/t、160g/t 得选矿效率 E 为 39 和 35，比较其结果，结论是氰化物用量为 40g/t 较优，因而确定氰化物用量为 40g/t，再变动黄药用量 50g/t、200g/t，选矿效率 E 为 39 和 32，比较其结果，黄药用量 50g/t 较优，因而确定黄药最优用量为 50g/t，氰化物最优用量为 40g/t。此结论是正确的。

(2) 如果黄药用量先定为 200g/t，变动氰化物用量 40g/t、160g/t，，得选矿效率 E 为 32 和 37，比较其结果，结论是氰化物用量为 160g/t 较优，因而确定氰化物用量为 160g/t。再变动黄药用量 50g/t、200g/t，选矿效率 E 为 35 和 37，比较其结果，黄药用量 200g/t 较优，因而确定黄药最优用量为 200g/t，氰化物最优用量为 160g/t。此结论显然是不确切的。

由上可知，在有交互作用存在的情况下，如果采用析因实验同因素轮换法（单因素轮换法或一次一因素法），则要求能将其他暂时不变化的因素保持在较合适的水平上，否则最终结论可能不确切。显然，这一要求在实践中并不一定总能满足。析因实验法的主要优点就在于可以充分揭露出各因素间的相互关系，保证我们确切地找到最优条件组合，让实验工作少走弯路。

10.6.4 正交设计

正交设计是实验设计中广泛应用的方法。自 1945 年 Finney 提出分式设计后，许多学者潜心研究，提出了供分式设计用的正交表。20 世纪 40 年代后期，日本田口玄一首次把正交法应用到日本的电话机实验上，随后在日本各行业广泛应用，获得丰硕的经济效益。某学派认为，日本生产率的增长在世界上领先，使用正交表进行实验设计是一个主要因素。实验设计已成为日本企业界管理人员、工程人员及研究人员必备的技术。正交试验设计在我国普及使用始于 20 世纪 60 年代末，70 年代达到高潮，随后也在各行业逐步展开应用。正交试验设计由于能用少量实验，提取关键信息，并且简单易行，已成为我国多因素最优化的主要方向。随着正交设计的应用，促进了实验设计的发展，并形成了一些新的领域，如稳健设计、回归设计、配方设计等。

正交设计是多因素的优化实验设计方法，也称为正交试验设计。它是从全面实验的样本点中挑选出部分有代表性的样本点做实验，这些代表点具有正交性。其作用是只用较少的实验次数就可以找出因素水平间的最优搭配或由实验结果通过计算推断出最优搭配。

10.6.4.1 正交表

正交设计是多因素实验中最重要的一种设计方法。它是根据因素设计的分式原理，采用由组合理论推导而成的正交表来安排设计实验，并对结果进行统计分析的多因素实验方法。

在数学上，两向量 a_1, a_2, a_3, $\cdots$, a_n 和 b_1, b_2, b_3, $\cdots$, b_n 的内积之和为零，即 $a_1b_1 + a_2b_2 + a_3b_3 + \cdots + a_nb_n = 0$ 则称这两个向量间正交，即它们在空间中交角为 90°。正交设计法的"正交"这个名词，就是从空间解析几何上两个向量正交的定义引申过来的。

在多因素实验中，当因素及水平数目增加时，若进行全面实验，将全部处理在一次实验中安排，实验处理个数及实验单元数就会急剧增长，要在一次实验内安排全部处理常常是不可能的。比如，某实验有 13 个因素各取 3 个水平，这个实验全面实施要 1594323 次，其工作量之大是惊人的。为了解决多因素全面实施实验次数过多，条件难以控制的问题，有必要挑选出部分代表性很强的处理组合来做实验，这些具有代表性的部分处理组合，可以通过正交设计正交表来确定，而这些处理通常是线性空间的一些正交点。

正交表是正交设计中合理安排实验，并对数据进行统计分析的主要工具。较简单的正交表 $L_9(3^4)$ 见表 10-9。表头中的符号分别为：

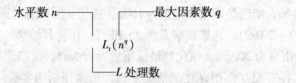

L 代表正交表，各种符号表示如下：

t——正交表行数 = 处理数，$t = n^k$（k = 基本因素数 = 基本列数）；

n——因素的水平数；

q——正交表列数 = 可容纳的最大因素数。

表 10-9　$L_9(3^4)$ 正交表

实 验 号	列 号			
	1	2	3	4
1	1	1	1	1
2	1	2	2	2
3	1	3	3	3
4	2	1	2	3
5	2	2	3	1
6	2	3	1	2
7	3	1	3	2
8	3	2	1	3
9	3	3	2	1

　　例如 $L_9(3^4)$ 正交表，右下角数字 9 表示有 9 行，实验有 9 个处理；括号内的指数 4 表示有 4 列，即最多允许安排的因素数是 4 个；括号内的数字 3 表示此表的主要部分只有三种数字（或三种符号），实验的因子有三种水平：即水平 1、2、3。

　　表 10-9 就是一张正交表，记作 $L_9(3^4)$。这张正交表的主体部分有 9 行 4 列，由 1，2，3 这 3 个数字构成。用这张表安排实验最多可以安排 4 个因素，每个因素取 3 个水平，需要做 9 次实验。

　　常见的正交表有 $L_4(2^3)$，$L_8(2^7)$，$L_{16}(2^{15})$，$L_{27}(3^{13})$，$L_{16}(4^5)$，$L_{25}(5^6)$ 以及混合水平 $L_{18}(2^1 \times 3^7)$ 等。

　　用正交表安排实验就是把实验的因素（包括区组因素）安排到正交表的列，允许有空白列，把因素水平安排到正交表的行。具体来说，正交表 10-9 的列用来安排因素，正交表中的数字表示因素的水平，用 $L_t(n^q)$ 正交表最多可以安排 q 个水平数目为 n 的因素，需要做 t 次实验（含有 t 个处理）。

　　正交表的列之间具有正交性。正交性可以保证每两个因素的水平在统计学上是不相关的。正交性具体表现在两个方面，分别是：

　　(1) 均匀分散性。在正交表的每一列中，不同数字出现的次数相等。例如 $L_9(3^4)$ 正交表中，数字 1，2，3 在每列中各出现 3 次。

　　(2) 整齐可比性。对于正交表的任意两列，将同一行的两个数字看做有序数对，每种数对出现的次数是相等的，例如 $L_9(3^4)$ 表，有序数对共有 9 个：(1，1)，(1，2)，(1，3)，(2，1)，(2，2)，(2，3)，(3，1)，(3，2)，(3，3)，它们各出现一次。

　　常用的正交表在各种实验设计的书中都能找到。

　　在得到一张正交表后，我们可以通过三个初等变换得到一系列与它等价的正交表：

　　(1) 正交表的任意两列之间可以相互交换，这使得因素可以自由安排在正交表的各列上。

　　(2) 正交表的任意两行之间可以相互交换，这使得实验的顺序可以自由选择。

　　(3) 正交表的每一列中不同数字之间可以任意交换，称为水平置换。这使得因素的水平可以自由安排。

正交试验则是将多个需要考查的因素组合在一起同时实验，而不是一次只变动一个因素，因而有利于揭露各因素间的交互作用，可以较迅速找到最优条件。

10.6.4.2　正交试验的分析

对正交试验结果的分析有两种方法，一种是直观分析法，另外一种是方差分析法。三水平正交试验设计是最一般的正交试验设计，它的方差分析法具有代表性，下面通过具体实例说明如何进行含有交互作用的三水平正交试验的方差分析。

例 10-8　为了提高某产品的产量，需要考查三个因素：反应温度、反应压力和溶液浓度，每个因素都取三个水平，具体数值见表 10-10。同时考查因素间所有的一级交互作用，试进行方差分析确定所考查因素对实验指标（产品产量）的影响规律。

表 10-10　因素及水平表

因素水平	A 温度/℃	B 压力/10^5 Pa	C 浓度/%
1	60	2.0	0.5
2	65	2.5	1.0
3	70	3.0	2.0

选取三水平的正交表 $L_{27}(3^{13})$ 最合适。正交表的表头设计、实验结果及相关计算结果列于表 10-11。

（1）效应的计算。可直接在表格上进行。如表 10-10 第 1 列代表因素 A（温度），水平取"1"（60℃）的共 9 个实验点，其实验结果的总和及平均值为：

$$K_1 = (1.30 + 4.65 + 7.23 + 0.5 + 3.67 + 6.23 + 1.37 + 4.73 + 7.07) = 36.73$$

$$\overline{K_1} = \frac{1}{9}K_1 = 4.08$$

同理可以求出其他因素各水平的实验结果的总和及平均值。

表 10-11　正交试验安排及实验结果

表头设计	A	B	AB1	AB2	C	AC1	AC2	BC1			BC2			
列号　实验号	1	2	3	4	5	6	7	8	9	10	11	12	13	实验结果
1	1	1	1	1	1	1	1	1	1	1	1	1	1	1.30
2	1	1	1	1	2	2	2	2	2	2	2	2	2	4.65
3	1	1	1	1	3	3	3	3	3	3	3	3	3	7.23
4	1	2	2	2	1	1	1	2	2	2	3	3	3	0.50
5	1	2	2	2	2	2	2	3	3	3	1	1	1	3.67
6	1	2	2	2	3	3	3	1	1	1	2	2	2	6.23
7	1	3	3	3	1	1	1	3	3	3	2	2	2	1.37
8	1	3	3	3	2	2	2	1	1	1	3	3	3	4.73
9	1	3	3	3	3	3	3	2	2	2	1	1	1	7.07
10	2	1	2	3	1	2	3	1	2	3	1	2	3	0.47

表头设计	A	B	AB 1	AB 2	C	AC 1	AC 2	BC 1			BC 2			实验结果
列号＼实验号	1	2	3	4	5	6	7	8	9	10	11	12	13	
11	2	1	2	3	2	3	1	2	3	1	2	3	1	3.47
12	2	1	2	3	3	1	2	3	1	2	3	1	2	6.13
13	2	2	3	1	1	2	3	2	3	1	3	1	2	0.33
14	2	2	3	1	2	3	1	3	1	2	1	2	3	3.40
15	2	2	3	1	3	1	2	1	2	3	2	3	1	5.80
16	2	3	1	2	1	2	3	1	3	2	2	3	1	0.63
17	2	3	1	2	2	3	1	2	1	3	3	1	2	3.97
18	2	3	1	2	3	1	2	3	2	1	1	2	3	6.50
19	3	1	3	2	1	3	2	1	3	2	1	3	2	0.03
20	3	1	3	2	2	1	3	2	1	3	2	1	3	3.40
21	3	1	3	2	3	2	1	3	2	1	3	2	1	6.80
22	3	2	1	3	1	3	2	1	2	3	3	2	1	0.57
23	3	2	1	3	2	1	3	2	3	1	1	3	2	3.97
24	3	2	1	3	3	2	1	3	1	2	2	1	3	6.83
25	3	3	2	1	1	1	3	2	1	3	2	1	3	1.07
26	3	3	2	1	2	1	3	3	2	1	2	1	3.97	
27	3	3	2	1	3	2	1	1	3	1	3	2	6.57	
K_1	36.75	33.46	35.63	34.30	6.27	32.94	34.21	33.33	32.96	34.40	32.98	33.77	33.28	
K_2	30.70	31.30	32.08	31.73	35.21	34.66	33.13	33.04	34.30	33.21	33.43	33.96	33.25	
K_3	33.21	35.88	32.93	34.61	59.16	33.04	33.30	34.27	33.38	33.03	34.23	32.91	34.11	
$\overline{K}_1$	4.08	3.72	3.96	3.81	0.70	3.66	3.80	3.70	3.66	3.82	3.66	3.75	3.70	
$\overline{K}_2$	3.41	3.48	3.56	3.53	3.91	3.85	3.68	3.67	3.81	3.69	3.71	3.77	3.69	
$\overline{K}_3$	3.69	3.99	3.66	3.85	6.57	3.67	3.70	3.81	3.71	3.67	3.80	3.66	3.79	
r	0.67	0.51	0.40	0.32	5.87	0.19	0.12	0.14	0.15	0.15	0.14	0.11	0.10	
S_i	2.04	1.17	0.76	0.56	155.87	0.21	0.08	0.09	0.10	0.12	0.09	0.07	0.05	

（2）极差的计算。极差（误差范围）是直接用数据中最大者减去最小者的差值。本例中采用各因素中实验结果中 $\overline{K}_1$、$\overline{K}_2$、$\overline{K}_3$ 中的最大值减去最小值作为该因素的极差。

如对于第 1 列代表因素 A（温度），其实验极差 $r = 4.08 - 3.41 = 0.67$。

同理可以求出其他因素实验极差。

（3）正交试验结果的直观分析。实验结果的直观分析方法是一种简便易行的方法，没有学过统计学的人也能够学会，这正是正交设计能够在生产一线推广使用的奥秘。

1）直接看的好条件。从表 10-10 中的 27 次实验结果看出，第 3 号实验 A1B1C3 最高，为 7.23%。但第 3 号实验方案不一定是最优方案，还应该通过进一步的分析寻找出可能的更好方案。

2）算一算的好条件。表中 K_1、K_2、K_3 这三行数据分别是各因素同一水平结果之和。例如，K_1 行 A 因素列的数据 36.73 是 A 因素 9 个 1 水平实验值的和，而 A 因素 9 个 1 水平分别在第 1，2，3，4，5，6，7，8，9 号实验，所以：

$$K_1 = (1.30 + 4.65 + 7.23 + 0.5 + 3.67 + 6.23 + 1.37 + 4.73 + 7.07) = 36.75$$

注意：在上述计算中，B 因素的 9 个水平各参加了一次计算，C 因素的 9 个水平也各参加了一次计算。

其他的求和数据计算方式与上述方式相似。

然后对 K_1、K_2、K_3 这三行分别除以 3，得到三行新的数据 $\overline{K}_1$、$\overline{K}_2$、$\overline{K}_3$，表示各因素在每一水平下的平均产量。例如，$\overline{K}_1$ 行 A 因素的数据 4.08，表示反应温度为 60℃时的平均产率是 4.08%。这时可以从理论上计算出最优方案为 A1B1C3，也就是用各因素平均产率最高的水平组合的方案。

3）分析极差，确定各因素的重要程度。正交试验安排及实验结果倒数第二行 r 是极差，它是 $\overline{K}_1$、$\overline{K}_2$、$\overline{K}_3$ 各列三个数据的极差，即最大数减去最小数，例如 A 因素的极差 $r = 4.08 - 3.41 = 0.67$。从表 10-10 中看到，C 因素的极差最大，表明 C 因素对产量的影响程度最大。B 因素的极差最小，说明 B 因素对产量影响程度不大。A 因素的极差大小居中，说明 A 因素对产量有一定的影响，但是影响程度不大。

4）画趋势图。进一步可以画出 A、B、C 三个因素对产量影响的趋势图，见图 10-8。从图中看出，反应浓度越高越好，因而有必要进一步实验反应浓度是否应该再增高。压力和温度是 U 形曲线，需要进一步实验反应压力是否应该再降低或增高，反应温度是否再降低或增高。

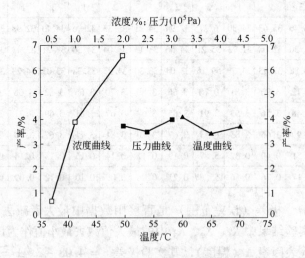

图 10-8   A、B、C 三个因素对产量影响的趋势图

5）成本分析。前面的分析说明选取的温度和压力，如果考虑生产成本的话，选压力为 2，温度为 60℃好。

6）综合分析。前面的分析表明，A1B1C3 是理论上的最优方案，还可以考虑把反应温度 A 的水平进一步降低，压力进一步减少，浓度进一步增大。这需要安排进一步的补充实验，可以在 A1B1C3 附近安排一轮 2 水平小批量的实验，如果实验者对现有的实验结果已经满意，也可以不做实验。

7）验证实验。不论是否做进一步的撒细网实验，都需要对理论最优方案做验证实验。需要注意的是，最优搭配 A1B1C3 只是理论上的最优方案，还需要用实际的实验做验证。对这两个方案各做两次验证实验。

（4）正交试验的方差分析。正交试验设计是一种常用的重要多因素实验设计方法，方差分析是正交试验数据分析的主要分析方法。正交试验设计的类型有多种，但正交试验数据的方差分析原理、步骤及格式基本上相同，这里首先以本例叙述一般的正交试验的方差分析步骤和格式。

设用正交表安排 m 个因素的实验，实验次数为 n，实验结果分别为 x_1，x_2，x_3，$\cdots$，x_n。假定每个因素有 n_a 个水平，每个水平做 a 次实验，则 $n = an_a$。

1）计算总离差平方和

$$S_T = \sum_{k=1}^{n} (x_k - \bar{x})^2 = \sum_{k=1}^{n} x_k^2 - n\bar{x}^2 = Q - \frac{T^2}{n}$$

式中，$\bar{x} = \frac{1}{n} \sum_{k=1}^{n} x_k$ 为所有实验结果的总平均值；$Q = \sum_{k=1}^{n} x_k^2$ 为所有实验结果的平方和；$T = \sum_{k=1}^{n} x_k$ 为所有实验结果的和。

2）计算因素的离差平方和。下面以计算因素 A 的离差平方和为例来说明如何计算各因素的离差平方和。设因素 A 安排在正交表的第 i 列，可看做单因素实验，用 x_{ij} 表示因素（正交表）第 i 列 j 水平对应的实验结果的总和。则

$$S_A = S_i = \frac{1}{a} \sum_{j=1}^{p} x_{ij}^2 - n\bar{x}^2 = Q_A - \frac{T^2}{n}$$

$$Q_A = \frac{1}{a} \sum_{j=1}^{p} x_{ij}^2$$

式中，S_i 为正交表第 i 列的离差平方和；p 为第 i 列的水平数；x_{ij} 为因素（正交表）第 i 列 j 水平对应的实验结果的总和（可以在正交表中计算出来）。

S_A 反映了因素 A 水平变化时所引起的实验结果的差异，即因素 A 对实验指标的影响。

相同的方法可以分别计算出正交表中其余各列的离差平方和。各因素的离差平方和与所在正交表相应列的离差平方和相等。对于因素间的交互作用，如果占两列或以上时，则交互作用的离差平方和等于所占列离差平方和之和。比如因素 A 和 B 的交互作用占正交表的 3、4 两列，则：

$$S_{AB} = S_3 + S_4$$

3）计算实验误差的平方和 S_E。设 $S_{因+交}$ 为所有因素及要考虑的交互作用的离差平方和，因为

$$S_T = S_{因+交} + S_E$$

所以

$$S_E = S_T - S_{因+交}$$

4）列出方差分析表（表 10-12）。

表 10-12　方差分析表

离差来源	离差平方和	自由度	均　方	F 比	显著性
因　素	$S_{因}$	$n_a - 1$	$\overline{S}_{因} = \dfrac{S_{因}}{n_a - 1}$	$F_{因} = \dfrac{\overline{S}_{因}}{\overline{S}_E}$	
交互作用	$S_{交}$	交互作用因素自由度之积	$\overline{S}_{交} = \dfrac{S_{交}}{f_{交} - 1}$	$F_{交} = \dfrac{\overline{S}_{交}}{\overline{S}_E}$	
误　差	S_E	$f_T - f_{因} - f_{交}$	$\overline{S}_E = \dfrac{S_E}{n - r}$		
总离差	S_T	$n - 1$			

对于例 10-8 来说:

1) 计算总离差平方和。

$$\overline{x} = \frac{1}{n} \sum_{k=1}^{n} x_k = \frac{1}{27} \times (1.30 + 4.65 + 7.23 + \cdots + 6.57) = 3.73$$

$$\sum_{k=1}^{n} x_k^2 = (1.30^2 + 4.65^2 + 7.23^2 + \cdots + 6.57^2) = 536.47$$

$$S_T = \sum_{k=1}^{n} (x_k - \overline{x})^2 = \sum_{k=1}^{n} x_k^2 - n\,\overline{x}^2 = 161.20$$

2) 计算因素的离差平方和。

$$S_A = S_1 = \frac{1}{9} \times (36.75^2 + 30.70^2 + 33.21^2) - 27 \times 3.73^2$$

$$= \frac{1}{9} \times (1350.56 + 942.49 + 1102.90) - 13.91 \times 27$$

$$= 2.04$$

$$S_B = S_2 = 1.17$$

$$S_{AB} = S_3 + S_4 = 1.32$$

$$S_C = S_5 = 155.87$$

$$S_{AC} = S_6 + S_7 = 0.29$$

$$S_{BC} = S_8 + S_{11} = 0.18$$

$$S_9 = 0.10$$

$$S_{10} = 0.12$$

$$S_{12} = 0.07$$

$$S_{13} = 0.05$$

3) 计算实验误差的平方和 S_E。

$$S_E = S_T - S_A - S_B - S_C - S_{AB} - S_{AC} - S_{BC} = S_9 + S_{10} + S_{12} + S_{13} = 0.34$$

4) 列出方差分析表 (表 10-13)。

表 10-13 方差分析表

离差来源	离差平方和	自由度	均 方	统计量	临 界 值	显著性
A	2.04	2	1.02	25.50		★★★
B	1.17	2	0.58	14.50	$F_{0.01}(2,8)=8.65$	★★★
A×B	1.32	4	0.33	8.25	$F_{0.05}(2,8)=4.46$	★★★
C	155.87	2	77.93	1948.25	$F_{0.1}(2,8)=3.28$	★★★
A×C	0.29	4	0.07	1.75	$F_{0.01}(4,8)=7.01$	
B×C	0.18	4	0.05	1.25	$F_{0.05}(4,8)=3.84$	
误 差	0.34	8	0.04		$F_{0.1}(4,8)=2.81$	
总离差	161.21	26				

5）显著性检验。

查 F 分布表：$F_{0.01}(2,8)=8.65$；$F_{0.05}(2,8)=4.46$；$F_{0.1}(2,8)=3.28$；$F_{0.01}(4,8)=7.01$；$F_{0.05}(4,8)=3.84$；$F_{0.1}(4,8)=2.81$。

因为 F_A、F_B、F_C 均大于 $F_{0.01}(2,8)=8.65$；$F_{A×B}$ 大于 $F_{0.01}(4,8)=7.01$；$F_{A×C}$ 和 $F_{B×C}$ 均小于 $F_{0.1}(4,8)=2.81$，所以因素 A 反应温度、因素 B 反应压力、因素 C 溶液浓度以及因素 A 与因素 B 的交互作用对实验指标（产品产量）均有高度显著性影响，因素 A 与因素 C 的交互作用和因素 B 与因素 C 的交互作用对实验指标（产品产量）没有影响。

6）确定最优方案及因素的主次顺序。由表 10-13 的计算结果可知，因素各水平的最佳搭配为 A1B1C3。

确定主次顺序。由于三水平正交试验设计的交互作用占两列，采用离差平方和进行排序，由表 10-13 中的 S_i 的大小顺序可以确定其主次顺序（从大到小）为：C、A、AB、B。

10.7 实验报告的编写

在科学研究中，有时要写"实验报告"，有时要写"检测报告"。对某种事物的现象或规律的研究后，要写的报告一般属于"实验报告"；而对某些材料进行成分分析，或对材料的某个（些）性能进行测定后，要写的报告一般属于"检测报告"。此外，在生产实践中对产品的质量进行鉴别和评定，或在商品流通过程中对商品的质量进行鉴别和评定后，要写的报告一般也属于"检测报告"的范畴。因此，对这两种报告都应有所了解。

此外，实验报告是写给别人看的，必须详细、清楚，同时简明、扼要。

10.7.1 实验报告的基本格式

学生在实验课做完实验后要写的报告属于"学习实验报告"，简称"实验报告"。应当指出，传统观点认为学生做实验是验证所学的书本知识，加深对知识的理解和记忆，这种概念是片面的，或者说是不够准确的。对于工科专业，即使在大学所开的物理、化学等基础课的实验中，有的实验项目是验证型的，有的是检测型的（随着实验教学改革的深入开展，基础课的实验也有设计型或综合型的）。对于各种专业实验则比较明显，大部分实验项目是检测型的，少部分是验证型的。因此，学生到实验室去是既做实验，又做检测。严格地说，这两种实验的报告内容和格式是不同的，做验证型实验后应写实验报告，做检测型的实验后应写检测报告。

编写实验报告是进行实践能力培养和训练的重要环节。通常做实验都是有目的的，因此在实验操作时要仔细观察实验现象，操作完成之后，要分析讨论出现的问题，整理归纳实验数据，要对实验进行总结，要把各种实验现象提高到理性认识，并做出结论。在实验报告中还应完成指定的思考题，提出改进本实验的意见或措施等。

10.7.1.1　实验报告的基本格式

一个完整的实验报告应当包括的主要内容如下：

（1）实验名称。实验名称应当明确地表示你所做实验的基本意图，要让阅读报告的人一目了然。

（2）实验目的与要求。

1）实验目的。实验目的是对实验意图的进一步说明，即阐述该实验在科研或生产中的意义与作用。对于设计性实验，应指出该项实验的预期设计目标或预期的结果。

2）实验要求。这是实验教材根据实验教学需要，对学生提出的基本要求，可以不写。

（3）实验原理。实验原理是实验方法的理论根据或实验设计的指导思想。

实验原理包括两个部分：一是实验中涉及的化学反应，这是能够进行实验的基础，如果没有反应，实验就无法进行，也没有实验的必要；二是仪器对该反应的接受与指示的原理，这是实验的保证，仪器不能接受和指示出反应的信号，实验就无法进行，就得更换仪器的类型或型号。当然，这两部分原理在实验教材中已有介绍，抄书没有必要，要用自己的语言简要地进行说明。

（4）实验器材。实验所需的主要仪器、设备、工具、试剂等，这是实验的基本条件。

（5）实验步骤。实验步骤表明操作顺序，一般包括试样制备、仪器准备、测试操作三大部分，要求用文字简要地说明。视具体情况也可以用简图、表格、反应式等表示，不必千篇一律。

（6）数据记录与处理。

1）实验现象记录，包括测试环境有无变化，仪器运转是否正常，试样在处理或测试中有无变化，实验中有无异常或特殊的现象发生等。

2）原始数据记录，做实验时，应将测得的原始数据按有效数据的处理方法进行取舍，再按一定的格式整理出来，填写在自己预习时所设计的表格（或教材的表格）中。

3）结果计算，首先，应对测量数据做分析，按测试结果处理程序，先分析有无过失误差、系统误差和随机误差，并进行相应的处理。然后计算每个试样的测试结果，再计算该批试样的测试结果，做出误差估计等。

4）实验结果，有的实验结果得用图形或表格的形式表示，在这种情况下，要在报告中列出图表。

（7）实验结果分析。实验结果分析一般包括如下几项：

1）实验现象是否符合或偏离预定的设想，测量结果是否说明问题。

2）影响实验现象的发生或影响测试结果的因素。

3）改进测试方法或测试仪器的意见或建议。

（8）实验结论。实验报告中应当明确写出实验结论。测定物理量的实验，必须写出测量的数值。验证型的实验，必须写出实验结果与理论推断结果是否相符。研究型的实验，要明确指出所研究的几个量之间的关系。思考题是在实验完成的基础上进一步提出一些开发学生视野的一些问题，有时帮助你分析实验中出现的问题，所以写实验报告时不能忽视思考题。

1）简要叙述实验结果，点明实验结论。

2）列出测试结果，注明测试条件。

10.7.1.2 实验报告的改进格式

随着实验教学改革的推进，实验报告的格式也在进行改革，目前各学校的做法不一，未形成统一（固定）的格式。改革后的实验报告一般只要求写清楚以下主要内容：

（1）数据测量的过程。

（2）数据处理的过程。

（3）实验结果的分析讨论。

（4）实验过程中是否出现问题。如果出现问题，应写正确处理出现问题的经验和体会。

（5）实验的改进意见。

10.7.2 检测报告的内容与格式

检测报告有单项报告和综合（多项）报告两种。有的科学研究和产品（商品）质量鉴定只要单项测试就够了，因此所写的报告是单项检测报告；有的则要做多项测试才能说明问题，因此要写的报告是综合报告。

10.7.2.1 单项检测报告

在国家标准和国际标准中，有一类标准是测试方法标准。在这类标准中，对测试原理、测试方法、测试仪器、测试条件、试样要求与制备、测试步骤、数据处理方法等都有具体的规定，有的还对测试报告提出要求。通常，单项检测报告以表格的形式给出，格式不完全固定，可自行设计。在本书中，有的实验项目附有测试数据纪录表或测试结果报告表，可供读者作设计参考。比较简单的测试报告单如下所示。

＿＿＿＿＿大学报告单

委托单位：   测试日期： 年 月 日

送样日期： 年 月 日   报告日期： 年 月 日

样品名称			样品数量	
品种或代号			测试项目	
测试条件	应用标准的代号和名称			
	仪器名称、型号、规格			
	测试环境			
	其 他			
测试结果				
备 注				

测试操作：   复核：   实验室主任

（签字）   （签字）   （签字）

在填写这种简单报告单时，测试结果一栏有较大的灵活性，只要清楚表达实验结果就行。当用公式法计算测试结果时，应注明所用的计算公式；对于原始测试数据很多的测试项目，报告中可以作附件附上，也可以不附。对需要用作图法才能求出结果的测试项目，应将所作的图附上。

在现代测试设备中，许多设备用微机处理测试数据，在仪器输出的结果中，有的是原始数据；有的是部分原始数据和测试结果；有的是一条曲线、一张图或一张照片，没有原始测试数据；有的在仪器输出的曲线或图中打印有最终实验结果；有的仅有部分结果，需人工进行分析归纳才能得出最终结果。因此，在填写测试结果一栏时要按具体情况分别处理，并将仪器的输出结果作附件附在报告中。

报告单中的备注栏可填写有关说明。报告单填写完毕，有关人员要签字，实验室要盖章。对于重要的测试报告，实验室还要编号存档，以备查询。

10.7.2.2　综合检测报告

在国家标准和国际标准中，另有一类标准是材料或产品检测标准。在这类标准中，对材料或产品的各种性能指标作了具体的规定，对各种性能的测试原理、测试方法、测试仪器、测试条件、试样要求与制备、测试步骤、数据处理方法等也有具体的规定，有的也对检测报告提出要求。为了简化，这种标准通常采用组合方法来制定，如果各单项性能测试标准已经制定，即规定引用。

因此，综合检测报告一般也以组合的形式给出。具体做法是：将每项性能的测试结果以单项测试报告单的形式给出，且作为附件；将以上介绍的单项测试报告表进行改造，将每项测试结果进行汇总，列于测试结果栏中；将备注栏改为结论栏，注明按什么标准进行检验，综合检测结果是否合格等。

综合检测报告的内容较多，一般都装订成册，因此需要设计印制一个合适的封面。

10.7.3　设计型实验报告的基本要求

本书"综合设计实验"一章中已对设计型实验、综合型实验、综合设计型实验的名称、形式与内容进行了探讨。实验报告的内容也在该章的"综合设计实验方法"中作了要求，这里不再赘述。

设计型实验、综合型实验、综合设计型实验具有研究的性质，因此要求学生以科技小论文的格式写出实验报告，尽量完整、准确、简明扼要地用文字表达出自己的思想和观点，在写实验报告中培养概括科学实验的能力。

参 考 文 献

[1] 常铁军，祁欣. 材料近代分析测试方法[M]. 哈尔滨：哈尔滨工业大学出版社，1999.

[2] 范雄. X 射线金属学[M]. 北京：机械工业出版社，1988.

[3] 穆华荣，陈志超. 仪器分析实验[M]. 北京：化学工业出版社，2004.

[4] 朱良漪. 分析仪器手册[M]. 北京：化学工业出版社，1997.

[5] 石巍. 无公害蜂产品生产技术[M]. 北京：金盾出版社，2004.

[6] 邓希贤，等. 高等物理化学实验[M]. 北京：北京师范大学出版社，1999.

[7] 陆家和，等. 表面分析技术[M]. 北京：电子工业出版社，1987：228.

[8] 潘家来. 光电子能谱在有机化学上的应用[M]. 北京：化学工业出版社，1987.

[9] 郑俊华. 生药学实验指导[M]. 北京：北京医科大学、中国协和医科大学联合出版社，2001.

[10] 潘清林. 金属材料科学与工程实验教程[M]. 长沙：中南大学出版社，2006.

[11] 郭素枝. 电子显微镜技术与应用[M]. 厦门：厦门大学出版社，2008.

[12] 张庆军. 材料现代分析测试实验[M]. 北京：化学工业出版社，2006.

[13] 周秀银. 误差理论与实验数据处理[M]. 北京：北京航空学院出版社，1986.

[14] 孙炳耀. 数据处理与误差分析基础[M]. 开封：河南大学出版社，1990.

[15] 肖明耀. 实验误差估计与数据处理[M]. 北京：科学出版社，1980.

[16] 孟尔熹，等. 实验误差与数据处理[M]. 北京：科学出版社，1980.

[17] 浙江大学普通化学教研组编. 普通化学实验[M]. 3 版. 北京：高等教育出版社，1996.

[18] 欧阳国恩，欧阳荣. 复合材料实验技术[M]. 武汉：武汉工业大学出版社，1993.

[19] 刘爱珍. 现代商品学基础与应用[M]. 北京：立信会计出版社，1998.

[20] 浙江大学数学系高等数学教研组. 概率论与数理统计[M]. 北京：人民教育出版社，1979.

[21] 伍洪标. 无机非金属材料实验[M]. 北京：化学工业出版社，2002.

[22] 陈云本，陆洪彬. 无机非金属材料实验[M]. 北京：化学工业出版社，2002.

[23] 葛山，尹玉成. 无机非金属材料实验[M]. 北京：冶金工业出版社，2008.

[24] 赵家凤. 大学物理实验[M]. 北京：科学出版社，2000.

[25] 费业泰. 误差理论与数据处理[M]. 4 版. 北京：机械工业出版社，2000.

[26] 刘文卿. 实验设计[M]. 北京：清华大学出版社，2005.

[27] 李云雁，胡传荣. 实验设计与数据处理[M]. 北京：化学工业出版社，2005.

[28] 许时. 矿石可选性研究[M]. 北京：冶金工业出版社，1981.

[29] 李凤贵，张西春. 铁矿石检验技术[M]. 北京：中国标准出版社，2005.

[30] 北京矿冶研究总院分析室. 矿石及有色金属分析手册[M]. 北京：冶金工业出版社，1990.

[31] 《岩石矿物分析》编写组. 岩石矿物分析[M]. 北京：地质出版社，1991.

[32] 王松青，应海松. 铁矿石与钢材的质量检验[M]. 北京：冶金工业出版社，2007.

[33] 于福家，印万忠，刘杰，赵礼兵. 矿物加工实验方法[M]. 北京：冶金工业出版社，2010.

冶金工业出版社部分图书推荐

书　名	作　者	定价(元)
矿用药剂	张泾生	249.00
现代选矿技术手册(第2册)浮选与化学选矿	张泾生	96.00
现代选矿技术手册(第7册)选矿厂设计	黄　丹	65.00
矿物加工技术(第7版)	B. A. 威尔斯 T. J. 纳皮尔·马恩　著 印万忠　等译	65.00
探矿选矿中各元素分析测定	龙学祥	28.00
新编矿业工程概论	唐敏康	59.00
化学选矿技术	沈　旭　彭芬兰	29.00
钼矿选矿(第2版)	马　晶　张文钲　李枢本	28.00
矿物加工实验方法	于福家　印万忠　刘　杰 赵礼兵	33.00
碎矿与磨矿技术问答	肖庆飞	29.00
现代矿业管理经济学	彭会清	36.00
选矿厂辅助设备与设施	周晓四　陈　斌	28.00
全国选矿学术会议论文集 ——复杂难处理矿石选矿技术	孙传尧　敖　宁　刘耀青	90.00
尾矿的综合利用与尾矿库的管理	印万忠　李丽匣	28.00
煤化学产品工艺学(第2版)	肖瑞华	45.00
煤化学	邓基芹　于晓荣　武永爱	25.00
泡沫浮选	龚明光	30.00
选矿实验研究与产业化	朱俊士	138.00
重力选矿技术	周晓四	40.00
选矿原理与工艺	于春梅　闻红军	28.00
选矿知识600问	牛福生　等	38.00
现代选矿技术丛书　铁矿石选矿技术	牛福生　等	45.00
采矿知识500问	李富平　等	49.00
硅酸盐矿物精细化加工基础与技术	杨华明　唐爱东	39.00
矿物加工实验理论与方法	胡海祥	45.00